大数据应用与技术丛书

R 数据加工与分析呈现宝典

[美] 乔纳森·卡罗尔(Jonathan Carroll) 著

蒲 成 译

清华大学出版社

北 京

Jonathan Carroll

Beyond Spreadsheets with R

EISBN: 978-1-61729-459-4

Original English language edition published by Manning Publications, USA (c) 2019 by Manning Publications. Simplified Chinese-language edition copyright (c) 2019 by Tsinghua University Press Limited. All rights reserved.

北京市版权局著作权合同登记号　图字：01-2019-1498

图书在版编目(CIP)数据

R 数据加工与分析呈现宝典 / (美)乔纳森・卡罗尔(Jonathan Carroll) 著；蒲成 译. —北京：清华大学出版社，2019

（大数据应用与技术丛书）

书名原文：Beyond Spreadsheets with R

ISBN 978-7-302-53486-0

Ⅰ.①R… Ⅱ.①乔… ②蒲… Ⅲ.①程序语言－程序设计 Ⅳ.①TP312

中国版本图书馆 CIP 数据核字(2019)第 179542 号

责任编辑：王　军
封面设计：孔祥峰
版式设计：思创景点
责任校对：牛艳敏
责任印制：丛怀宇

出版发行：清华大学出版社
　　　　　网　　　址：http://www.tup.com.cn，http://www.wqbook.com
　　　　　地　　　址：北京清华大学学研大厦 A 座　　　　邮　　编：100084
　　　　　社 总 机：010-62770175　　　　　　　　　　邮　　购：010-62786544
　　　　　投稿与读者服务：010-62776969，c-service@tup.tsinghua.edu.cn
　　　　　质 量 反 馈：010-62772015，zhiliang@tup.tsinghua.edu.cn
印 装 者：三河市少明印务有限公司
经　　销：全国新华书店
开　　本：170mm×240mm　　　　　印　　张：21.25　　　字　　数：428 千字
版　　次：2019 年 9 月第 1 版　　　印　　次：2019 年 9 月第 1 次印刷
定　　价：68.00 元

产品编号：080262-01

译 者 序

自 R 问世以来，一直是数据科学处理领域中被广泛使用的利器。虽然 R 诞生于 20 世纪 80 年代，但由于其开源特性以及丰富的生态，相关社区也多种多样，因此 R 也一直在与时俱进，并且成为一套完善的数据处理、计算和制图领域专业语言。作为一种统计分析语言，R 集统计分析与图形显示于一体，它可以运行于 Linux、Windows 和 macOS 操作系统上，而且嵌入了一个非常方便实用的帮助系统。

R 语言的使用很大程度上是借助各种 R 插件包的辅助，从某种程度上讲，R 插件包是针对 R 的插件，不同的插件满足不同的需求。因此，在 R 语言的学习过程中，对于各种插件包的学习是必不可少的，甚至从某种程度上来说，要熟练地将 R 应用于我们的工作中，前提就是必须掌握 R 各个插件包的使用。反之，也正是因为插件包的存在以及广大开发者持续地开发出新的插件包，才使得 R 能够得心应手地应对任何数据处理任务。

本书是一本 R 的入门级书籍，主要是讲解 R 的基础知识点以及简单的编程知识，并不涵盖统计学领域的知识。本书内容涵盖了 R 的安装和环境部署，并且大部分篇幅都是在介绍通过 R 的各种插件包对数据进行处理和呈现的方法。相信在通读并深刻理解了本书的知识内容之后，读者就能够熟练运用 R 进行基本的数据分析了。本书提供了许多应用示例，并且每一章结尾处都有归纳总结和练习实践，这样一来，读者就能通过每一章的知识内容并且结合实践练习来巩固在本书中所学习到的知识。

任何一种编程语言及其开发环境都仅仅是我们达成目的的工具而已。因此，作为使用者，我们所要做的是学习并掌握其使用方法。就这方面而言，本书可以称得上是一本非常完备的工具类书籍。对于没有任何 R 使用经验的读者，跟随本书的章节内容就可以完全掌握 R 的基本使用方法，并能熟练地对数据进行基础的分析处理，而这也是作者编写本书的目的。希望会有越来越多的读者投身到 R 的生态系统之中！

在此要特别感谢清华大学出版社的编辑们，在本书翻译过程中他们提供了颇有助益的帮助，没有其热情付出，本书将难以付梓。

由于译者水平有限，难免会出现一些错误或翻译不准确的地方，如果有读者能够指出并勘正，译者将不胜感激。

译者

2019 年 4 月

作 者 简 介

　　Jonathan Carroll 拥有澳大利亚阿德莱德大学的理论天体物理学博士学位,目前作为独立承包商提供数据科学领域的 R 编程服务。他为 R 贡献了许多插件包,并且经常在 Stack Overflow 上解答问题,他还热衷于科学传播。

前　　言

数据无处不在，并且它们被以这样或那样的方式用于几乎每一个行业。其中一种最常见的与数字或文本数据进行交互的方式是电子表格软件。这种方式提供了几种有用的特性：以表格视图呈现数据，允许使用那些值执行计算，以及生成数据汇总。而电子表格往往无法提供的是以可重复、可重现或者编程方式执行这些处理的方法(不需要单击或复制粘贴)。电子表格对于展示数据(包括有限的数据汇总)而言是很好的；不过当我们希望对数据进行一些真正高级的处理时，需要借助一种编程语言来实现。

数据再加工——处理原始数据——是数据科学的基石。再加工技术包括清洗、排序、分析、过滤，以及让数据变得真正有用所需要做的其他一切处理。人们常说，90%的数据科学工作都是在准备数据，而其余的 10%才是对数据进行实际处理。不要低估仔细准备数据的重要性；分析结果取决于这一步是否正确。

使用编程语言来执行数据再加工意味着对数据进行的处理会被记录下来，可以从原数据源中再现，并且后续可以被检查分析——甚至在需要的时候可以对其进行修改。尝试在电子表格中这样做意味着要么记录下何时要按下哪个按钮，要么输出和输入之间会联系不上。

我喜欢使用 R，它在许多方面都是很有用的。我从未想过一门语言可以如此灵活，以至于它在某个时间可以计算 t 检验，然后接下来又去请求 Uber 接口。本书的每一个单词都已经被 R 代码处理过，每一行结果都是由实际的 R 代码生成的，并且使用第三方 R 包(knitr)将这些处理放在了一起。我将 R 用于我的绝大部分工作中，数据再加工和分析工作都用到了它，而这些工作在这么多年里已经从评估渔业资源变成癌症药物试验中的遗传因素评估。如果我受限于在电子表格程序中开展工作，则无法完成这些任务中的任何一个。

阅读完本书之后，读者将了解到足够多的 R 编程语言的来龙去脉，从而能够将感兴趣的数据放入 R 中并且得到一项超越电子表格所能完成的分析。

注意： 在这里提醒一下手头有本书盗版版本的那些读者。侵犯版权的通常理由都是由那些从中获利的人打着"没人会有任何损失"的旗号而提出来的。"没人会有任何损失"这句话没有错，不过仅有侵权者获得了利益。本书的编写和出版耗费了大量的精力，如果没有从正规途径购买本书，那么这些读者从阅读本书中所得到的获益将不为人所注意和感激。如果读者手头有本书的非官方副本并且发现这本书很有用，那么请考虑购买一本正版书，这样一来，无论是对于读者自身还是对于可能从正版销售行为中受益的人而言都是有好处的。

致　　谢

我要感谢 Manning 出版社给了我撰写本书的机会，尤其要感谢幕后致力于本书整个制作出版过程的大型团队，其中包括编辑 Jenny Stout，由 Kevin Sullivan、Janet Vail 和 Tiffany Taylor 组成的制作团队以及技术审校 Hilde Van Gysel。还要感谢在本书编著期间提供了宝贵反馈的那些倾力付出的专业审稿人，其中包括：Anil Venugopal、Carlos Aya Moreno、Chris Heneghan、Daniel Zingaro、Danil Mironov、Dave King、Fabien Tison、Irina Fedko、Jenice Tom、Jobinesh Purushothaman、John D. Lewis、John MacKintosh、Michael Haller、Mohammed Zuhair Al-Taie、Nii Attoh-Okine、Stuart Woodward、Tony M. Dubitsky 以及 Tulio Albuquerque。

我还要感谢 Stack Overflow 和 Twitter 上极其有帮助的社区，并且要特别感谢 Asciidoctor 小组，他们制作了一套了不起的发布工具链。

非常感激为本书提供支持的 R 社区的所有成员，其中大部分都自愿贡献了用于改进和扩展该语言的方案。我收到了来自审稿人、Twitter 关注者以及我的同事们关于本书内容的各种反馈、建议、评论和讨论。有了他们的帮助，本书的出版才变成现实，因此我要感谢他们每一个人。

本书中所提及的 R 插件包的维护者值得特别推荐。tidyverse 的包已经改变了我使用 R 的方式，并且让数据处理变得更加简单。如果没有 knitr 包，就不可能生成本书的代码输出，因此我最想感谢的就是 knitr 包。

我要感谢我的妻子和孩子，她们在我编写本书的约两年时间里给予我很大的支持，如果没有她们的支持，我必定是无法坚持下来的。

最后但同样重要的是，我非常感谢 R 语言本身背后的团队。这是一款开源软件，可供用户免费使用。作为其用户，我们非常感激该团队为了持续维护和改进这一大型项目所付出的不懈努力。可以在 R 中通过 citation() 函数找到其引证，该函数会生成以下信息：

```
R Core Team (2017). R: A language and environment for statistical computing.
    R Foundation for Statistical Computing, Vienna, Austria. URL https://
    www.R -project.org/.
```

关 于 本 书

本书读者对象

翻阅本书的人肯定就是本书的读者。鉴于此，我猜测你们手头已经有一些数据(可能是存储为电子表格的形式)，并且并不十分确定要对其做何种处理。没关系，这样甚至更好。可能你希望从数据中了解一些信息；也可能是希望找到一种新的方式与数据进行交互；还可能是希望基于这些数据绘制一张图表。这些目标都很好，不过我还是认为你可能更希望学习如何进行一些编程处理。

本书内容将所有读者都视为无编程经验并且也不熟悉编程领域的专业术语。可能有些读者已经阅读过一些编程书籍并且感到过惶恐不安，因为那些书中的介绍材料是跳跃式讲解的，以试图让读者快速理解某种语言运转方式的每一处细微差异。不要担心，本书内容并非如此，本书将逐步介绍所有的内容，并且引用大量的示例，以便让读者在阅读完本书时能够熟练地对数据进行所期望的处理。

本书不打算涉及统计学知识，那是其他书籍应该讲解的主题。如果读者不具备统计学背景，请不要担心，阅读本书并不需要这些。本书的重点是 R 语言编程，而非统计学(虽然 R 语言在这方面很擅长)。

当读者完成本书阅读时，应该会大体理解编程方面的知识以及如何利用 R 语言进行编程；如何调研、审查以及使用数据来获得见解；如何做好准备以便创建一个稳健、可重现的工作流并且使用数据来强化我们的结论。

本书将介绍如何通过远比任何电子表格软件更具灵活性的方式来使用一个小的数据集并且将其转换成有意义、具备发表质量的图形。只要使用十多个命令，我们就能将图 1 中所示的数据(正如 RStudio 数据查看器中所示，R 中已经提供了 mtcars 数据集)转变为图 2 中的图形。

	mpg	cyl	disp	hp	drat	wt	qsec	vs	am	gear	carb
Mazda RX4	21.0	6	160.0	110	3.90	2.620	16.46	0	1	4	4
Mazda RX4 Wag	21.0	6	160.0	110	3.90	2.875	17.02	0	1	4	4
Datsun 710	22.8	4	108.0	93	3.85	2.320	18.61	1	1	4	1
Hornet 4 Drive	21.4	6	258.0	110	3.08	3.215	19.44	1	0	3	1
Hornet Sportabout	18.7	8	360.0	175	3.15	3.440	17.02	0	0	3	2
Valiant	18.1	6	225.0	105	2.76	3.460	20.22	1	0	3	1
Duster 360	14.3	8	360.0	245	3.21	3.570	15.84	0	0	3	4
Merc 240D	24.4	4	146.7	62	3.69	3.190	20.00	1	0	4	2
Merc 230	22.8	4	140.8	95	3.92	3.150	22.90	1	0	4	2
Merc 280	19.2	6	167.6	123	3.92	3.440	18.30	1	0	4	4
Merc 280C	17.8	6	167.6	123	3.92	3.440	18.90	1	0	4	4
Merc 450SE	16.4	8	275.8	180	3.07	4.070	17.40	0	0	3	3
Merc 450SL	17.3	8	275.8	180	3.07	3.730	17.60	0	0	3	3
Merc 450SLC	15.2	8	275.8	180	3.07	3.780	18.00	0	0	3	3
Cadillac Fleetwood	10.4	8	472.0	205	2.93	5.250	17.98	0	0	3	4
Lincoln Continental	10.4	8	460.0	215	3.00	5.424	17.82	0	0	3	4
Chrysler Imperial	14.7	8	440.0	230	3.23	5.345	17.42	0	0	3	4
Fiat 128	32.4	4	78.7	66	4.08	2.200	19.47	1	1	4	1
Honda Civic	30.4	4	75.7	52	4.93	1.615	18.52	1	1	4	2
Toyota Corolla	33.9	4	71.1	65	4.22	1.835	19.90	1	1	4	1
Toyota Corona	21.5	4	120.1	97	3.70	2.465	20.01	1	0	3	1
Dodge Challenger	15.5	8	318.0	150	2.76	3.520	16.87	0	0	3	2
AMC Javelin	15.2	8	304.0	150	3.15	3.435	17.30	0	0	3	2
Camaro Z28	13.3	8	350.0	245	3.73	3.840	15.41	0	0	3	4
Pontiac Firebird	19.2	8	400.0	175	3.08	3.845	17.05	0	0	3	2
Fiat X1-9	27.3	4	79.0	66	4.08	1.935	18.90	1	1	4	1
Porsche 914-2	26.0	4	120.3	91	4.43	2.140	16.70	0	1	5	2
Lotus Europa	30.4	4	95.1	113	3.77	1.513	16.90	1	1	5	2
Ford Pantera L	15.8	8	351.0	264	4.22	3.170	14.50	0	1	5	4
Ferrari Dino	19.7	6	145.0	175	3.62	2.770	15.50	0	1	5	6
Maserati Bora	15.0	8	301.0	335	3.54	3.570	14.60	0	1	5	8
Volvo 142E	21.4	4	121.0	109	4.11	2.780	18.60	1	1	4	2

图 1   R 中提供的 mtcars 数据集(正如 RStudio 数据查看器中所示)。这些数据提取自 1974 年的 *Motor Trend US* 杂志,其中包括 32 种车型(1973—1974 年的品牌和型号)油耗、汽车设计和性能等 10 个方面

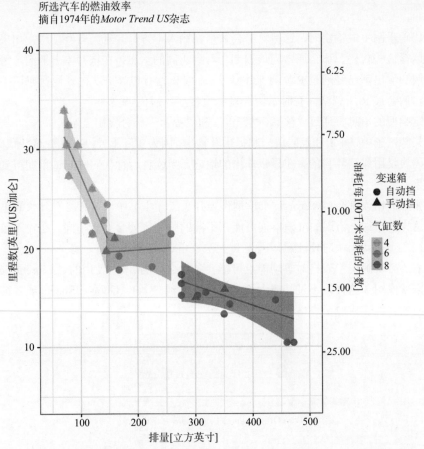

图 2　这一 mtcars 数据集的可视化图表绘制了针对 32 款车引擎排量(disp)的每加仑英里数(mpg, 也就是变换了单位的油耗)，这些数据是按气缸数量(cyl)来分组的，并且是根据其变速箱类型(am)来区分的，图表中还有每组气缸数数据的线性拟合。这全是在十几行 R 代码中实现和格式化的

如何阅读本书

　　本书的每一章内容都以言简意赅的方式呈现给读者，其中讲解了哪些是重要的方面以及(如果不注意的话)哪些方面可能会变成问题。本书无法涵盖解决问题的每一种方式，并且本书解决问题的方式可能并非与其他文章所采用的方式相同。不过在本书中，我首先会尝试向读者展示我所认为的最佳方法，然后辅以介绍一些读者可能会在其他学习资料中遇到的备选方法。这样做的目的在于让读者成为合格且工作效率较高的 R 用户，而这可能意味着向读者展示如何以缓慢方式来执行处理(当然同时也介绍了快速方式)。

格式

当代码示例生成输出时，这些输出会显示在输入下方，并且具有#>前缀，如果读者自行运行这些代码，那么通常应该预期会看到相同的输出。在撰写本书期间，绝大部分示例的输出都已经通过 R 本身来生成了。在尝试运行以#>开头的代码行时请不要担心，它们会被 R 所忽略。有时示例会显示为带注释的代码块。

特定类型的信息将通过"注意""警告"和"提示"部分突出显示。

在某些例子中，并未和代码块一起提供其输出，因为实际上并没有运行这些代码。这些代码块仅用作阐释目的。在显示输出的地方，当读者运行代码时应该预期得到类似的结果。

R 生成的错误都会以 Error 这个单词作为开头。在本书中，读者将看到代码里存在大量这样的错误。错误的准确单词可能在不同的版本之间会有所不同。在输入包含这些错误之一的代码块时要注意，因为 R 无法解析该输出。

本书还会讲解电子表格对等功能点可能会是什么样的。本书使用的是 LibreOffice，它看起来就像图 3 这样，不过其概念通常可以扩展到 Excel、Google Sheets 或者读者经常使用的其他任何电子表格软件。

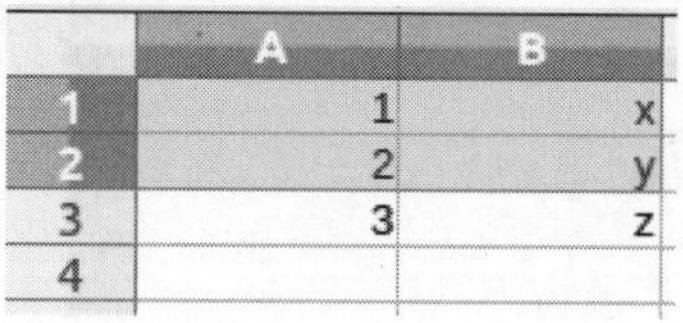

	A	B
1	1	x
2	2	y
3	3	z
4		

图 3 LibreOffice(Linux)中选中的单元格的示例

结构

在循序渐进地阅读本书时，读者会发现其中存在大量的示例，希望读者能够研习一下这些示例。不要只是阅读它们——要亲自在计算机上运行它们，并且查看是否能得到相同的答案。然后尝试基于示例进行一下调整，并且看看是否会得到预期的结果。如果得到不同的结果，那会很好！这意味着你已经找出了可以从中吸取的经验，而下一个任务就是要理解为何会出现这样的结果。

本书将尝试逐步地建构读者关于相关编程和 R 特定术语的知识体系，因此当某些内容看起来不熟悉时，可以主动地回顾温习。

入门准备

以下各项是读者所需要的：
- 本书

- 计算机

- 期望学习一些知识

R 是一种免费语言，并且我们将使用更多的免费软件与其交互。读者可能需要通过互联网连接才能下载这些软件，不过之后大部分示例都可以离线运行。

遵照所出现的示例进行练习，尝试不同的值以查看能否得到预期的结果，修改一些处理并且尝试理解所执行的效果。重启 R 可以解决任何麻烦，因此可以任意进行尝试。

本书不一定会指引读者如何解决所面临的具体问题，不过在阅读完本书之后，读者应该足以理解 R 语言及其生态体系，从而开始探究可能需要用到的其他工具。如果读者是在基因学领域工作，那么很可能需要 Bioconductor 套件包(www.bioconductor.org)所提供的一些更加高级的工具，其中所使用的许多概念和结构都是基于本书所讲解的那些知识点来扩展的(不过本书不会介绍这些扩展概念和结构)。

何处可以找到更多的帮助信息

Stack Overflow(https://stackoverflow.com)的 r 标签是一个极其有用的信息源，不过它经常被一些低级或重复性问题以及没人领情的反馈所滥用。在寻求其他人来解决问题之前，请花些时间查找一下该问题是否已经有答案(这种情况经常会出现，因为已经有许多问题被提出过)。

如果这些尝试都失败了，那么在搜索引擎(如 Google)中输入我们所知道的术语和 r 或 rstats 往往会产生一些有用的结果。

R Weekly 站点(https://rweekly.org)提供了网络上最有意义的 R 帖子的每周汇总，R-bloggers(https://r-bloggers.com)提供了许多受欢迎的 R 相关博客的信息集合，并且会每天更新这些信息。可以关注其中与我们的关注点保持一致的一些博客，这样一定会获取一些有用的技巧信息。

最后，可参与到本地社区之中，要么亲身参与(试试 https://meetup.com)，要么在线参与(Twitter)。

关于本书的更多信息

本书是使用 emacs 和 RStudio 以 AsciiDoc 纯文本标记语言来编写的。其中的 R 代码是使用通过 switchr 包所定义的一个自定义包库来执行的，并且是使用 knitr 包将其交织在源中的。

描述定义此自定义库的环境的会话信息如下所示：

```
#> setting     value
#> version     R version 3.4.3 (2017-11-30)
#> system      x86_64, linux-gnu
#> ui          X11
#> language    en_AU:en
#> collate     en_AU.UTF-8
#> tz          Australia/Adelaide
#> date        2018-01-23
#>
#> package     *  version   date        source
#> assertthat      0.2.0    2017-04-11  CRAN (R 3.4.3)
#> backports       1.1.2    2017-12-13  CRAN (R 3.4.3)
#> base        *   3.4.3    2017-12-01  local
#> bindr           0.1      2016-11-13  CRAN (R 3.4.3)
#> bindrcpp        0.2      2017-06-17  CRAN (R 3.4.3)
#> broom           0.4.3    2017-11-20  CRAN (R 3.4.3)
#> cellranger      1.1.0    2016-07-27  CRAN (R 3.4.3)
#> cli             1.0.0    2017-11-05  CRAN (R 3.4.3)
#> colorspace      1.3-2    2016-12-14  CRAN (R 3.4.3)
#> commonmark      1.4      2017-09-01  CRAN (R 3.4.3)
#> compiler        3.4.3    2017-12-01  local
#> crayon          1.3.4    2017-09-16  CRAN (R 3.4.3)
#> crosstalk       1.0.0    2016-12-21  CRAN (R 3.4.3)
#> curl            3.1      2017-12-12  CRAN (R 3.4.3)
#> data.table      1.10.4-3 2017-10-27  CRAN (R 3.4.3)
#> datasauRus  *   0.1.2    2017-05-08  CRAN (R 3.4.3)
#> datasets    *   3.4.3    2017-12-01  local
#> devtools    *   1.13.4   2017-11-09  CRAN (R 3.4.3)
#> digest          0.6.14   2018-01-14  CRAN (R 3.4.3)
#> dplyr       *   0.7.4    2017-09-28  CRAN (R 3.4.3)
#> evaluate        0.10.1   2017-06-24  CRAN (R 3.4.3)
#> forcats     *   0.2.0    2017-01-23  CRAN (R 3.4.3)
#> foreign         0.8-67   2016-09-13  CRAN (R 3.3.1)
#> ggplot2     *   2.2.1    2016-12-30  CRAN (R 3.4.3)
#> glue            1.2.0    2017-10-29  CRAN (R 3.4.3)
#> graphics    *   3.4.3    2017-12-01  local
#> grDevices   *   3.4.3    2017-12-01  local
#> grid            3.4.3    2017-12-01  local
#> gtable          0.2.0    2016-02-26  CRAN (R 3.4.3)
#> haven           1.1.1    2018-01-18  CRAN (R 3.4.3)
#> here        *   0.1      2017-05-28  CRAN (R 3.4.3)
#> hms             0.4.0    2017-11-23  CRAN (R 3.4.3)
#> htmltools       0.3.6    2017-04-28  CRAN (R 3.4.3)
#> htmlwidgets *   1.0      2018-01-20  CRAN (R 3.4.3)
#> httpuv          1.3.5    2017-07-04  CRAN (R 3.4.3)
#> httr        *   1.3.1    2017-08-20  CRAN (R 3.4.3)
#> jsonlite        1.5      2017-06-01  CRAN (R 3.4.3)
#> knitr       *   1.18     2017-12-27  CRAN (R 3.4.3)
#> lattice         0.20-35  2017-03-25  CRAN (R 3.3.3)
#> lazyeval        0.2.1    2017-10-29  CRAN (R 3.4.3)
#> leaflet     *   1.1.0    2017-02-21  CRAN (R 3.4.3)
#> lubridate       1.7.1    2017-11-03  CRAN (R 3.4.3)
#> magrittr        1.5      2014-11-22  CRAN (R 3.4.3)
#> mapproj     *   1.2-5    2017-06-08  CRAN (R 3.4.3)
#> maps        *   3.2.0    2017-06-08  CRAN (R 3.4.3)
#> memoise         1.1.0    2017-04-21  CRAN (R 3.4.3)
```

```
#> methods        *   3.4.3      2017-12-01  local
#> mime               0.5        2016-07-07  CRAN (R 3.4.3)
#> misc3d             0.8-4      2013-01-25  CRAN (R 3.4.3)
#> mnormt             1.5-5      2016-10-15  CRAN (R 3.4.3)
#> modelr             0.1.1      2017-07-24  CRAN (R 3.4.3)
#> munsell            0.4.3      2016-02-13  CRAN (R 3.4.3)
#> nlme               3.1-131    2017-02-06  CRAN (R 3.4.0)
#> openxlsx           4.0.17     2017-03-23  CRAN (R 3.4.3)
#> parallel           3.4.3      2017-12-01  local
#> pillar             1.1.0      2018-01-14  CRAN (R 3.4.3)
#> pkgconfig          2.0.1      2017-03-21  CRAN (R 3.4.3)
#> plot3D         *   1.1.1      2017-08-28  CRAN (R 3.4.3)
#> plyr               1.8.4      2016-06-08  CRAN (R 3.4.3)
#> psych              1.7.8      2017-09-09  CRAN (R 3.4.3)
#> purr           *   0.2.4      2017-10-18  CRAN (R 3.4.3)
#> R6                 2.2.2      2017-06-17  CRAN (R 3.4.3)
#> Rcpp               0.12.15    2018-01-20  CRAN (R 3.4.3)
#> readr          *   1.1.1      2017-05-16  CRAN (R 3.4.3)
#> readxl             1.0.0      2017-04-18  CRAN (R 3.4.3)
#> reshape2       *   1.4.3      2017-12-11  CRAN (R 3.4.3)
#> rex            *   1.1.2      2017-10-19  CRAN (R 3.4.3)
#> rio            *   0.5.5      2017-06-18  CRAN (R 3.4.3)
#> rlang          *   0.1.6      2017-12-21  CRAN (R 3.4.3)
#> rmarkdown      *   1.8        2017-11-17  CRAN (R 3.4.3)
#> roxygen2       *   6.0.1      2017-02-06  CRAN (R 3.4.3)
#> rprojroot          1.3-2      2018-01-03  CRAN (R 3.4.3)
#> rstudioapi         0.7        2017-09-07  CRAN (R 3.4.3)
#> rvest              0.3.2      2016-06-17  CRAN (R 3.4.3)
#> scales             0.5.0      2017-08-24  CRAN (R 3.4.3)
#> shiny              1.0.5      2017-08-23  CRAN (R 3.4.3)
#> stats          *   3.4.3      2017-12-01  local
#> stringi            1.1.6      2017-11-17  CRAN (R 3.4.3)
#> stringr        *   1.2.0      2017-02-18  CRAN (R 3.4.3)
#> switchr        *   0.12.6     2017-11-07  CRAN (R 3.4.1)
#> testthat       *   2.0.0      2017-12-13  CRAN (R 3.4.3)
#> tibble         *   1.4.1      2017-12-25  CRAN (R 3.4.3)
#> tidyr          *   0.7.2      2017-10-16  CRAN (R 3.4.3)
#> tidyverse      *   1.2.1      2017-11-14  CRAN (R 3.4.3)
#> tools              3.4.3      2017-12-01  local
#> utils          *   3.4.3      2017-12-01  local
#> withr              2.1.1      2017-12-19  CRAN (R 3.4.3)
#> xml2               1.1.1      2017-01-24  CRAN (R 3.4.3)
#> xtable             1.8-2      2016-02-05  CRAN (R 3.4.3)
```

    附录 C 中提供了安装这些插件包的特定版本的详细介绍。本书中的示例代码可以在 https://github.com/BeyondSpreadsheetsWithR/Book 找到，也可扫封底二维码获取。还有一个问题跟踪系统，读者可将遇到问题的 R 代码直接链接到其中：https://github.com/BeyondSpreadsheetsWithR/Book/issues。

本书论坛

　　购买了本书的读者可以免费访问 Manning 出版社所运营的私有网站论坛，读者可以在其中发表关于本书的评论，提出技术问题，并且接收来自本书作者和其他用户的帮助。要访问该论坛，可以打开 https://forums.manning.com/forums/beyond-spreadsheets- with-r，也可以在 https://forums.manning.com/forums/about 了解与该论坛有关的更多信息以及该论坛的行为准则。

　　Manning 可以确保为本书读者提供一个在线场所，以便读者与读者之间以及读者与作者之间可进行有意义的对话。但这并不能保证作者会花很多精力在这个论坛中，因为作者对于该论坛的贡献是自愿的(并且是无偿的)。我们建议读者尝试向作者提出有挑战性的问题，以免作者兴趣索然！只要本书还在发行，那么就可以从出版商网站上访问该论坛以及其中所讨论内容的存档。

封面插图声明

本书封面上的插图标题是"Habit of a Turkish Dancer in 1700 Signior",插图取自 Thomas Jefferys 的 *A Collection of the Dresses of Different Nations, Ancient and Modern (4 volumes)*,这些书在 1757—1772 年于伦敦出版。标题页表明了,这些是手工上色的铜版画,使用阿拉伯树胶增加厚度。

Thomas Jefferys(1719—1771)被称为"国王乔治三世的地理学家",他是一位英国制图师,是当时顶尖的地图供应商,他为政府和其他官方机构制版和印刷地图,制作了大量的商业地图和地图集,尤其是北美地图集。作为一名地图绘制师,他的工作激起了人们对他所调查地区的当地服饰习俗的兴趣,这些服饰在这套四卷书集中得到了很好的展示。在 18 世纪末,兴起了一股风潮,人们开始向往远方并享受旅行的乐趣。像 Jefferys 画作这样的收藏品是很流行的,它为旅行者和向往旅行但是没能出发的人们介绍异域居民是什么样子。

Jefferys 画作藏品的多样性生动描绘了两百多年前各个国家的独特性。从那以后,着装上就发生了变化,而当时各国家、各地区丰富的多样性也渐渐趋同,现在很难区分来自不同大陆的人们。如果从乐观的角度看,我们是把文化和视觉上的多样性作为代价,换来了更丰富的私人生活,或者变化更大、更有趣的知识和技术生活。

在如今这个计算机图书封面大同小异的时代,Manning 出版社以两个世纪前丰富多样的地域生活为基础设计图书封面,这令 Jefferys 的画作重新焕发生机,并颂扬了计算机行业的革新性和首创精神。

目　　录

第 *1* 章

数据与 R 语言介绍

本章涵盖:

- 为什么数据分析很重要
- 如何让数据分析变得稳健
- R 如何以及为何适用于数据处理
- Rstudio——R 的人机交互界面

在数据到位后,你希望开始对数据进行一些有意义的处理,对吗?若是如此,那么阅读本书就对了!我们将尽快讲解其方式方法。不过先别急。如果现在就一头扎进去,则会像是囫囵吞枣。比较好的做法是,先理解我们将要使用的原材料和工具。

我们将讲解数据对于数据所有者以及可能会使用该数据的人而言通常意味着什么——因为如果不全面理解所拥有数据的含义,那么基于这些数据所做的分析处理将不会有什么意义(并且最坏的情况下可能会导致全盘错误)。糟糕的数据处理准备只会推迟对于数据的正确处理操作,并且加大所欠的技术债(这可能会让目前的情况变得简单,但之后在应对糟糕的数据时还是必须要偿还这些技术债)。

我们将探讨如何让自己做好应对严谨分析(可重复进行的分析)的准备,然后开始使用目前可用的其中一款最好的数据分析工具:R 编程语言。现在,我们来看看"拥有一些数据"这句话的含义。

1.1　什么是数据、数据在哪里以及如何处理数据

之前提到过，你有一些希望对其进行分析处理的数据，这句话其实并不是太准确。这样做是故意的。我确信，即使你没有意识到，也还是拥有着一些数据的。你可能认为数据无非就是存储在 Excel 文件中的内容，但其实数据本身远不止于此。我们所有人都有数据，因为它无处不在。在分析我们自己的数据之前，重要的是要理解其结构(只要我们理解了，R 也就理解了)，这样我们就能切实理解拥有一些数据到底意味着什么。

1.1.1　什么是数据

数据的存在形式多种多样，并非仅是电子表格中的数字和字母。数据也可能存储为另一种文件类型，如逗号分隔的值(CSV)、书中的文字或者网页表格中的值。

注意： 我们通常会将逗号分隔的值存储在.csv 文件中。这一格式极其有用，因为它是纯文本——由逗号分隔的值。1.1.6 节中将回过头来介绍其有用的原因。

数据也可能完全不存储——流式数据会像信息流一样流动，如电视所接收和处理的信号、Twitter 提要或者测量设备的输出。如果需要，我们可以存储这些数据，不过通常都希望在数据流入时理解这些数据流。

数据并非总是很干净(实际上，数据大多数时候都是不规范的、单调无趣的)，并且并非总是我们所想要的格式。手头有一些帮助管理数据的工具会是一个很大的优势，并且对于实现可靠目标而言至关重要，不过只有在对数据进行进一步处理前获悉数据所代表的含义时，这一点才会变得有用。"输入的是垃圾，势必也会得到垃圾"这句话的警示是，我们不能指望对糟糕的数据执行分析处理，却又期望得到有意义的结果。你很可能试过，在 Excel 中执行一次计算，却只得到#VALUE!这一结果，这是因为试图用数字除以文本，虽然这些"文本"看起来很像数字。值的类型(文本、数字、图片等)本身可能就是有意义的数据片段，我们将讲解如何最好地使用它们。

那么，什么才是"好的数据"？我们所拥有的值又代表什么？

1.1.2　将周围的一切都视为数据源

我们通过感官(触觉、视觉、听觉、味觉、嗅觉)来体验世界，并且广泛地探究我们周围的环境。这些输入渠道中的每一个都会应对可获取的数据，我们的大脑会处理它们，并且以我们时常认为理所当然的高明的复杂方式将这些信号融合在一起，形成我们对于这个世界的感观和理解。

每次使用其中一种感官时，我们都是在对这个世界进行测量。今天阳光如何？是

否有车在驶近？有什么东西烧起来了？壶里剩余的咖啡是否还够再倒一杯？我们发明了测量工具，以便让我们的生活更为便利并且能够持续处理一些数据——测量温度的温度计、测量重量的秤、测量长度的尺子。

我们还进一步发明了更多的工具用于汇总数据——汽车仪表盘用于简化发动机的内部指标测量；气象站用于汇总温度、风速和气压。在如今这个数字化时代，有海量的数据源可供我们使用。互联网提供了我们可能感兴趣的几乎方方面面的数据，我们也发明了更多的工具来管理这些数据——天气、财经、社交媒体等，所有这些数据都可供我们使用。这个世界确实是由数据构成的。

这并不是说数据是完全有限的。我们会持续添加可用的数据源，并且面对新的问题，我们也可以识别出希望获取的新数据。数据本身也会生成更多的数据。元数据是描述其他一些数据的附加数据——试验对象的数量、测量单位、采样时间、从中收集数据的网站。所有这些也都是数据，并且也都需要被存储、维护以及在其变更时更新。

我们无时无刻不在以各种方式和数据打交道。万维网的其中一个最伟大的成果就是，以最简便的数字化形式为我们收集、整理和汇总数据。想象一下，20 年前，在还未出现智能手机和应用生态系统时，我们是如何叫出租车的。我们要查找出租车公司的电话，然后给他们打电话，告知调度员我们当时在哪里、想去哪里，以及想要在几点乘坐出租车。调度员随后会将我们的请求发送给所有的司机，其中一个司机会接受我们的打车请求。到达目的地之后，我们会付现金或者刷卡，然后得到一张发票。

现在，我们有了设备间的数字化连接、不间断的互联网访问，以及 GPS 定位跟踪，所以其处理过程就简化成打开一款打车应用、输入目的地并且接收预估费用，因为手机已经知道我们所处的位置。该打车程序会接收这些数据并且选取一个合适的位于附近/空闲的司机，交换双方的联系方式以备用，并且将这个司机引导到我们所处的位置。到达目的地后，会在我们的账户中扣除相应的费用，并以电子邮件的形式给我们发送发票。

无论是传统方式还是现代方式，相同的数据都会在所有的参与方之间流动。在现代方式中，需要参与其中的人员较少，因为计算机系统已经获取了相关的数据。我们的手机会与打车应用服务器进行通信，也会与 GPS 系统进行通信以便定位，并且该打车应用服务器会与支付服务器进行通信以便授权该笔支付，同时该打车应用服务器还会与电子邮件服务器通信以便发送发票。

在此过程中的每个节点，都会收集各种数据(在必要时以匿名方式收集)并且将保存这些数据以供后续分析。这个月有多少人叫车去机场？平均的用车距离是多长？平均等车时长是多少？打车费用是苹果设备用户高还是安卓设备用户高？其中一些数据在传统方式下也是可以获取的，但其聚合和对比处理是非常困难的。

许多企业都通过应用程序编程接口(API)对第三方开发人员开放访问权限，这样就可用更为系统性的方式来获取这些数据。例如，Uber 提供了一个 API，允许第三方软件获取预估车费或者用车历史(会对许可账户进行身份验证)。这就是我们的手机应用能够与 Uber 服务器通信的方式。当然，已经有人编写了一个 R 插件包来调用这个 API，这意味着我们可将 Uber 的数据纳入分析中，或者直接从 R 中发起打车请求(从理论上来说，这是可行的)。

注意：好的软件都具有如何与之交互的文档，这样用户和软件就能够清晰有效地进行通信。这类文档可能会描述可以发送到服务器的请求(以及预期的响应)，或者也可能仅描述如何使用一个函数(以及预期的返回值)。

1.1.3　数据再加工

数据再加工指的是数据的清洗和准备。我们所收集到的大部分数据都无法直接用于分析或展示。通常情况下，所输入的内容需要验证，所汇总的数据需要计算，值需要组合或移除，或者还需要执行重构。这是将数据用于科学处理时常常被忽视的方面，但这一点却至关重要。不恰当的数据处理会导致数据难以使用，并且更糟的是，可能会从中得出错误的结论。

数据再加工、数据整理、数据科学、数据分析、数据处理等术语都差不多是相同意思的不同名称，只不过根据数据的来源和去向的不同，它们具有不同的侧重点和不同的处理路径。大部分分析(无论是精心设计的复杂回归分析，还是简单的可视化呈现)都是从某种形式的数据再加工开始。通常这仅涉及将数据读入软件中，在这种情况下，其中一些处理是基于主观假设前提来执行的(将这些值作为日期处理、将那些值作为文字处理等)。当那些假设的前提失效或者希望以特定方式处理数据时，有能力控制所执行的处理方式就尤为必要了。

无论何时，当数据中具有分组记录时，不管是按年份、患者、动物类别、颜色、汽车品牌还是其他分类进行分组，我们都需要区别对待它们(以某种方式用颜色进行标记，仅包含具有同类典型特征事物的记录，计算出不同分组之间数量的变化程度)，要执行数据再加工，因为需要以某种方式将记录分配到一个特定分组。任何其他的转换、数据清洗或者处理也都可以算作数据再加工。我们很快就会清楚，如果想要结论值得信赖的话，那么对于任何分析来说，其中一大部分处理都会(或者都应该)涉及大量的数据再加工。

1.1.4　使用处理得当的数据可以做些什么

到这里，我希望你弄明白的一点是，数据可能是极其重要的。它通常并不仅是表格中的数字。医疗数据通常代表着现实中人们的生命体征以及特定干预所带来的效果，要么是挽救了生命的正面效果，要么是造成了悲剧的负面效果。对于从某种特定角度来审视这些效果的人而言，它们并非总是一目了然的，因此(专业的或者偶然为之的)数据分析师肩负着从数据中总结出规律以便进行决策的职责。

对于归纳非显而易见的规律而言，数据分析通常是有用的。例如，尽管我们可能识别出了下列这个序列的规律：

```
#> 2 4 6 8 10 12 14 16 18 20
```

即两个数字之间间隔为 2，但以下数据中的规律是什么可能就没那么明显。

```
#> 0.000 0.841 0.909 0.141 -0.757 -0.959 -0.279 0.657 0.989 0.412
```

只有在可视化这些数据(这是使用 sin()函数生成的)之后，我们才能看出其规律，如图 1.1 所示。手头有合适的工具来分析数据意味着可以识别出隐藏的规律、预测新的信息和从数据中学习新的知识。

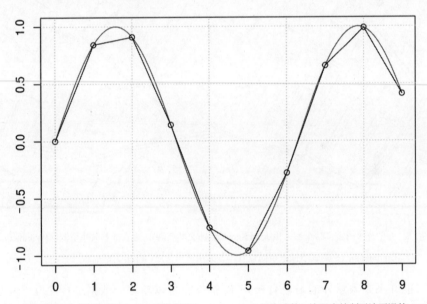

图 1.1　规律出现了。这些点是由 sin()函数在值 0、1、……、9 处生成的。这里也绘制了该平滑的 sin()函数

数据分析的一个经典示例是 John Snow 对于 1854 年在伦敦布罗德大街(Broad Street)所爆发霍乱疫情的分析。在那个年代，排污系统基础设施几乎不存在，并且人们对于传染病的认知相当有限，所以当时在这个特定区域内数以百计的人由于染上霍乱而死去。通过仔细检查霍乱病人的居住位置，John Snow 能够推断出，这些病人之间的共同联系似乎在于其最近的水源是布罗德大街的某个抽水泵。在禁用该抽水泵之后，霍乱病人的数量就显著减少了。在这个示例中，数据是显而易见的——霍乱病人的居住位置——但其规律和联系并不那么明显(参见图 1.2)。

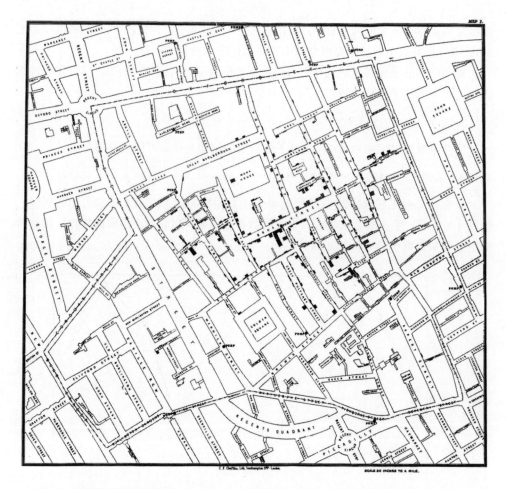

图 1.2　布罗德大街霍乱传染图，由 John Snow 绘制(公共资源)，来自维基共享资源网(Wikimedia Commons)。小点表示抽水泵的位置，并且用堆积条沿街标出了霍乱病例

　　可能并不令人意外的是，有一些 R 插件包可以与这一数据进行交互。可以在 HistData 包中找到该原始数据，也可以在 cholera 包中找到进一步的图表分析，如图 1.3 所示。

　　有时，像 Excel 或 Libre Office 这样的电子表格程序对于这一目的而言已经是完全够用的工具。我们可能会将一些表格数字放在一起查看、对其进行分类，也可能会将其绘制成柱状图，这些任务都可以在许多软件程序中轻易实现。不过，当我们希望以更加结构化、正规化、可重复且严谨的方式来与这些数据进行交互时，就要借助编程语言了。R 就是最好的选择。

图 1.3 使用 HistData(上图)和 cholera(下图)R 包生成的对于布罗德大街霍乱数据的进一步分析

1.1.5　数据就是资产

数据具有很大的影响力，因为它是我们要从中获得见解的信息。很少会出现无论如何都无法获取任何数据的情况(不只是指数字化)，但不同的数据承担着不同的职责。

许多人都依赖天气数据来规划他们每天的行程，例如渔夫可能要借此弄明白他们可以在相对海岸安全范围多远的距离打鱼，或者种植酿酒葡萄的葡萄园主要借此评估由于夜间结霜而损坏其作物的可能性。天气预报并不是最原始的数据源，而是通过整理更为原始的测量所产生的汇编摘要。

同样，财务分析师会提供对股票市场的评估以及对重大投资可能的每日变动情况的见解。这些也都是从模型中生成的，这些模型会摄取有关市场当前状态的高频测量值，并且提供更易于理解和操作的高级汇总摘要。

在这两个例子中，都存在我们要依赖的数据管理人：也就是那些以可预测且稳健方式让原始测量数据变得可用的人。如果这些数据源被损坏(无论是原始源还是处理过的源)，那么那些处于数据使用链中的人就无法对这些数据提供可靠的处理，并且后续可能还存在潜在危害。如果原始记录是手工输入电子表格中的，并且天气预报的创建人要记住需要按的按钮顺序、需要被复制到另一个表格中的单元格以及需要选择哪些行以纳入计算，那么从个人角度讲，我会对这份天气报告没什么信心。

希望你在阅读本书时能够理解我重点讲解这一事实的背后动机——我们都是数据链中的一部分，如果数据在我们手中，而我们却不关注它的话，那么后续的所有步骤都会遭受失败，并且对于那些查询我们数据的人来说，这些失败必然是不明显的。因此我们要寻求对能够获取的所有数据进行稳健的、可重复的且清晰的处理，然后再将处理后的数据发布出去。

尽管对于可重复研究的全面描述需要大量的资源才能阐释清楚，但目前下列指导意见已经足够：

- 记录下如何、何时以及从何处获取数据。
- 在数据处理期间要对所做出的任何决策提供注解。
- 原始数据源保持不变——在处理过程中所创建的任何内容都应该被记录下来，并且都应该是可重复的，理想情况下不需要人工介入。

提示：可重复的研究是信赖所得结果的关键，即使这些结果看起来不是很重要。也可能一年中只有我们自己查看这些结果，但知晓如何生成新数据就如同我们能从数据中获取的信息一样重要。

能够通过一个数据集所经历的变更往回追溯对于证明一次分析的正确性而言极有价值。我们可能最终会得到一份欧洲国家人均收入中位数的图表，但我们是否能够弄明白其刻度比例是如何计算出来的？是否过滤掉了海外的收入数据？这些数据是样本还是人口普查数据？如果不清楚该分析中有哪些处理步骤，那么最终结果就会引发无法回答的问题。

至关重要的是，所执行的分析都是从正确的数据开始处理的，数据都是以恰当的方式来收集的，并且该分析能够解答我们的问题。当然，该问题也需要是正确的；否则我们就无法获得所期望了解的信息。

正确问题的大致答案通常是模糊不清的，但这也远远强于错误问题的准确答案，虽然总是能得出错误问题的精准答案。

——JOHN TUKEY，普林斯顿大学统计系的创办人

手上有了正确的数据和正确的问题，要如何持续跟踪所有一切呢？为此，我们不仅需要能够正确处理数据和代码，还需要正确应对其随时间而变化的情况。

1.1.6　可重复的研究和版本控制

你是否曾收到文件名类似于 mydata_final_Thurs20May_phil_fixed_final_v2.xlsx 这样的文件？这并非最简洁的名称，但它却揭示了一些非常糟糕的事情——该文件的多个副本在四处扩散，每个副本都具有不同版本的数据，其中大部分都过期了，因为已经进行了一些修正或更新，并且不同的版本之间有着未知的变化。如果某个人展示了从其中一个文件所生成的图表，我们能否确定它来自哪个版本？或者说，如果展示的是最新的图表以及在此之前的一张图表，我们能否看出其区别？

答案是，不要依赖文件名来存储版本化信息(文件名不适合用于此目的)。应该转而使用版本控制系统(VCS)，它可以持续跟踪变更，这样我们(以及协作者)就可做到：

- 总是能获取所有文件的最新版本。
- 能够查看版本之间的变化。
- 能够回滚到之前的任意版本。

其中部分能力需要极大地借助纯文本文件(如.txt、.R 以及.csv)的使用，因为版本控制系统可以逐字比较两个版本的行并且显示出有变化的内容。使用二进制文件(如.docx 和.pdf)则会让这一对比变得更困难，但也并非是无用的。

- 纯文本文件——这是将其内容存储为数字、字母以及标点符号的文件，因而能在文本编辑器中打开该文件。纯文本文件中的信息可以被读入任何系统中，并且因为它没有格式化，所以对于每个符号所代表的内容或者如何读取该文件而言是没有歧义的。这并不妨碍格式化的存储，不过该格式化也需要是纯文本的，例如使用像bold text这样的标签来包围值的标记语言或者使用像**bold**这样的内联修饰符的 Markdown 语言。
- 二进制文件——这是将其内容以二进制形式(0 和 1)存储的文件，该文件只能被合适的软件所解析。无法在文本编辑器中读取它，但其优势在于，它能对

数据格式化进行编码，包括各种不同的格式，如音频、图片或视频。

这里不会讲解具体的 VCS 选择，但我们应该找到适合于自己的一款 VCS。一些流行的 VCS 选择包括下面这些：

- Git(使用 GitHub/GitLab/Bitbucket)
- Subversion(也称为 SVN)
- Mercurial

其中每一个都具有其自己的学习曲线，但在我们首次需要撤销一大批变更或删除操作时会发现其价值。

版本控制的另一个巨大好处就是，我们可以公开共享(如果希望的话)描述我们对数据进行了何种处理的代码，这样一来，感兴趣的人(可能是另一个数据分析师，也可能是 6 个月后的自己)就可以重复我们之前的处理，因为他们有了输入及分析步骤。

你是否曾经在完成了对于一些数据的处理后开始担心可能没有保存文件，因而可能必须再次对所有步骤进行处理(如果还记得那些步骤)？如果在完成这些处理步骤之后忘记了所执行的步骤，那么我们如何才能确信正确执行了它们呢？其他人又怎么能相信我们的处理步骤呢？通过使用命令脚本(可以将其视为我们要让计算机所执行的大量准确处理)，我们就能保留分析步骤的记录，其他人也就能够在使用相同数据的情况下像我们那样得到相同的结论。

数据更新很常见，并且在发生更新时，很容易就能看出遵循可重复研究方法和未遵循可重复研究方法的人之间的区别。在经历数周的数据处理和数值计算之后，有人可能会注意到第三个数据集的第 12 列中有一个拼写错误，并且发布一份更新后的文件：data3_fixedTypo.csv。

可重复研究的好处有很多。未遵循可重复研究的人会执行以下处理：

- 删除所有的输出(或者将其保存在其他地方)。
- 打开新的数据文件。
- 尽可能按照其能记住的所有分析步骤来执行。
- 忘记了第 4 列需要特殊处理。
- 不清楚最终结果与预期相比有很大差别。

遵循可重复研究的人会执行以下处理：

- 在其脚本中修改输入的数据文件名。
- 重新运行包含所有必需步骤及其文档的分析脚本。
- 明白此次唯一发生变化的就是输入数据更新了。

有许多 R 插件包有助于我们在可重复的研究框架中进行处理，稍后将介绍其中一些较为常用的 R 插件包。

数据准备好了，需要解答的问题也准备好了，并且我们打算通过版本控制来专注于可重复的研究，那么此时唯一需要的东西就是将所有这些结合起来以便生成一些结果的方法：R 编程语言。

1.2　R 语言介绍

R 是一种统计学编程语言，它适用于执行统计计算，在经历了社区发展之后，其意义已远不止于此。作为一种通用语言，R 足够灵活，它几乎可以处理我们所要交互的任何数据：存储数据或流式数据、图片、文本或者数值。

就像大多数编程语言一样，它具有特定的语法(编码方式)，一开始可能会让人觉得困惑或奇怪，不过要相信，很快你就能适应。无论你是否相信，R 的确是更易读的语言之一。

无论是专业用途还是休闲用途，R 的用户量都在快速增长[1]。只要是有数据的地方，就很可能会有人在使用 R 处理这些数据。R 流行程度的一个很好的指标就是 RStudio(我们用来与 R 交互的软件)的专业用户列表，图 1.4 中显示了其中一些公司的标志。

图 1.4　R 的专业用户(来自 rstudio.com)

1　截至 2017 年，R 在 IEEE Spectrum 的前十位编程语言中排名第六(http://mng.bz/z5sN)，并且在 2017 年受欢迎编程语言的 TIOBE 索引中排名第八(www.tiobe.com/tiobe-index/)。

其他许多公司都将 R 用作其数据处理能力的一部分。其中一些知名的专业用户及其特定用途包括以下这些[1]：

- Genentech——将 R 用于数据再加工和可视化，并且与 R 核心开发人员保持联系。
- Facebook——将 R 用于探究型数据分析和实验分析。
- Twitter——将 R 用于数据可视化和语义聚类。
- 芝加哥市——使用 R 来构建食物中毒监控系统。
- 纽约时报——将 R 用于交互式特性(如 Dialect Quiz 和 Election Forecast)和数据可视化。
- Microsoft——将 R 用于 XBox 配对系统。
- John Deere——将 R 用于统计学分析(预测农作物产量以及农业设备的长期需求)。
- ANZ Bank——将 R 用于信用风险分析。

R 被广泛用于基因遗传学、渔业学、心理学、统计学以及语言学等学术研究。业余使用者已经发现了大量值得去做的有意义的事情，例如解决数独谜题(https://dirk.shinyapps.io/sudoku-solver)和迷宫问题(https://github.com/Vessy/Rmaze)、下国际象棋(http://jkunst.com/rchess)以及连接到 Uber 这样的在线服务(https://github.com/DataWookie/ubeR)。

本节将介绍 R 的运转机制以及与其交互的方式。就像使用其他任何新工具一样，首先要正确理解 R 提供了哪些特性，这样才能为我们的学习之路节省大量时间。为了完全弄清 R 的一些古怪技巧，我们需要回到起点。

1.2.1　R 的起源

R 的前身是 S 编程语言(用于统计学)，它是由贝尔实验室的 John Chambers 及其同事所开发的。S 语言是在 1993 年通过 S-PLUS 这一独占性许可而商用化的，该许可被广泛用于各种学科中。当 R 被视为 S 语言的一种开源实现时，其社区活跃度有了显著增长，这意味着用户每天都能看到其底层结构并基于此结构进行构建。不过，这门新的语言还是向下兼容 S 的，并且 R 所保留的大部分古怪之处都可以归因于此。

2000 年 2 月，新西兰奥克兰大学的 Ross Ihaka 和 Robert Gentleman 发布了 R 的第一个稳定版本。自那以后，R 的基础研发一直是由一组志愿者(R 核心开发人员)负责，并且是基于公众所提交的方案建议来进行。外部开发的扩展插件包也在一直不断出现，它们都正式托管在 Comprehensive R Archive Network(CRAN，https://cran.r-project.org)上，到 2017 年底大约有 12 000 个这样的扩展插件包；还有许多扩展插件包非正式地托管在像 GitHub 这样的代码共享站点上。

1　参见 Data Science Central 的 Deepanshu Bhalla 所发表的 "List of Companies Using R" 一文，http://mng.bz/qJ66。

1.2.2　R 能够以及不能完成哪些工作

编程语言之间的分类有很多并且很大程度上都会令人费解。这些分类也一直存在争议，因为其定义很复杂并且需要拥有计算机科学的学位才能充分理解其内涵。尽管 R(也就是 S)最初是为统计学而构建的，但它仍然可以被视为一种通用语言(General Purpose Language，GPL)，因为它并非被限定于仅完成单一任务。

有些语言的存在是为了完成某个领域(一个特定的相关领域，如财务、技术绘图或者机器控制)中的任务，这些语言被称为特定领域语言(Domain-Specific Language，DSL)。R 比这些语言更灵活，因为我们可以编写代码以让其完成我们所需的任何目标。

R 不是一种 DSL。它是编写 DSL 的语言，是一种更为强大的语言。

某个人可能想着要实现一个财务数据目标，另一个人可能对于自然语言处理感兴趣，而第三个人的目标可能是预测顾客接下来会做何种决策。所有这些的共通之处就是数据，但 R 是如此的灵活，它提供了一种完善的机制来应对所有这些领域。

——JOE CHENG，RStudio 的 CTO

我并非打算向你推销 R；我认为 R 是一种很棒的语言，它让许多任务都变得更为简单，并且其处理任务的方式很优雅。不过你也要明白，它并非解决我们特定问题的唯一方案，它甚至可能并非最佳方案。但是通过学习一门新语言，我们就不会试图为解决问题而硬着头皮提供一个解决方案；相反，我们对语言运行机制了解得越多，就越有助于我们更好地识别出问题的可能解决方案(即使这意味着另一种语言才是更适用的)。编程语言的对比就像是询问苹果或桔子哪种更好——根据惯例，这要视情况而定，或者可能根本就不是这样的。我们需要结合使用。

1. R 能够完成哪些工作

在最基本的层面上，R 是与数据交互的一款有用工具。它将值(数据)和函数(与数据交互的代码)存储为变量(事物名称)和复杂对象(结构)。通过技术术语来表达的话，我们可以说 R 是一种开源的、解释型的、通用的函数式语言。

- 开源——可以免费获取和(如果需要)修改底层源代码。
- 解释型——R 不需要将代码编译为独立程序。有些语言需要将代码内嵌到可执行程序中以便运行。
- 通用——它并非受限于仅处理特定领域中的一件事情。
- 函数式——它使用函数来操作固定不变的数据，而不是依赖系统的当前状态就地修改数据。

R 可被视为工具袋。如果清楚挂在哪里，则可以将更多工具添加到 R 中。我们可以重新整理这些工具以便让其对用户更为友好，并且我们可以根据需要使用少数几个或者多个工具。这样的工具就是插件包，也就是文档化函数(对数据执行操作的代码)

的逻辑分组，可以调用它们来生成一些输出——一个图形、更多的数据、处理信号、网站请求等。

如果没有这些插件包(这里指的是基本包和默认安装的插件包)，那么 R 就只是能力有限的一种框架而已。其真正的强大之处就是基于这一框架所构建的附加插件包，用了它们，才能创建强大的统计函数和发布质量的图形，同时还可以按需对这些附加插件包进行扩展和修改。

2. R 不能完成哪些工作

有了好用的工具袋并不能确保我们获知如何挥动一把榔头，也不能确保我们知晓十字螺丝和梅花螺丝之间的区别。此外，安装了 R 也并不意味着所有的数据分析过程突然之间就变得清晰。

R 几乎可以让我们对数据进行任何处理，它可能是明智的选择，也可能是完全不合理的选择。在某些情况下，它会警告我们正在进行一些可能不希望进行的处理。有时，它会默默地生成垃圾信息并且继续进行下一步处理，就像一切正常一样。这不完全是 R 的过错——许多人都相信，一种好的编程语言应该"按照我们说的做，而非按照我们的意思做"，并且应该让用户来决定什么是正确的以及什么是错误的。

由于 R 的运行方式(稍后将进行介绍)，它并非总是处理数据的最快方法，不过它也肯定不会慢。根据用途的不同，处理速度的快慢可能完全不是一个问题。有时使用 R 的处理时长会比使用其他一些语言多几分钟，但使用 R 的好处在于，R 代码可能更可用。许多 R 插件包都利用了 R 与其他语言交互的能力，并且在使用 R 语言进行处理以及使用另一种更高效语言(如 C)进行处理之间取得一种平衡。

1.3　R 的运行机制

有些编程语言会将代码编译(构建)为一种可执行程序。那样做有优点和劣点，不过这并非 R 的工作方式。相反，R 是一种解释型语言，对于这类语言，计算机一次只处理一个指令(这些指令的序列就是脚本)，而每个指令的处理结果会呈现(返回)给用户。

为了以这种方式进行操作，R 实现了一种读取、估算、打印、循环(REPL)机制，这种机制所做的就是其字面上的处理。图 1.5 中显示了这一流程图。R 会耐心等待我们的输入，在输入完成后，所输入的内容会被读入系统之中并且被估算(执行计算)，而结果会被打印到控制台(如果有)，之后整个处理过程会循环返回等待更多的输入。

对于刚才所说的在执行任何处理之前需要等待输入的语言而言，这可能像是需要具备很多能力一样。之所以如此，是因为 R 程序(启动 R 的 R.exe 或者 R 可执行程序)主要是用 C 编写的，而 C 是一种编译语言(而且是一种非常节约内存的语言)。按下

Enter 键会触发 C 代码执行 REPL 操作。

作为一种开源语言，底层运行的源代码可让任何人进行检验。https://svn. r-project.org/ R/branches 处提供了自 R 0.60.1 开始的所有版本的官方源代码，这意味着如果需要，我们可以查看过去数年中 R 的各个组件发生了哪些变化。这对于专有(闭源)程序而言是不可能的，其内部运转机制仅对那些基于它进行处理的人才可见。对于开源软件，我们甚至可以下载其整个源代码，对其进行修改，并且编译我们自己的私人版本[1]。

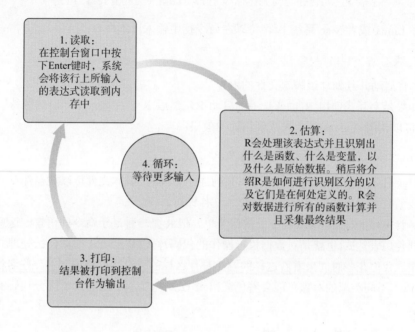

图 1.5　读取、估算、打印、循环

https://github.com/wch/r-source 处还有一个更容易获取的只读镜像，它是由 Winston Chang 托管的。它每小时都会与官方的源同步一次。

如果还没有安装 R 的话，请在计算机上安装它。可以参考附录 A 中的说明。

一开始你可能是让 R 每次运行一个命令，但渐渐地就会希望能够告知 R 按顺序执行多个命令。这就需要用到脚本了，这很容易让人联想到演员要说的剧本中的多行台词。R 脚本(通常是以.R 或.r 结尾的文件)不过是一系列命令而已，通常每行一个命令，但一个命令也可以被划分成多行，这些命令会被 R 系统按顺序读取并且处理。这不同于电子表格文件的处理方式，电子表格中只会保留当前状态的数据，而不会保留数据的处理过程。脚本中开头的几行会指示 R 如何做好对后续分析的处理准备，之后是如

1　R 代码的开源许可是 GPLv2，这意味着我们可以对其进行任何处理，只要保留对其进行过处理的所有人的归属信息，并且不对其进行销售以盈利或者限制其获取权限。

何获取/读取原始数据，然后是如何处理这些数据，最后是如何保存结果以及在何处保存。基于这一工作流，分析就可以重复进行，因为备有原始数据和处理步骤，所以可以重复得到结果。

单用 R 就足以处理一个分析脚本了，可以使用命令行将该脚本传递到 R 处理器。在 Windows 系统上，根据确切版本和安装路径的不同[1]，在脚本文件的同一目录中启动命令行，可以使用以下命令：

```
C:\Program Files\R\R-3.4.3\bin\R CMD BATCH yourScriptFile.R
```

在 Linux 或者 Mac 系统上[2]，可以在命令行中输入以下命令：

```
R -f yourScriptFile.R
```

R 将启动并且处理该脚本文件的内容。

如果是交互式使用 R(也就是手动启动 R，然后 R 会生成一个即时的等待输入指示)，可以使用 source()函数来达到相同的效果：

```
source(file = "~/yourScriptFile.R")
```

目录名中的波浪号(~)是用户主目录的通用占位符。脚本文件可以放在任意文件夹中；我们只需要告知 R 在何处找到脚本文件即可。

尽管你可能很熟悉 Excel 中的按钮菜单，但 R 是一种基于命令的语言。这意味着我们要使用表达式(也就是对数据执行操作的代码片段)来告知 R 要做什么处理并且存储结果。我们花些时间来看看这样的方式是什么样的以及我们将遇到的一些名称，参见图 1.6。不同类型的对象可能会着色突出(语法高亮显示)，这有助于区分代码的不同部分。

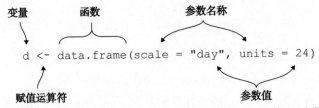

图 1.6 标识出一些术语的 R 代码：变量、赋值运算符(<-)、函数以及参数

图 1.6 中使用的一些术语对于你来说可能是新的概念：

- 变量——指代一段数据的名称。
- 赋值运算符——将值存在变量中的函数。
- 函数——一些与数据交互的代码，使用正括号"("和反括号")"来调用它，可能还要使用参数。

---

1 除非设置$PATH 环境变量以搜索这个目录。

2 假设安装目录位于$PATH 中。

● 参数——传递给函数的选项，由逗号分隔，可能是通过等号(=)连接的参数名和参数值对(例如 save = TRUE)。

以这样的方式使用 R(从所保存的文件中读取命令)自然是可行的，不过若真的要在使用 R 的过程中能够随时得到帮助的话，就需要借助一款对 R 系统进行了封装的附加软件，并且该软件还提供了额外的功能，这款软件就是 RStudio。

1.4　RStudio 介绍

数据是存储在计算机上的(或者存储在计算机可以连接的某个设备或驱动器上)，但是与数据交互需要一些软件来读取数据，解释我们想要对数据进行哪些处理，并且将数据写入某种输出或存储(要么存储为值、图片、声音，要么存储为其他完全不同的形式)。

这些软件可能是多种多样的。

● 使用像 Notepad 或 emacs 这样的文本编辑器来查看原始的、本地存储的数据。
● 在诸如 Excel、Access 或 Google Sheets 的电子表格或者数据库程序中显示格式化数据。
● 使用诸如 Google Chrome 或 Internet Explorer 的浏览器查看通过互联网传输的未编码或转译过的 JSON 数据。
● 使用编程软件来检索和操作数据。

所有这些软件在显示数据和与之交互方面都具有不同的能力。在使用 R 与数据交互时，有一款高度复杂且功能强大的交互式开发环境(IDE)集成了所有这些能力，也就是 RStudio。通过使用 RStudio，我们能够以多种形式查看数据、与之交互、对其进行操作，然后存储数据或者分发数据。这个 IDE 的特色是，提供了一个能感知 R 的文本编辑器来读取/编写脚本，还提供了一个控制台来输入 R 命令。其最出色的一点是，提供了一种方法来检测工作区以及所有已定义变量的当前状态。

如果还没有安装 RStudio 的话，请在计算机上安装它。可以参考附录 A 中的说明。

1.4.1　在 RStudio 中使用 R

RStudio 将其窗口划分成独立的窗口或区域(参见图 1.7[1])。其中的边框可以拖拽以便放大或收缩单个窗口，并且可以根据喜好来重新调整，只要在菜单中依次单击 Tools | Global Options | Pane Layout。有些窗口还可以脱离主窗口变成全屏模式。

下面是默认显示的四个窗口：

● 编辑器——这是编写脚本的位置。脚本就是要按顺序执行的一系列命令。在

1　修改自通过维基共享资源网检索到的 PAC2(www.gnu.org/licenses/agpl.html)的原始截图。

首次打开 RStudio 时，编辑器会是空白的。依次单击 File | New File | R Script 来开启一个新的文件/脚本。

- 控制台——类似于在终端中出现的 R 提示符。这是逐行输入命令然后按下 Enter 键的地方。R 返回的结果也会呈现在这里。

- 工作区——R 获知的值(我们所定义的数据或者变量)会出现在 Enviroment 选项卡中，而所执行的命令历史将出现在 History 选项卡中。

- 帮助与绘图——根据所选选项卡的不同，帮助或绘图区域将显示函数或数据集的文档，或者最近生成的绘图。该区域也包含 Packages 和 Files 选项卡，以分别列出所安装的插件包和计算机上的文件。

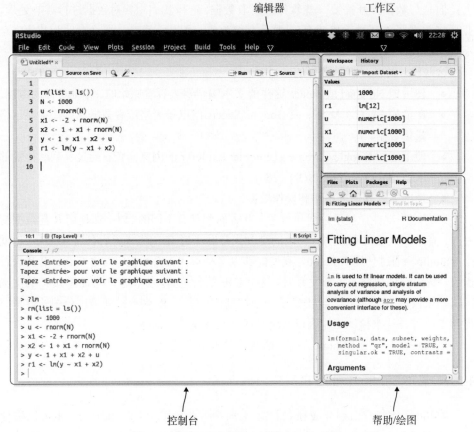

图 1.7　出现在 Ubuntu/Linux 中的 RStudio 窗口

有简单的方法可以在这些窗口之间进行切换。Ctrl+1 会将鼠标指针移动到编辑器窗口以便编写脚本。Ctrl+2 会将鼠标指针移动到控制台窗口以便输入交互式命令。当鼠标指针处于一个函数上时，按下 F1 键会打开该函数的帮助菜单。还有其他许多键盘快捷组合键可用。试试用 Alt/Option+Shift+K 来打开一个详尽的备忘单。

RStudio 的替代选项

当然，RStudio 并非使用 R 的唯一途径，不过我的确发现它是最便利的。如果你更适应使用命令行界面(并且可以放弃 RStudio 所提供的附加好处)，那么也可以在终端中很好地使用 R。还可以使用 Emacs Speaks Statistics(ESS) emacs 包将 R 挂载到 emacs 中。在 Windows 上首次安装 R 时，我们还会发现安装了 RGui，这是一个简单的图形化界面。

有几个可选的 R 的图形化界面也是被广泛使用的，如 R Commander 和 Deducer。为了保持一致性(而且因为我坚信 RStudio 更胜一筹)，本书的后续内容会假设你都在使用 RStudio。

RStudio 对于使用 R 来说提供了很多有帮助的便利特性，不过我们也可以在一个独立终端中完成需要的所有处理。在终端中与 R 进行文字交互，其结果会与 RStudio 控制台窗口中出现的结果相同，现在我们重点介绍 RStudio 的方式。

RStudio 直接支持与 Git 和 SVN 的协同使用。我建议你直接在 http://mng.bz/1s4F 处阅读 RStudio 关于这方面的内容。

每次用 RStudio 或者独立方式启动 R 会话时(运行 R 程序并且使用 R 语言)，工作区一开始都是空的[1]。如果设置的选项被启用(默认是启用的)，那么上次使用 RStudio 打开的文件仍然会出现在编辑器窗口中。工作区窗口不会列示任何对象，并且控制台将显示以下欢迎消息：

版本会列示在此处(以及版本的发布日期)。尽可能尝试使用版本更新到最新，因为会修复问题和定期优化。注意，这可能要求我们同时更新包库

这与所运行的系统是 Windows、Linux 或是 Mac 有关

```
R version 3.4.3 (2017-11-30) -- "Kite-Eating Tree"
Copyright (C) 2017 The R Foundation for Statistical Computing
Platform: x86_64-pc-linux-gnu (64-bit)

R is free software and comes with ABSOLUTELY NO WARRANTY.
You are welcome to redistribute it under certain conditions.
Type 'license()' or 'licence()' for distribution details.

  Natural language support but running in an English locale

R is a collaborative project with many contributors.
Type 'contributors()' for more information and
'citation()' on how to cite R or R packages in publications.

Type 'demo()' for some demos, 'help()' for on-line help, or
'help.start()' for an HTML browser interface to help.
Type 'q()' to quit R.

>
```

一分钱一分货。尽管很多人已经为确保 R 如预期般运行付出了很大的精力，但并没有这样的官方保障承诺

命令提示符>表明 R 准备好了并且在等待输入

通常会被忽视，但这些都是很好的提示

1　除非有意将选项设置为从上次离开处开始，这是通过加载工作区镜像来实现的。

注意：自 2011 年底开始，R 的版本就不仅是通过一个版本号来指定了，还增加了一个古怪的名称，第一个这样的名称是 Great Pumpkin。这些名称完全是一位核心开发人员突发奇想的念头，尽管没有严格的结构，但它们通常都是以季节性因素作为主题的，并且全都与 Charles M. Schulz 的 *Peanuts* 有关。例如，R 3.4.3(本书使用的版本)的昵称是 Kite-Eating Tree。

当出现提示符(>)时，就表明 R 在等待下一个命令。可以直接在控制台中输入命令(更适用于使用过一次的短命令)并且按下 Enter 键执行它。也可以在编辑器中将命令作为脚本来构建(更适用于较长的分析并且更利于保存步骤)；当鼠标指针处于相关行上时，可以按下 Ctrl+Enter(在 Mac 上则是 Cmd+Enter)组合键来一次执行一个命令，或者使用一个高亮区域来一次执行多个命令。

提示：如果需要在单行中输入多个命令，则可以使用分号(;)来分隔这些命令，如 a <- 2; b <- 3。如果开始编写一个长命令并且只输入了一部分——如只输入了正括号"("却还没输入反括号")"，或者只输入了一半计算公式(如 2 +)——然后按下 Enter 键，那么 R 将认为我们打算在命令中插入一个行分隔符并且将使用+来替换提示符，以表示它在等待命令的其余部分(对于剩余的部分，我们可以正常输入)。在执行这些命令行之前，R 会将所有的输入行连接在一起。在编辑器窗口中，可以用相同方式来分隔命令(分成多行)，并且将其作为整体或部分来执行。如果在这个模式中卡住了，请不要担心。再次按下 Enter 键只是会插入更多的行分隔符而已。要退出这个模式(或者在任何时候要取消命令输入)，可以按下 Esc 键来清除当前输入并且返回到命令提示符(>)。

如果正在执行复杂计算，那么 R 会通过不显示提示符来表明它处于忙碌状态，直到准备好执行其他命令为止。当 R 再次可用时，它将处理控制台中输入的任何命令，不过我们不应仅依赖当前所运行计算的成功执行。在由于长期运行计算而造成 R 繁忙时，RStudio 还会在控制台上方显示一个小的停止标志，类似于图 1.8 所示的那个。

图 1.8   在 R 运行时，可以在控制台上方找到这个符号

每次启动 RStudio(或者从命令行启动 R)时，会话就开始了。在会话中，加载到内存(工作区)的数据(和函数)可被查询和修改。如果你习惯于基于电子表格的环境，其中数据是已经准备好的，只要打开备份的程序就能看见，那在这种情况下要切换到 RStudio，会经历很不一样的思维模式的转换。RStudio 要保存原始数据和步骤，以便生成输出，这意味着我们的工作是可重复的。只有保存下来的信息才是持久存在的。

注意: 已经加载的插件包和数据仅在某个会话中可用,所以如果手动将一个插件包加载到一个会话中(如使用 library()函数,第 4 章将全面介绍该函数)、读入一些数据或者创建任何东西,那么需要在想要使用这个插件包的其他任何会话中重复那些步骤。通过保存脚本(所输入的命令记录),我们就能轻易地重启会话并且回到曾经的处理位置。脚本仅是保存到硬盘的纯文本命令而已,就像其他任何文件那样独立于 R 会话之外存在。

我们想要 R 在启动会话时运行的命令应该位于主目录[1]中一个名为.Rprofile 的文件中。这些命令可能是调用我们总是打算使用的一些插件包上的 library()、打印一条消息或者执行一些常见任务。

如果尝试退出 R(使用 q()函数或者关闭 RStudio 窗口),那么很可能会提示要保存工作区镜像。这使得我们可以保留会话中工作区内定义的(指定的,下一章将会介绍)所有内容,以便后续重新加载以及恢复到上次离开处。这可能是也可能不是我们希望进行的处理,具体取决于我们正在做什么,不过如果我们的确要在不进行保存的情况下重启 R 的话,我们应该尝试以这样一种能够生成相同答案的方式来编写代码。那有助于确保我们的工作流是可重复的。

如果觉得这一设置烦人,则可以通过单击 Tools | Global Options | General | Save Workspace to .RData on Exit 来修改这个设置。我建议你将此选项设置为默认不保存,这样我们就能总是开启全新的会话。

当我们希望或者需要开启不带任何已定义对象以及不加载任何额外插件包的全新会话时,可以关闭 R 或 RStudio 并且重新打开它。但是如果是使用 RStudio,那么一个更快捷的选项就是按下 Ctrl+Shift+F10 组合键,它会指示 RStudio 重启会话。在某些版本中,这一快捷键还会移除环境中所有已定义的对象。如果不是这样,则可以单击扫帚图标来清除工作区,如图 1.9 所示。

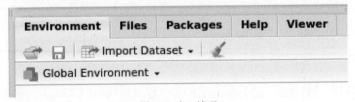

图 1.9 人工清理

比较好的做法是,定期清理对象以便确保脚本是可重复的——当对象已经存在时,我们就能轻而易举地打乱几行命令并且确保仍旧得到预期的结果,但是这会破坏脚本的顺序性,并且如果在定义一个对象前就使用该对象的话,就会出现问题。

提示: 在知晓如何使用 R 之后,我们很可能会处理几件不同的事情——有时要同

---

1 这一位置取决于我们的操作系统,不过可以从 R 本身处使用 Sys.getenv ('HOME')来定位。

时处理多件事情。RStudio 使得对项目的持续跟踪变得简单。在创建一个 RStudio 项目时，RStudio 会持续跟踪已经打开了哪些文件、它们位于何处，甚至会跟踪专用于该项目的不同窗口的定位。每个项目都有其自己的 R 会话，因此可以独立地为不同上下文分别运行几个会话，而无须担心我们的财务分析会干扰到地图绘制的可视化。

我强烈建议你在新的项目中开启每一项具有不同上下文的工作。可以在 RStudio 右上角的菜单中选择项目，如图 1.10 所示。

可以用 File | Project 创建一个新项目，或者用 File | Open Project 打开一个现有项目。

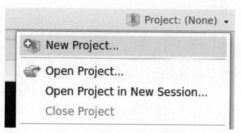

图 1.10　从菜单中选择项目

当意外创建了不合理的代码时，RStudio 会尝试进行提醒，可能是因为这些代码的顺序错误，但是如果变量是在会话的当前状态中定义的，则可能不会有这样的提醒。只有当我们可以在会话中执行处理时，会话才会有用，因此我们继续讲解可以告知 R 对数据进行哪些处理。

1.4.2　内置插件包(数据和函数)

R 自带了各种预先安装好的插件包，这些插件包被视为 R 的 base 版本。它还捆绑了一系列有用的插件包，这些插件包有助于执行我们需要进行的大部分处理：

```
#> [1]   "base"     "compiler" "datasets" "graphics"  "grDevices"
#> [6]   "grid"     "methods"  "parallel" "splines"   "stats"
#> [11]  "stats4"   "tcltk"    "tools"    "utils"
```

后面我们将讲解与这些插件包有关的更多内容以及它们所包含的函数。对于这些基本包，可以通过将以下命令输入控制台中并且按下 Enter 键来查看函数列表：

```
help(package = "base")
```

该命令会按名称的字母顺序列出这些函数(R 3.4.3 中约有 450 个)。stats 包提供了约 300 个函数。我们当然不会用到所有这些函数，但应该清楚，即使我们不安装额外的插件包，R 的标准安装中也有大量可以利用的功能。我们不需要做任何特殊操作就能使用这些基本包所提供的函数；在启动 R 的时候，它们就准备好被使用了。

除了有用的函数之外，R 还提供了预先安装好的示例数据集，它们被用于阐释这些函数的使用方式。下面介绍其中一些最常用的：

- mtcars——Motor Trend 汽车道路测试。这些数据摘自 1974 年的 *Motor Trend* 杂志，其中包括 32 种车型(1973—1974 年的品牌和型号)油耗、汽车设计和性能等 10 个方面。这是我们很多时候都会在我们自己的示例中用到的数据集。这一数据集是有些过时，不过只有在经常看到它们的时候，我们才认为它们是陈词滥调，对于我们目前的情形而言则并非如此。如果需要快速查阅它而手头又没有 R 会话，那么可以参考本书前言处所提供的整个数据集的截图。
- iris——一个著名的数据集，它提供了以厘米为长度单位的测量指标，这些指标包含了各种不同的花萼长度和宽度以及花瓣长度和宽度，分别对应于 3 个鸢尾花品种的 50 朵花。这 3 个品种是山鸢尾花、变色鸢尾花和维吉尼亚鸢尾花。
- USArrests——美国各州的暴力犯罪率。这个数据集包含的统计数据是 1973 年美国 50 个州每 100 000 个居民中由于侵犯他人、谋杀等犯罪而被拘捕的人数。其中还提供了居住在市区的人口的百分比。

如果你已经阅读过使用 R 的其他指南，那么可能已经见过这些数据集了。我们也会在示例中使用这些数据集，不过不要害怕使用这些数据集和其他数据集来验证你的新技能。datasets 包的帮助菜单中列出了更多的示例数据集(3.4.3 版本中列出了 87 个)的名称并且对其进行了简要描述，只要在控制台中输入以下命令就能查看它们：

```
help(package = "datasets")
```

1.4.3　内置文档

在正确构建的时候，R 插件包、函数以及数据都会自带一些帮助性文档。在 R 会话中使用以下语法可查看这些文档：在问号后面加上要查询的插件包、函数或数据集的名称。例如，要了解与 mean()函数有关的更多信息，可在控制台中输入以下命令：

```
?mean
```

如果?后面的名称是 R 能够感知的插件包、函数或数据集，那么其文档将出现在帮助窗口中——否则，控制台中将会出现一条像如下这样的错误消息：

```
?nonExistentFunction
```

```
#> No documentation for 'nonExistentFunction' in specified packages and
#> libraries: you could try '??nonExistentFunction'
```

要搜索文档中的某些文本(要在不知道文档名称的情况下查找这些文本)，可使用双问号。

```
??mean
```

但这样的搜索有一些局限性。一些更好的解决方案还处于开发过程中，如
DataCamp 的解决方案(www.rdocumentation.org)，不过目前大部分问题都可通过阅读
手册(?文档)与/或网络搜索来解决。

RStudio 还有一点特性也有助于我们编写 R 代码，它提供了弹出窗口式的语法技
巧提示——将鼠标放在函数名称上可查看模板和默认的参数/选项。RStudio 还提供了
已知函数和参数的自动补全功能：在输入函数或数据值名称时暂停一下，可查看可能
的自动补全，使用向上和向下箭头按钮来从中进行选择，并且按下 Tab 键看看可能的
自动补全。当我们可能拼错函数或数据值的名称时，RStudio 也会进行提醒。这些选
项都是通过 Tools | Options | Code 来配置的。

1.4.4　简介

R 的一大未被充分使用(但若正确使用却极有价值)的特性是对任何插件包创建详
尽指南的能力，这被称为简介(vignette)。简介可以覆盖任何主题，但通常是为了突出
插件包所提供的一些重要函数的使用方法，这类似于研究报告或教程。简介有可能长
达几页，所以它们所能提供的有效信息远远大于帮助页面所提供的有限信息，因为帮
助信息只是一份简短的使用指南而已。

这些简介是在安装插件包的时候构建的，如下所示。

```
# The plot3D package produces 3D plots.
# Install it using
install.packages(pkgs = "plot3D")
```

可在控制台中通过 vignette()命令加上简介的主题(名称)来使用简介(可能还需要
使用参数 package 来传递该简介的归属插件包)。

```
# Vignette: Fifty ways to draw a volcano using package plot3D
vignette(topic = "volcano")
```

可使用下列命令查看当前所有可用的简介。

```
browseVignettes(all = TRUE)
```

这个命令会加载一个本地托管的网页，上面会显示指向每个可用简介的链接，并
且是按照其所对应的插件包来分组显示的。它们会被生成为 PDF 文件、HTML(网页)
文件、这些简介的源文件或原始的 R 源数据块。如果希望了解与所安装插件包有关的
更多内容，那么简介就是值得查看的地方。

1.5　亲自尝试

如果还没有亲自尝试过的话，请打开 RStudio 并且熟悉一下这个程序。在要保

存我们工作内容的主目录中创建一个新的文件夹，打开一个新的 R 脚本，如图 1.11
所示。

　　将一些命令输入脚本中(尝试添加一些数值)，并且在对其进行计算时可以看到它
们出现在控制台中。按下 Ctrl+Enter(或 Cmd+Enter)组合键或者单击脚本窗口正上方的
Run 按钮，如图 1.12 所示。

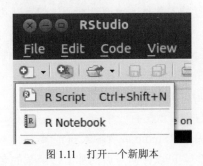

图 1.11　打开一个新脚本

图 1.12　Run 按钮

　　注意观察命令、结果、错误和警告是如何出现的，代码行是如何计算的，以及
RStudio 是如何显示不同的代码片段的。不要忘记定期保存脚本！

1.6　专业术语

- 脚本——保存在一个文件(通常以.R 或.r 结尾)中的一系列命令。
- 值——一段数据。
- 变量——指向一段数据的名称。
- 函数——与数据交互的一些代码。
- 对象——定义一个变量或函数的复杂(或简单)结构。
- 插件包——可被安装和使用的函数(也可能是数据)集合，它扩展了 R 的功能。
- 简介——使用插件包及其函数的详尽指南，它是与所安装的插件包存储在一
  起的。

1.7　本章小结

- 数据无处不在。
- 数据处理往往伴随着责任。
- 正确地结构化数据会让数据更具访问性。
- 不同的数据类型需要不同的处理方式。
- 数据可视化可以揭示隐藏的规律。

- 可重复研究意味着结果值得信赖。
- R 被用于许多领域并且历史悠久。
- R 会解释我们的命令，而非将其编译成可执行程序。
- RStudio 会让 R 代码的使用和处理变得更加顺畅。
- 许多插件包都对 R 进行了扩展。
- 可重复研究意味着创建一套可重复的工作体系，而这要通过保存获得结果所需的原始数据和处理步骤来实现，而不是仅存储该结果。
- 每一个运行中的 R 实例都代表着一个会话。已指定变量和已加载插件包/函数仅在一个会话中可用，并且必须在启动新会话时重建它们。
- 控制台中所显示的提示符(>)意味着 R 准备好接收命令了。
- 可在脚本中编写命令或者在控制台中每次运行一个命令。
- 要退出会话，可通过关闭按钮来关闭 RStudio 或者输入 q()命令。
- 要查找与一个函数有关的更多信息，可以在问号后面加上该函数的名称，例如?mean。

## 第 2 章

了解 R 数据类型

本章涵盖:

- 我们可能会遇到的数据类型
- R 如何使用类型来存储数据
- 如何给变量赋值

在所有的编程语言中,数据都是由计算机使用二进制值存储在内存中的。二进制值只有两种可能的状态,我们可以将这两种状态视为 TRUE 和 FALSE,或者更通俗地讲,就是 1 和 0。在计算机内存中,这两种状态代表电荷的存在或缺失,也就是说它们代表着 ON 和 OFF。

我们可能会在屏幕上看到 42,不过这要归功于计算机将它所存储的内容转换成我们期望看到的内容。这是极其有用的(总好过看到 00000000 00000000 00000000 00101010),但也有些风险,后文将介绍这一点。

将一段数据存储到计算机内存中的方式有很多。通过指示计算机将数据作为特定类型来处理,我们就能变更对数据进行操作的方式。

2.1　数据类型

R 被归属于所谓的弱类型语言，数据类型是靠推测或者假设的，而不是声明(或强制)。这对于刚入门的阶段而言会非常有帮助，因为在使用数据时不需要担心数据类型的设置。但是我们还需要了解如何修改类型，因为后面我们有可能在默认情况下没有得到想要的类型。

注意：有些语言是强类型的(如 C)，并且在这些语言中，在使用前必须显式声明数据类型。这种语言也是具有优势的，例如能确保数据类型不会突然发生变化。

R 语言中有几种可用的数据类型，我们将介绍你很可能会遇到的最常见的类型。表 2.1 中列出了这些数据类型的简要介绍。

表 2.1　数据类型

数据类型	示例
数字	1 3.14 -99
文本(字符串)	"abc" "x" 'I said '"Hello'"
类别(因子)	Months ("Jan", "Feb", "Mar") Colors ("red", "blue", "green") Countries ("Australia", "Japan", "USA")
日期和时间	2016-10-31 2000-01-01 00:00:01 UTC
逻辑值	TRUE FALSE
缺失值	NA NaN

2.1.1　数字

最常见的数据类型是以一种形式或另一种形式出现的数字。鸟的数量、树的高度、网站的访客数、温度、速度、价格——所有这些都是数字，但并非以相同方式来表示它们。对于其中一些来说，只有谈论整体计数或只需要整数部分的数字才是有意义的。这一类型数字的正式名称是整数。计算机会以特定方式来存储整数。更普遍的数字可能具有整数部分和小数部分，有时这也被称为实数。在 R 中，这些都被称为数值型值[1]。

1　若是对计算机科学有着较大的兴趣，则一定知道这些就是双精度值。

定义：整数意味着完整的或原封未动的。在对无法被划分成更小部分的事物计数时，通常就会用到整数：5 只羊、3 000 000 个人、35 个单词。整数没有小数部分。

实数也被称为数值或双精度值。它们都可以具有整数部分和小数部分，不过小数部分可以是零，这样的话这个值就等同于一个整数。这些数值会出现在可采用任何值的测量结果中：3.5 小时、154.2 厘米、1.44 MB。

在 R 控制台中输入一些指令并且按下 Enter 键，R 会计算该表达式并且返回结果值。验证一下，在控制台中输入 3.2 并且按下 Enter 键。应该会显示以下信息：

```
3.2
#> [1] 3.2
```

目前不要担心这个[1]——稍后我们会对其进行讲解。你也可能会问："我刚才使用了什么类型？"这里并没有指定类型，因此 R 进行了合理的推测。可以使用内置命令 str()(structure 的简写)来检验某些对象的类型(以及总体结构)。

试试在控制台中输入以下命令：

```
str(object = 3.2)
#> num 3.2
```

R 会报告，对象 3.2 是 num 类型(numeric 的简写)并且其值为 3.2。再试试整数：

```
str(object = 7)
#> num 7
```

R 会报告，这个对象仍旧是数值类型。可能我们没有足够准确地指定，再试试下列命令：

```
str(object = 7.0)
#> num 7
```

仍旧是数值。那么，发生了什么？默认情况下，R 会认为所输入的带有或不带小数的数字是数值类型。为了指定我们明确想要一个整数值，可在值的后面输入一个 L[1]：

```
str(object = 7L)
#> int 7
```

在上述每一个例子中，计算机会使用我们所提供的值(3.2 或 7L)并且将之转成它可以存储的内容(对象)，该内容可以表示为 1 和 0。有多种方案可用于此目的，而且这些方案通常在用于数值和整数类型时也是不同的，不过目前知道这两种类型有差异即可。

str()函数对于检查对象的结构很有用，不过如果就是想知道一个对象的类型，则可使用一个更简单的函数：typeof()函数。我们用一个值来试试：

　　1　为何是 L？可能是因为 l 看起来太像 1 了，不过这一选择背后的真实原因可能更多地与 C 语言中的 long 类型数字有关。从字面上看也有助于记忆。

```
typeof(x = 7)
#> [1] "double"
```

typeof()函数的输出结果与 str()稍微有些不同，不过数值、实数和双精度值都意味着相同的对象[1]。

注意，这两个示例中所用的参数名称是不同的：str()有一个参数 object，而 typeof()有一个参数 x。这两个函数都有其自己的参数命名方式的定义，并且这些定义并不总是合乎条理的。尝试使用错误的参数名称将会带来麻烦。

```
typeof(object = 7)
```

这个命令会引发下列错误：

```
#> Error: unused argument (object = 7)
```

或者，尝试一个显式指定的整数会得到以下结果：

```
typeof(x = 7L)
#> [1] "integer"
```

造成这一让人困扰的局面的部分原因是，R 在打印一个等同于整数的值(7L、7 或7.0)时，它只会打印不带小数的值(7)，所以所有这些在屏幕上看起来都是相同的。

```
7
#> [1] 7

7.0
#> [1] 7

7L
#> [1] 7
```

要牢记的重要一点是，R(或者说任何编程语言)不会持续跟踪我们的测量单位，它仅会存储数字的值。

注意：测量值由两部分构成：值和单位。我们可能往往会采用简略的说法(如"我的驾车速度是 60")，不过这仅在我们认为每个人都熟悉其单位(到底是每小时多少公里还是每小时多少英里)的情况下才是合理的。我们可能会以"百万人"为单位来存储人数，但我们可能仅会使用 318.9 这个值。

确保计算单位一致的一种有用方法就是，根据变量所涉及的单位来对其命名(稍后将介绍这一点)。

关于单位的持续跟踪

1999 年 9 月，火星气候探测者号探测器开始降落到火星的大气层中。所需机动动作的最佳高度是 226 公里(140 英里)，但之后所执行的计算则表明，其实际所处轨道只能将其置于离火星表面 57 公里(35 英里)的位置。该探测器被火星大气压强摧毁了。

1　如果进行高阶数学计算，那么可能还需要复数类型(如 3 + 2i)。对于这个对象，str()和 typeof()会分别返回 cplx 和 complex。

Lockheed Martin 的团队在进行推进器推力计算时使用的是磅秒，而 NASA 轨道计算软件的默认单位是牛秒。单位非常重要！

还有其他方式可以输入数字。如果需要输入像百万这样非常大的数字，则可以使用类似于科学记数法的方法，可使用 e 或 E 来指定一个以 10 为幂底的指数。1 000 000 这个数字有 6 个零，因此可以像下面这样输入 500 万：

```
5e6  ◄──────────────┐
#> [1] 5e+06    │ 或者 5E6
```

如果需要，e 或 E 前面的数字部分也可以增加小数位，因此 1 200 000("120 万")可以像下面这样输入：

```
1.2e6
#> [1] 1200000
```

如果小数位数长度大于以 10 为幂底的指数，那么只要像下面这样就行了：

```
3.14159e3
#> [1] 3141.59
```

为了确保这个值是一个整数，可以在输入结尾处添加 L 后缀：

```
typeof(x = 1.2e6L)
#> [1] "integer"
```

R 将让整个值变成一个整数。注意，在以 10 为幂底的指数中无法使用数值型值；它总是被假定为一个整数，并且输入带小数的数值会引发错误。

尽管很可能会输入带有千分位逗号或句点的较大数字(如 1 200 000)，但 R 是不知道如何对其进行处理的。

```
1,200,000

#> Error: unexpected ',' in "1"
```

在从外部真实源中读取数值数据时，这一点尤为重要。第 6 章将介绍如何应对这种情况。

2.1.2　文本(字符串)

数字是最常用的一种数据类型，而另一种最常用的就是字符串了。字符串是字符、字母甚或任何形式文本的分组。R 会区别对待这些字符串，因为它们是不同的。它们代表着一种完全不同的数据类型，不过这一类型的形式要丰富得多。

可以使用双引号("apple")或者单引号('apple')将字符串输入 R 中，这两者的处理方式都是相同的。可以检验一下下面这一数据的结构：

```
str(object = "apple")
#> chr "apple"
```

R 会报告，对象"apple"是 char(character 的缩写)类型，这是由零或更多字符所组成的字符串被存储的方式。R 不会专门关注引号中的内容，所以就算是空字符串也能被完美处理。

```
str(object = "")
#> chr ""
```

如果希望在字符串中包含单引号或双引号本身，那么比较好的做法就是，使用其他类型引号来定义字符串。我建议默认使用双引号("x")，但是在想要包含引用文本时可使用单引号('He said "Hello"')[1]。或者，可以指定字符串中的引号不被解释，只要使用反斜杠(\")来转义字符即可，这样它们就不会被视为字符串的结束符。

```
"The sign said, \"Walk\"."
#> [1] "The sign said, \"Walk\"."
```

如果采用混合方式，如

```
"The sign said, 'Walk'."
#> [1] "The sign said, 'Walk'."
```

则意味着可以在文本中使用撇号而不会出任何问题。

```
"That's John's father's name."
#> [1] "That's John's father's name."
```

如果使用备选方案

```
'The sign said, "Walk".'
#> [1] "The sign said, \"Walk\"."
```

双引号就会被转义(前面使用\)。

转义字符

R 中有几种特殊字符，它们在字符串中具有特别的含义。在输入这些字符时，只要在它们前面加上反斜杠(\)就行。

我们很可能会遇到的特殊字符包括：

- \'——单引号
- \"——双引号
- \n——新行
- \\——反斜杠本身

在仅打印一个字符串的时候，为了清晰无误，也会打印转义字符。函数

---

[1] 许多编辑器都会在输入"时自动插入配对的双引号。

cat()(concatenate 的缩写，等同于 join)会在将结果输出到屏幕时解释这些特殊字符：

```
cat('\'Special characters\'\ndo \'special things\'')
#> 'Special characters'
#> do 'special things'
```

注意，字符串的定义方式和使用方式都用到了单引号，还要注意明确的换行符(使用\n)。要注意在字符串中使用反斜杠的情况，以防止意外创建一个特殊字符。如果需要使用反斜杠，最好是对其进行转义(\\)。

后台所做的处理类似于存储一个数字时的处理。计算机无法原样存储字母 a，因此它会使用一种编码格式(大体上就是一个查找表，其中包含值及其在屏幕上的对应表现形式)将 a 转换成一串 1 和 0。还有更多的方法可以完成此处理，不过遗憾的是，业界还未就编码格式达成一致共识，所以偶尔计算机会弄不清如何在所存储版本与屏幕上要显示的版本之间进行转换。

你可能曾经收到过看起来类似于"â€™,"这样的乱码邮件，它意味着编码设置不正确。在这个例子中，会使用名为 UTF-8 的格式来将撇号(')编码为 3 个十六进制(基数为 16，使用 0~9 和 A~F)值：0xE2 0x80 0x99(或者写成 e28099)；不过那 3 个值在 Windows-1252 编码查找表中对应于符号 â、€以及™，因此如果计算机弄不清要使用哪种格式，那么所显示的文本就会与我们的预期有差异。

大多数时候，我们都无须担心计算机会如何进行处理。R 将顺畅地处理我们所输入的文本。

2.1.3　类别(因子)

有时我们希望使用分类数据而不是连续数据来处理事物的类别，这可能是某个范围内的任何值。在处理类别时，有一个数量有限的选项集可以让我们从中选取值，并且让 R 知晓这一点是很有用的。

- 分类数据——在描述一个数量有限的事物集合时，我们可以将其视为位于其自己独立的小盒子中，每个对应一种类别。它们每一个之间都存在着一些区别，这使得类别具有意义。例如，国家名称是不同的，因此这些名称可以形成类别。
- 连续数据——当有一系列值并且它们之间没有显著差异时，将那些值放入有意义的盒子中就会变得有些棘手。相较于创建越来越小的盒子，我们可以考虑将整个系列值放在一起。考虑一份成人样本数据中的身高系列值；根据测量准确程度的不同，这些值可以是从最矮到最高身高之间的任何值。

当这些值是数字但仅考虑使用其中某些值时，可以将这些值称为离散值。这些值可能是发动机气缸数(4、6、8)或者电视屏幕尺寸大小(30、36、40、52、60)。它们不必非是整数，只要有一个具体的值就行(3.2、9.4、7、129.4)。无论如何，R 都会将其标签存储为 char(文本)。

或者，我们手头可能有以文本描述的类别，如姓名("John""Paul""George""Ringo")或者地方("Los Angeles""New York""Chicago""Seattle")。当我们面对像这样的数据并且希望 R 仅有某些值可用时，可以将该数据转换成 factor 类型。在这种情况下，R 会为类别名称(数字、文本或者其他任何类型)和类别索引(具有某种排序的数字)创建一个查找表，如图 2.1 所示。

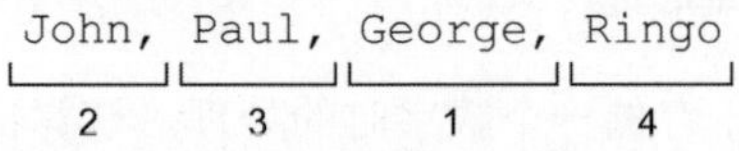

```
John,  Paul,  George,  Ringo
  2       3        1        4
```

图 2.1　"披头士乐队" 类别索引

这使得 R 只需要使用这些类别值一次就行了，当它需要对这些值进行处理时，只要借助索引即可。这曾经对于节省内存消耗而言非常有用，不过这方面的影响已经变得不那么重要了，因为内存已经变得非常易于获取且成本低廉。

它们通常是按字母顺序排列的(默认情况下)，可以使用 str() 来查看 R 是如何选择对此进行处理的。在控制台中输入以下命令时，可以逐行输入，也可以一次性复制所有内容并且粘贴：

```
str(object)会要求获取对象的结构
  └──▶ str(object =                    factor()会告知 R 从参数 x 的
              factor(x =                  值中创建一个 factor 对象
                  c( "John", "Paul", "George", "Ringo" ) ◀──
              )                                            c()会创建一个串联
          )                                                (连接的)组，第 5 章
#> Factor w/ 4 levels "George","John",..: 2 3 1 4          将对其进行介绍
```

在这个例子中，类别(名称)是按照字母顺序排列的，因此"George"的索引是 1、"John"的索引是 2、"Paul"的索引是 3，而"Ringo"的索引是 4。可以在 str() 的输出中看到这些信息，其中会列出 factor 级别，然后通过这些索引值(2 3 1 4)来描述数据。

警告: 不要将索引值与排序搞混了: 在前面的示例中，"John""Paul""George""Ringo"这些值被指定了按字母排序的索引 2 3 1 4。这不是重新排序; 数据仍旧是之前所指定的序列，但现在这些名称已经被一个数字所替代。也可以通过更换其他方式来还原原始名称，这样 1 就会变成"George"，以此类推。

在处理类别时，因子会非常有用，因为它们将类别标签抽象到了其索引中。有时，我们想要保留关于那些类别的某些信息——实际上它们具有一种自然排序。一个例子就是，当类别是分组或者值范围的时候："小""中""大"。在这种情况下，要牢记，"小"类别代表着其对象小于"中"类别中的对象，而"中"类别中的对象又小于"大"类别中的对象。

```
str(object = factor(x = c("medium", "small", "large")))
```

```
#> Factor w/ 3 levels "large","medium",..: 2 3 1
```

注意，其顺序(按字母排序)与我们所期望的顺序是相反的。

在这个例子中，我们可以告知 R 这是一个排序过的因子，这样一来 R 就会使用 levels 参数中所指定的顺序：

```
sizes <- factor(x       = c("medium", "small", "large"),
                levels  = c("small", "medium", "large"),
                ordered = TRUE)
str(object = sizes)
#> Ord.factor w/ 3 levels "small"<"medium"<..: 2 1 3
```

当我们想要以特定顺序显示输出信息时，这一点就变得很重要了。

```
table(sizes)
#> sizes
#> small medium large
#>     1      1     1
```

当因子的显示情况出乎我们意料时，它们会让人感到非常沮丧，因此最好能够弄清楚 R 会何时何地地尝试帮助我们使用这些因子。

用 m 代表 Male、M 或 male

即使是在许多专业设置中，数据通常也都是手工输入的。这会导致一些约定未被遵循，并且在应该为对象使用一致的值时却使用了不同的名称。一个常见例子就是输入男性和女性标识符。当 R 看到一个需要转换成因子的文本列时，它会生成可选项的完整列表并且分配每次出现的索引。如果性别列中的大多数值都是 male 或 female，但偶尔会出现 m、M、maIe 或者 Male，那么 R 会自动将此偏差创建为新的因子级别。

避免此情况出现的最佳方式是，在可能出现问题的任何时候都对所创建的级别进行检验。levels()函数会返回一个因子变量独有的级别：

```
levels(x = sizes)
#> [1] "small" "medium" "large"
```

这与 Excel 中的表现相比有轻微的差异，因为在 Excel 中筛选值时是不区分大小写的。

2.1.4　日期和时间

当处理在特定日期和时间收集(或描述)的数据时，我们需要使用这类结构。数字不足以应对此场景，而字符串又没有任何规则可言。R 提供了一些特殊类型来处理日期和时间。

当只有日期而没有时间时，Date 类型是最合适的，但如果那些日期还带有时间的话，则需要使用 POSIXct 类型。图 2.2 显示了一个示例。

```
"2017-02-03" ⟶ Date
"2017-02-03 23:16:59 CST" ⟶ POSIXct
```

图 2.2　日期类型

可以查看一下这两种结构的示例。只要使用两个内置函数 Sys.time() 和 Sys.Date() 来要求 R 生成当前时间或日期,就能看出 R 是如何理解这两种结构的。第一个函数所生成的是当前时间,你通过其名称应该就能猜出来,第二个函数会生成日期。

```
str(object = Sys.time())
#> POSIXct[1:1], format: "2018-01-23 21:38:47"
```

此处 R 是在表明,时间是作为 POSIXct 类型来存储的,并且给出了该格式的示例。也可以不要那么具体的时间,只请求日期。

```
str(object = Sys.Date())
#> Date[1:1], format: "2018-01-23"
```

你是否曾看到过其他人所写下的日期并且不清楚其顺序是什么? 04-08-16 到底是 2016 年 8 月 4 日还是 1916 年 4 月 8 日,抑或 2004 年 8 月 16 日? 为了一致性和可重复性的目的,选择一种顺序并且持续使用这种顺序是很重要的。无论你身处何处并且对于日期处理有着怎样惯常的做法,我都强烈推荐以 YYYY-MM-DD 表示年-月-日的格式来记录日期,这也是 ISO-8601 标准方法。这使得日期易于排序并且通常更易于使用。

R 要求使用百分号和特定编码来指定输入格式,这些在另一个帮助文件(?strptime)中都有描述。R 使用了"%Y-%m-%d %H:%M:%S"这一默认格式,表 2.2 中对这些编码进行了说明。还要注意的是,大小写很重要:%m 代表月份,而%M 代表分钟。

表 2.2　日期和时间输入格式编码[1]

编码	含义	范围
%Y	年(包含世纪)	1~9999
%m	月	01~12
%d	日	01~31
%H	时	00~23
%M	分	00~59
%S	秒	00~59

还有许多额外的编码,例如指定像 Feb 这样的月份缩写(%b)。strptime 函数的帮助菜单中列出了这些编码,运行?strptime 就可以看到。

使用附加插件包来处理这种格式的日期会更加容易,但提取日期或时间对象的一

1　请查看?strptime 以了解更多内容。

部分(如要提取年份)的最基本方式是修改所打印的格式以便包含想要提取的结构。要从 Sys.time()的调用中提取当前年份,可使用 format()函数达成目的,它会将输入格式化为一个字符串。它采用了与日期和时间函数相同的格式编码,因此我们可以提取出年份(如用%Y 提取出 YYYY)。

```
format(x = Sys.time(), format = "%Y")
#> [1] "2018"
```

另一个复杂事物就是 Date 或 POSIXct 值所对应的时区。R 当然能够处理这个问题,不过作为首要的预防措施,你最好确保所有数据都对应于单一时区。

2.1.5　逻辑值

TRUE 和 FALSE 值是极其有用的,因而这两个值在 R 中是保留名称,这意味着无法对它们进行重新指定。R 会将这两个值报告为 logi 类型(也就是逻辑值,有时也称为布尔值):

```
str(object = TRUE)
#> logi TRUE
```

当我们希望基于其他一些计算有条件地执行代码时,这两个值就变得极为有用,第 8 章中将进行讲解。

注意:由于历史原因,T 和 F 值也存在于 R 中,并且分别对应于 TRUE 和 FALSE 值。不过,不同于其完整名称的对应值,这两个值不是保留名称,因此可对其进行指定(出于这个原因,我强烈反对将这两个值用作变量名称)。如果有人心存恶念,则可以通过在某些底层代码中将其设置为相反的值来制造极大的困扰,然后就需要进一步向下检验这些值。

TRUE 和 FALSE 会频繁地用于 binary 数据——这些数据仅会处于两种状态之一。生或死、上或下、开或关、是或否,或者字面意思的真或假。通过将这一数据类型存储为逻辑型,我们就能确保,如果某个对象有一个值,那么它就可以采用这些值之一。

设置通常也会与这一类型一同存储。在用 print()打印结果时,我们可以打开(或关闭)引号的打印。

```
print(x = "abc")
#> [1] "abc"

print(x = "abc", quote = FALSE)
#> [1] abc
```

有时,尽管我们希望数据最终被存储,但我们并不知道其值。在这种情况下,还有第三种不属于这些标签中任何一种的选项:我们可以显式指定某些数据不存在,即它们缺失了。

2.1.6　缺失值

R 提供几种方式来表示缺失数据。其中最常见的是 NA(不可用)，这代表被跳过或未提供的数据。尽管这个值可能未提供，但 R 仍旧可以持续跟踪其所指定的类型。NA 有几种形式(虽然它们仍旧是缺失数据)：NA_real_、NA_integer_ 和 NA_character_ 都是我们很可能遇到的。默认情况下，NA 是逻辑值类型。

```
typeof(x = NA)
#> [1] "logical"
```

> **不要忽视缺失数据**
>
> 缺失值可能会是极其重要的信息，因此要注意使用它们的方式。我们常常会看到，人们在制作电子表格时会填入各种内容，其中包括空单元格、警示值(表示某个看似不合情理的值，如-99)、零，以及像"N/A"或"."这样的缺失状态的文本表示。
>
> 缺失状态可能表明观测或测量未发生或未执行，而不是产生了 0 值。这一区别在某些情况下(如在 0 对于观测/测量而言是一个有意义的值的时候)非常重要，例如对事物进行计数。R 的许多统计函数都具有处理被编码为 NA 的缺失值的特殊选项，通常是 TRUE/FALSE 选项 na.rm，它会指示一个函数应该在计算之前移除 NA 值。

NULL 表示结构的一部分并不仅是缺失，而是完全不存在；NULL 对象的底层结构有着本质的区别[1]。NA 和 NULL 的区别在于，NA 表示一个本应存在却不存在的值，而 NULL 则表示甚至连本应存放值的结构都是缺失的。NaN(不是数字)指的是未定义的值(如 0/0)，不过很少出现这种情况。

除了这些之外，Inf 这个值指的是无穷大的"值"(例如计算 1/0 所得到的结果)，这是一个比其他任何数字都要大的值。我们可能还会碰到-Inf，这个值比任何数字都要小。这其实算不上缺失数值，但同时它也不是我们可以对其进行太多处理的数字。不过在比较值大小的时候，它会比较有用(第 3 章将会介绍)，因为 Inf 比其他任何值都要大。

2.2　存储值(赋值)

到目前为止，我们一直在介绍 R 的数据结构，还没有对其进行任何特别处理。str()函数仅会打印出与屏幕上显示的某个对象的结构有关的详情——它不会分配(命名和保留)任何值以供后续使用。

为了对数据进行处理，我们需要告知 R 这些数据的名称是什么，这样才能在代码

1　从技术层面看，任何 R 会话中都仅有单一的 NULL 对象，并且被赋予这个值的所有变量实例都指向这个对象。

中引用它们。在编程领域中，我们通常会使用变量(可能会发生变化的对象)和值(数据)。前面已经讲解过，不同的数据值可能具有不同的类型，但是我们还没有告知 R 存储所有这些内容。接下来将创建一些变量，以便在其中存储数据值。

2.2.1　命名数据(变量)

如果有 4 和 8 两个值并且希望对其进行处理，则可以从字面上使用这两个值(例如像 4＋8 这样对其进行加法计算)。如果常常使用 Excel 或其他一些电子表格软件的话，那么对这一点可能会很熟悉；数据值存储在单元格中(可以选择对其进行命名的分组)，并且通过使用鼠标或键盘选择单元格就能告知程序要在一些计算中组合哪些值。或者，也可以选择通过单元格的网格坐标来引用这些单元格(如 A1)。图 2.3 中显示了这类处理的示例。

	A	B	C
1	4	8	=A1+B1
2	5	9	
3	6	10	

图 2.3　对两个单元格值相加的电子表格公式

在计算该单元格公式时，其结果会占用一个单元格，如图 2.4 所示。

	A	B	C
1	4	8	12
2	5	9	
3	6	10	

图 2.4　电子表格公式结果

类似于 A1 和 B1 引用，我们可以将值存储在变量中(可能会发生变化的内容，也称为对象)并且将这些值抽象出来。在 R 中，将值赋值给变量是以如下形式进行的。

```
variable <- value
```

赋值运算符<-可以被视为将右侧的值/内容存储到左侧的名称/内容中。

试试将以下命令输入 R 控制台中，然后按下 Enter 键。

```
x <- 4
```

图 2.5 中显示了此赋值中所涉及的组成部分的图表。也可以简单地使用等号来完成此赋值，也就是 x = 4，不过我还是建议你使用<-，原因后面会讲解。这可能会令人奇怪，因为要输入<-就需要输入多个字符，不过你很快就会习惯于此了。如果使用的是 RStudio(我希望你使用它)，那么有一种输入它的快捷方式，即在 PC 上使用默认键 Alt+ -(Alt 和短划线)，在 Mac 上使用 Option+ -(Option 和短划线)。

图 2.5　赋值运算符的组成部分

注意： 在开发 S 语言的年代，APL 键盘比较流行。这个键盘的特征就是有一个 ←键，所以这个赋值运算符的输入会更加容易。图 2.6 中显示了这个键盘的一个示例。

图 2.6　APL 键盘，引用自 Wm313 创意共享维基百科(http://mng.bz/mzKW)

我们会看到，现在工作区窗口的 Environment 选项卡在 Values 下面列出了 x，并且在其旁边显示了数字 4，如图 2.7 所示。该环境变量列表可能会显示更多值，这取决于到目前为止我们在会话中对哪些对象进行了赋值。

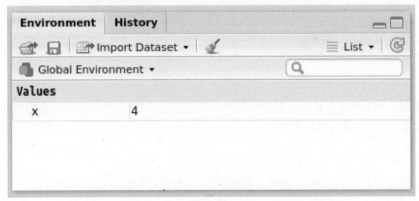

图 2.7　显示将 4 这个值赋予变量 x 的 Environment 窗口

在后台，当我们按下 Enter 键时，R 会使用所输入的完整表达式(x <- 4)并且对其进行计算。因为我们告知 R 将 4 这个值赋予变量 x，所以 R 会将 4 转换成二进制，并且将其放入计算机内存中。然后 R 会提供一个指向该计算机内存位置的引用并且将之标记为 x。图 2.8 中显示了这一处理过程的图表。控制台中不会出现任何信息，因为赋值的动作不会返回任何信息(第 4 章将介绍更多与此相关的内容)。

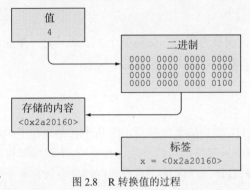

图 2.8　R 转换值的过程

用括号强制 R 进行打印

如果真的希望在赋值期间强制打印值，则可以通过将不返回值的(或任何)表达式用括号括起来从而达成此目的。通常赋值操作不会打印什么信息。

```
no_return <- 7
```

不过只要在表达式开头加上"("并且在结尾加上")"，就能强制它打印。

```
(return_me <- 7)
#> [1] 7
```

这对于显示刚刚所赋的值而言尤其便利(不管是出于测试还是演示目的)。不过，应该将此处理限制为单行，因为对于多行表达式来说，这样的做法是无效的[1]。

当然，这过于简单化了。从技术层面讲，在 R 中，名称都具有对象，反之则不然。这意味着 R 的内存利用是很高效的，因为它不会创建不必要的任何内容的副本。

警告：以一个句点开头的变量(.length)会被视为隐藏变量，并且不会出现在工作区的 Enviroment 选项卡中。否则它们就会表现得如同其他任何变量一样：这些变量可以被打印和操作。一个例子就是.Last.value 变量，它在启动 R 时就存在了(其值为 TRUE)——这个变量会包含上一个执行语句的输出值(在忘记为这个输出值赋值时，这会很便利)。还有一些原因使我们时不时要刻意使用这个特性(以句点为前缀的隐藏变量)，因此目前，我们要避免创建使用这一模式的变量名称。可以通过环境列表中的 Tools | Global Options | General | Show.Last.value 设置来让.Last.value 显示在 Environment 选项卡中。这个选项有时位于 General 内的 Advanced 子选项卡下。

可以检索赋给变量 x 的值，只要让 R 打印 x 的值即可。

```
print(x = x)
```

1　为此，我们也可以将表达式放入大括号中，然后外面再套上小括号。不过这样的话，我们就真的应该琢磨一下为何需要这样做了。

```
#> [1] 4
```

这里有一个有用的快捷方式——如果整个表达式只是一个变量，R 就会认为我们的意思是 print()它，因此下列指令的输出是相同的：

```
x
#> [1] 4
```

现在，关于这个[1]，重要的是要知道，在 R 中并不存在单个值这样的事物。每个值都是值的一个向量(下一章将适当地对此进行介绍，不过可以将其视为相同类型的值的集合)[1]。无论 R 何时打印一个向量，它都允许向量中包含多个值。为了看起来更方便，R 会为每一行出现的第一个值标记上其在集合中的位置。对于只有一个值的集合(向量)而言，这可能会显得有些奇怪，不过当变量包含更多值的时候，这就很有意义了——例如，可以打印出 mtcars 数据集的列名称：

```
colnames(x = mtcars)
#>  [1] "mpg" "cyl" "disp" "hp" "drat" "wt" "qsec" "vs" "am" "gear"
#> [11] "carb"
```

可将另一个值赋给另一个变量：

```
y <- 8
```

我们可以按需创建许多变量，只要可用内存能够容纳它们。所有的 R 对象都存储在计算机的 RAM 中，所以这就限制了这些对象的数量[2]。

对于变量命名而言存在着为数很少的限制，不过如果尝试打破这些限制的话，R 就会给予提醒。变量应该以字母而非数字作为名称开头。尝试创建 2b 这个变量将产生一条错误：

```
2b <- 7
```

```
#> Error: unexpected symbol in "2b"
```

变量名称可以用句点(.)开头，只要句点后面不要使用数字就行，不过我们可能希望避免这样做(这些都是"隐藏"变量，但除此之外也会像普通变量那样发挥作用)。变量名称的其余部分可以由字母(大写和小写均可)和数字构成，不过不能使用标点符号(除了.或_)或者其他符号(再强调一次，除了句点，最好不要使用其他符号)。

如果确定需要绕过这些限制，则可以在赋值时将变量名称放入引号或反引号中，并且在使用时用反引号来引用该变量。

这种做法适用的场景不多，不过知晓其可行也是大有益处的。例如，这里是一个以数字开头的变量名称：

1　从技术角度看，R 没有标量值。
2　我们需要创建大量的大型变量才能消耗现代计算机中的一部分 RAM。

```
"2b" <- 7
7 + `2b`
#> [1] 14
```

而这里是包含空格的变量名称：

```
`to be or not to be` <- 2
7 + `to be or not to be`
#> [1] 9
```

尝试用引号访问它们是无效的(只会得到字符串本身)：

```
"2b"
#> [1] "2b"
```

必须使用反引号来引用它们：

```
`2b`
#> [1] 7
```

这对于后续我们读取外部数据而言会变得很重要。

还有一些保留词也不能被用作变量名称。有些被保留用于内置函数或关键字，稍后将对其中大部分进行讲解：if、else、repeat、while、function、for、in、next 和 break。还有些词被保留用于特定的值：TRUE、FALSE、NULL、Inf、NaN、NA、NA_integer_、NA_real_、NA_complex_ 和 NA_character_。我已经介绍了其中每一个的含义，所以希望你能够弄明白为何不能使用它们来命名变量。

我们所能做的就是重写内置变量和函数的名称，不过我们可能希望对这一过程进行关注。默认情况下，pi 这个值是可用的($\pi = 3.141593$)。如果正在将一个等式转换成代码并且希望输入一个指向 p 的第 i 个值的变量 p_i，我们可能会意外地将其输入为 pi，而这样一来就会变更其默认值，那么当我们下一次使用它或者调用一个之前编写的需要这个值仍旧为默认值的函数时，就会出现各种问题。

这个默认值仍旧可以通过指定定义它的插件包来访问，用两个冒号(::)来分隔即可。在 pi 这个例子中要指定 base 包：

```
pi <- 3L          ◄──── 将 pi 重新定义为正好等于 3
base::pi          ◄──── 默认的正确值仍旧可用
#> [1] 3.141593
```

这对于函数而言也是一个问题，同样可以使用相同的解决方案：指定定义该函数的插件包，从而使用该定义。后面将对这一点进行介绍。

下一节会更为详尽地讲解如何使用这些变量，但目前我们来看一下如果使用与普通数字相同的方式来对变量 x 和 y 进行加法运算会发生什么。

```
x + y
#> [1] 12
```

在将这些数字显式相加时，就会得到这样的结果。注意，由于该表达式只会生成一个数字(没有赋值运算)，因此会打印这个值。3.1 节中将更为深入地介绍如何对值做加法和减法。

R 在重写这些值方面没什么问题，并且它也不在意我们用什么数据来重写它们[1]。

```
y <- "banana"
y
#> [1] "banana"
```

R 是大小写敏感的，这意味着它会将 a 和 A 作为不同的名称来处理。我们可以将一个变量命名为 myVariable，将另一个变量命名为 MYvariable，而将第三个变量命名为 myVARIABLE，并且 R 会独立保留为每个变量所赋的值。

> 计算机科学中仅有两类比较麻烦的事情：缓存失效和命名处理。
>
> ——PHIL KARLTON，网景通信公司

之前介绍过，R 不会持续跟踪测量值的单位，因此好的做法是，变量命名的方式在逻辑上要合理、要有意义，并且能帮助我们记住它们所代表的内容。变量 x 和 y 对于处理值而言是合适的，但如果数据代表着速度，那它们就显得没什么意义了。对于这种情况，可能应该使用像 speed_kmph 这样的名称来表示以"公里/时"为单位的速度。变量名称中可以使用下划线(_)，不过是否使用它们取决于我们自己。有些程序员喜欢以这种方式来命名变量(有时这也称为 snake_case)，其他的程序员可能更愿意使用 CamelCase。使用句点(.)来分隔单词的做法是不被推荐的，这有着更深层的原因[2]。

提示：命名变量时要仔细。要让这些名称有意义并且简洁。我们在六个月后是否还记得 data_17 对应的是什么？我们明天是否还记得 newdata 被更新了两次？

2.2.2　固定不变的数据

如果你熟悉电子表格程序(如 Excel)中数据的处理方式，则可能会期望变量以其本身不具备的方式来运转。自动重算是电子表格程序的一项非常有用的特性，但这并非 R 的处理方式。

如果对两个变量赋值然后将其相加，则可以将结果保存到另一个变量。

```
a1 <- 4
a2 <- 8
sum_of_a1_and_a2 <- a1 + a2
```

这会保留我们期望的值：

1　这就是弱类型区分变得重要的地方。在强类型语言中，我们不能随意变更变量的类型。
2　R 中已经使用了这一语法来表示对特定类起作用的函数，如 print.Date()。

```
print(x = sum_of_a1_and_a2)
#> [1] 12
```

如果使用电子表格中的 A1+A2 进行计算，也会得到相同结果，如图 2.9 所示。

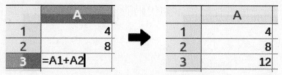

图 2.9　将电子表格中的两个值相加

现在，如果在 R 中修改其中一个值：

```
a2 <- 7
```

这样做不会影响之前所创建的用于保留求和值的变量的值，也不会影响工作区中的其他任何变量。

```
print(x = sum_of_a1_and_a2)
#> [1] 12
```

相比之下，电子表格很可能会重新计算求和值。还要注意的是，在为 a1 或 a2 重新赋值时，Environment 窗口中显示的 sum_of_a1_and_a2 的值并没有发生变化。

一旦计算了求和值，并且将值存储在变量中，则会丢失指向原始值的连接。这使得数据是可靠的，因为只要遵循其值的计算步骤，我们就能明确知道变量的值在计算过程中的任意阶段是什么，而电子表格则更为依赖其当前的整体状态。

2.2.3　赋值运算符(<–与=的对比)

如果你已经读过一些 R 代码，那么可能见过<-和=都被用于对变量赋值，而这往往会让人产生一些困惑。从技术角度看，在对变量赋值时，R 可以接受这两种方式中的任何一种，因此从这一方面来说，区别就是我们偏好使用哪种而已(我仍然强烈建议使用<-进行赋值)。最大的区别在于使用需要参数的函数时，其中我们应该仅使用=来指定参数的值。例如，在检验 mtcars 数据时，可以指定一个字符串来缩进输出。

```
str(object = mtcars, indent.str = "INDENT>> ")
#> 'data.frame':        32 obs. of 11 variables:
#> INDENT>> $ mpg  : num 21 21 22.8 21.4 18.7 18.1 14.3 24.4 22.8 19.2 ...
#> INDENT>> $ cyl  : num 6 6 4 6 8 6 8 4 4 6 ...
#> INDENT>> $ disp : num 160 160 108 258 360 ...
#> INDENT>> $ hp   : num 110 110 93 110 175 105 245 62 95 123 ...
#> INDENT>> $ drat : num 3.9 3.9 3.85 3.08 3.15 2.76 3.21 3.69 3.92 3.92 ...
#> INDENT>> $ wt   : num 2.62 2.88 2.32 3.21 3.44 ...
#> INDENT>> $ qsec : num 16.5 17 18.6 19.4 17 ...
#> INDENT>> $ vs   : num 0 0 1 1 0 1 0 1 1 1 ...
#> INDENT>> $ am   : num 1 1 1 0 0 0 0 0 0 0 ...
#> INDENT>> $ gear : num 4 4 4 3 3 3 3 4 4 4 ...
```

```
#> INDENT>> $ carb : num 4 4 1 1 2 1 4 2 2 4 ...
```

如果为这些参数使用<-来替换=，那么 R 会将其处理为分别用值 mtcars 或 "INDENT>>"创建一个新变量 Object 或 indent.str，而这并非我们想要的。

练习一下对一些变量进行赋值，如代码清单 2.1 所示，看看是否总能得到预期的结果。

代码清单 2.1 试一试：对变量赋值

```
score <- 4.8
score
#> [1] 4.8
str(object = score)
#> num 4.8
fruit <- "banana"
fruit
#> [1] "banana"
str(object = fruit)
#> chr "banana"
```

注意，不需要告知 R 这两个变量中一个是数字，另一个是字符串——R 会自行弄清楚的。好的做法(并且更易于阅读的做法)是在定义几个变量时让<-行垂直上升。

```
first_name <- "John"
last_name  <- "Smith"
top_points <- 23
```

不过这样的做法只有在不增加过多空格时才是合理的(具体多少空格算多取决于我们自己)。

当心空格

一个额外的空格可能让语法产生巨大差异。对比

```
a <- "x"
```

和

```
a < - 3        ◄────  <是小于运算符
#> [1] FALSE
```

第一个例子会将"x"这个值赋予变量 a(这不会返回任何信息)。第二个例子有一个古怪的空格，它比较了 a(现在 a 的值是"x")和-3 这个值，将返回 FALSE(在 3.4 节中介绍值对比时将阐释为何这是完全可运行的)。

现在你已经知道了如何给 R 提供一些数据，如果我们希望明确告知 R 这些数据应该是某种特定类型，或者要将数据转换成另一种类型的话，该怎么办呢？

2.3 指定数据类型

默认情况下，当我们将数据赋值给变量时，R 会为数据指定最通用的类型。前面已经讲过，为了以防万一，一个仅看起来像整数的值仍然会被存储为数值类型。

```
myInt <- 3
str(object = myInt)        这是数值类型
#> num 3
```

除非我们明确告知 R：

```
myInt <- 3L
str(object = myInt)        现在它是一个整数
#> int 3
```

不过有时，数据的类型并非我们想要的。那么，要如何对其进行转换呢？R 提供了一组名称以 as.开头的函数，它们会尝试将任何输入数据(强制)转换成另一种类型。目前这类重要的函数包括下面这些：

- as.integer()
- as.numeric()
- as.character()
- as.logical()
- as.POSIXct()和 as.POSIXlt()
- as.Date()

这些函数会使用所提供的任何数据并且将其转换成特定类型。因此，如果有一个数字，但又希望让 R 将其作为文本(字符/字符串)来处理，则可使用 as.character()。

```
numAsString <- as.character(x = 1234)
str(object = numAsString)
#> chr "1234"
```

可以在输入数据的时候将数字放入引号中，这样就能强制将其转换成字符串。

```
numAsString <- "1234"
```

不过有时我们希望对已经存储在变量中的值进行转换。

```
num <- 1234
numAsString <- as.character(x = num)
str(object = numAsString)
#> chr "1234"
```

同样，一旦转换成字符串，那么在数值和整数类型之间进行区分也会变得难以(不可能)实现。

```
as.character(x = 7)
```

```
#> [1] "7"
as.character(x = 7L)
#> [1] "7"
```

更常见的情况可能是另一种方式——将字符串作为数字来处理。有些函数默认会进行此转换，但通常我们需要自行转换。如果有一些数值数据被当成字符串引入，则可以将其转换回数字。

```
stringAsNum <- as.numeric(x = "3.14159")
str(object = stringAsNum)  ◄——————————  现在是数值
#> num 3.14
```

不要担心 str() 函数的输出少了几个小数位。完整的值仍旧具有与所提供的数值相同的小数位数。

```
print(x = stringAsNum)
#> [1] 3.14159
```

日期的处理会更麻烦一些。有时(也可能经常出现)日期不是"%Y-%m-%d"这一默认格式，这样的话就需要使用可选的 format 参数并根据表 2.2 中的编码来指定其格式。

在告知 R 一个数字是整数类型而非数值类型时，可用另一种方式来代替 L 前缀这一语法。我们可以显式告知 R 一个数字是整数类型。

```
myInt <- as.integer(x = 7)
str(object = myInt)  ◄——————————  也是一个整数
#> int 7
```

这与电子表格的转换机制有些类似，电子表格提供了一份数据类型菜单用于转换，图 2.10 中显示了其中一些示例。

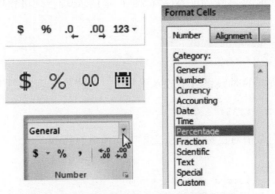

图 2.10 　电子表格程序中转换数字的各种方式

R 能转换的内容是有一些限制的。如果所提供的数据明显不是整数呢？可以用一些值来测试一下，看看是否会得到预期结果。

```
as.integer(x = 3.14)
```

```
#> [1] 3
```

这可能是合理的，因为那确实是和该值最接近的整数。试试另一个：

```
as.integer(x = 2.99)
#> [1] 2
```

这是预期的结果吗？这取决于我们期望函数做什么处理。as.integer()会强制通过向零取整来将数据转换成最接近的整数。

那负数呢？

```
as.integer(x = -22.6)
#> [1] -22
```

同样也是向零取整。

警告：这可能是我们希望进行的处理，也可能不是，所以在使用这个函数时要确保清楚该规则。

R 会尽其所能地按照我们的要求将数据从任意的一种类型转换成另一种任意的类型，但仅有某些组合是可行的。整数转换成数值很简单。数值转换成整数也行，但正如前面讲的，前提是我们要清楚它会向零取整。那么其他一些类型呢？如果需要将包含负号和一些不必要空格的字符串转换成整数类型，会出现什么情况？

```
as.integer(x = " -47.8 ")  ◄──────┐ 注意其中包含的空格
#> [1] -47
```

可能不太令人惊讶的是，一个足够智能的系统是可以进行此转换的。不过，只要字符串中存在不明确的内容，那么转换就会失败。

```
as.integer(x = "--92.4")
# Warning message:
# NAs introduced by coercion
#> [1] NA
```

这通常会被理解为将"采用负值"这个一元函数(对一个变量进行操作)应用两次(如果数据不是字符串)。

```
as.integer(x = --92.4)
#> [1] 92
```

NA(表示不可用)是转换无法执行或者值缺失时所产生的值，并且 R 通常会发出警告消息，以便让我们知道转换结果是 NA。

as.character()可转换任何数据，因为它所需要做的就是为输入内容加上引号。

```
as.character(x = 2342.983)
#> [1] "2342.983"
```

因子标签

如果尝试使用这些函数来提取 factor 级别，则要当心。假设有下列这些因子级别：

```
dozens <- factor(x = c(36L, 24L, 12L, 60L))
dozens
#> [1] 36 24 12 60
#> Levels: 12 24 36 60
```

现在我们希望回退到仅显示整数类型。虽然寄望于直接使用 as.integer()是合理的，但会得到错误结果。

```
as.integer(x = dozens)
#> [1] 3 2 1 4
```

R 提供的是因子索引，而非实际的级别。相反，我们首先需要将因子转换成字符以便获取级别，然后将其再转换成整数。

```
as.integer(x = as.character(x = dozens))
#> [1] 36 24 12 60
```

还要注意，一旦值处于 factor 形式，那么这些值最初是数值还是整数就没什么区别了[1]，因此就没有办法将其显式地“转换回”其原始类型。

R 可以通过 as.logical()将特定值转换成 TRUE 或 FALSE。非零数字转换成 TRUE，而 0 转换成 FALSE。在打开或关闭的信号上下文中，这可能是合理的。

```
as.logical(x = 0)
#> [1] FALSE

as.logical(x = 1)
#> [1] TRUE
```

大多数字符/字符串都会被转换成 NA 这个缺失值。

```
as.logical(x = "value")
#> [1] NA
```

有一些值得注意的例外情况；对于 T、TRUE、True 和 true 以及 F、FALSE、False 和 false 这些值来说，每一个都会转换成其对应的逻辑值。这可能会产生一些奇怪的结果。

```
as.logical(x = "R")
#> [1] NA

as.logical(x = "S")
#> [1] NA

as.logical(x = "T")
#> [1] TRUE
```

---

1 这些级别会被存储为字符，正如我们所看到的，数值和整数类型被转换为字符后看起来是一样的。

通过显式地将当前系统时间(无论怎样，它都会自然而然地返回 POSIXct 类型对象)转换成 Date 和 POSIXct 两者之一，我们就能看出它们之间的区别。

```
as.Date(x = Sys.time())
#> [1] "2018-01-23"

as.POSIXct(x = Sys.time())
#> [1] "2018-01-23 21:38:47 ACDT"
```

输出中包含了时区。此处显示的时区(澳洲中部夏令时，ACDT)很可能不同于大家所处位置时区的输出

警告：在最后一个示例中，as.POSIXct()(或直接使用 Sys.time())显示了当前计算机日期-时间的日期、时间(包含秒)以及时区(我使用的时区是 ACDT)。无论何时/在何处重复执行这个函数，其结果都是不同的。如果计算机没有正确设置日期、时间或时区，那么该函数可能无法准确反映这些值。

2.4　告知 R 忽略某些内容

无论是完整的程序还是一小段代码，其中一个最重要的组成部分就是文档。大部分编程语言都允许以注释形式来使用内联文档，它们会被系统忽略(回想一下第 1 章的图 1.8 中所示的 R "读取"命令的方式)，不过对于要阅读代码的人而言，它们是非常有用的。

R 将忽略内容行中#后的所有内容(包括#本身)，因此可以使用这块区域来记录为何决定以这种方式编写此处的代码。不要浪费时间仅说明这些代码是做什么的——因为其目的要么很明显(只要阅读代码本身即可)，要么在其要做的处理无法执行时会被质疑其合理性。

将注释放在何处只是一种习惯问题，不过我们的目的应该是将注释放在离相关代码片段尽可能近的位置。不需要为每行代码添加注释，不过将代码划分成有意义的代码块会有助于别人阅读(也有助于我们自己日后阅读)。

我们可能希望以#开始一个新行，这意味着整行都会被 R 忽略并且其内容都是注释。如果注释太长，一行容纳不下，则可以切换到新行，不过要确保新行也由#开始。RStudio 通常会自动填充#。

注释也可以从一行的中间开始，这样一来 R 将忽略#之后的所有内容。在我们希望对单个命令进行快速注释时，这会非常便利，不过如果一行内容太长的话，也会变得难以阅读。在将这些注释行切换成多行时，后续的注释也需要以#作为行的开始。R 没有办法标记跨多行的大块注释，所以每一行都需要包含其自己的#。不过RStudio 提供了便捷方法：如果选中多行并按下 Ctrl+Shift+C 组合键，那么所选中的行就都会变成注释，因为 RStudio 会自动在这些行的起始位置插入#(即便只选一行也是如此)。

由于注释代码会被忽略，因此这一特性也可以用于"关闭"部分分析代码。程序

员往往容易过于依赖这一特性，从而在所有的脚本中产生大量的禁用代码。最好是删除掉所有我们认为不会再被使用的代码。如果希望获取已删除的特性，那么利用版本控制(第 1 章中介绍过)将可以回滚到较老的脚本版本。试试下列代码清单 2.2 所示的示例。

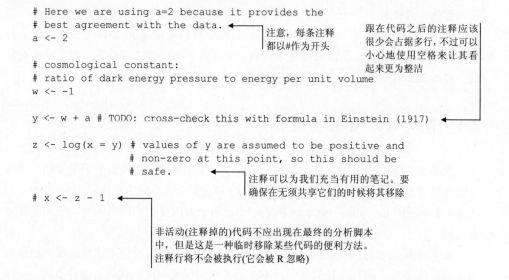

代码清单 2.2　试一试：使用注释进行记录

```
# Here we are using a=2 because it provides the
# best agreement with the data.         注意，每条注释        跟在代码之后的注释应该
a <- 2                                   都以#作为开头          很少会占据多行，不过可以
                                                               小心地使用空格来让其看
# cosmological constant:                                       起来更为整洁
# ratio of dark energy pressure to energy per unit volume
w <- -1

y <- w + a # TODO: cross-check this with formula in Einstein (1917)

z <- log(x = y) # values of y are assumed to be positive and
                # non-zero at this point, so this should be
                # safe.                  注释可以为我们充当有用的笔记。要
                                          确保在无须共享它们的时候将其移除
# x <- z - 1
```

非活动(注释掉的)代码不应出现在最终的分析脚本中，但是这是一种临时移除某些代码的便利方法。注释行将不会被执行(它会被 R 忽略)

2.5　亲自尝试

从本章所介绍的那些类型中选择一种类型，然后在控制台中输入一个值。按下 Enter 键，观察所出现的结果。对更多类型重复此操作，并且仔细看看能发现的所有差异。

在 str()中输入一些值，看看 R 会如何描述它们。在 typeof()中输入更多的值，观察一下不同的类型。能否创建一个整数并且将它赋予一个名为 my_int 的变量？能否将其修改成数值类型并且对其赋值？是否应该使用一个新的名称？使用 typeof()检查一下所创建的类型。

我们可以用多少种 R 接受的方式来输入 60 亿这个数字？

试试是否能够创建一个 R 不接受的字符串。你能否弄清为何它不被允许？你能否修复该问题？

能否将当前日期和时间赋值给一个名为 now 的变量？是否可以让其仅显示月份缩写和日份？

尽可能多地练习数据类型的使用，看看是否能够引发一些意料之外的事情。

2.6　专业术语

- 实数——具有整数部分和小数部分的数字(如 3.14)。R 有时会将这些数字称为双精度值或数值。
- 整数——仅有整数部分的数字，可以通过 L 前缀来指定(如 5L)。
- 字符——包含零或更多符号的文本元素(如"a")。R 使用"字符"这个名称作为文本对象的类型。
- 字符串——一系列零或更多字符，可能还包括空格(如"I'm learning R! ")。
- 逻辑值——一个反映"真相"的值，如 TRUE 或 FALSE(或 NA)。
- 特殊字符——字符串内以特殊方式来解释的字符。
- 转义字符——例如，反斜杠(\)用于创建一个特殊字符，以便指定它应该被差异化解释。
- 因子——被标记的分类级别，用于其所标记的对象仅能采用特定的一组值的时候。
- 强制——用于修改变量类型，有可能是自动修改。

2.7　本章小结

- 计算机会将其所有数据以二进制形式存储。
- R 具有会区别编码的不同数据类型。
- R 是弱类型的，因此可以按需修改变量类型。
- 整数可作为一种独特的数字类型来处理，并且可以使用 L 前缀来输入它。
- 谨慎命名变量会让这些变量更易于使用和记忆。
- 两种引号类型(单引号和双引号)都可用于字符串。
- 可以在字符前面加上反斜杠(\)，从而转义它们。
- 因子被存储为整数，但具有字符级别。
- R 是大小写敏感的。因此"AbC"和"aBc"是不同的。
- 日期和时间可以被存储为 Date 或 POSIXct 类。
- 缺失值被简写为 NA，代表不可用。
- 赋值操作是使用<-运算符来执行的。
- 变量名称不能以数字作为开头。
- 最好是显式地将数字写作整数(使用 L 前缀)——如果原本就有这一打算的话。
- 默认将双引号("x")用于字符串，除非真的需要在引号中使用引号(这样的话，就要像"'like this'"这样使用单引号)。

- 反斜杠(\)用于为字符串中的某些字符提供特殊含义。
- 因子很有用，但有时它会以出人意料的方式出现。使用 as.character()可提取标签而非索引。
- 使用注释符(#)来阻止 R 执行代码。通过使用该符号来编写注释，我们就能记住为何以此方式来编写代码。注释可以出现在一行中的任何位置。

第*3*章

生成新数据值

本章涵盖:

- 在两个或更多个数据值之间执行操作
- 比较相同或不同类型的值
- R 如何按需变更数据类型

我们手头有了数据值,但我们很可能希望对其进行一些处理(如相加或相减)。是时候回到这些基础议题并且看看 R 如何处理数据组合了。值得庆幸的是,对于像这样的任务而言,R 是一种易读的语言,并且幸运的话,我们将能够对尝试使用运算符所做的预期处理进行编码。在控制台中遵循本章的内容进行练习,尝试使用一些值来查看是否会得到预期的结果。

3.1 基础数学算法

我们可能希望对两个值所做的最简单的处理是将其相加。显然,两个值之间的+号(运算符)就能完成该任务,就像使用计算器一样:

```
2 + 2
#> [1] 4
```

减法也一样：

```
4 - 3
#> [1] 1
```

编程中的乘法往往会使用星号(*)而非乘号(从技术上讲应该是×，但它通常会被看成 x)：

```
3 * 6
#> [1] 18
```

除法使用斜杠(/)，就像书写分数时可能会用到的一样：

```
12 / 4
#> [1] 3
```

一个可能不那么明显的基础运算是幂运算符，它会将一个数字提升为幂。例如，当我们需要对一个值求平方时就会用到幂运算符。有两种方式可供选择，不过实际上它们是书写相同运算操作的不同方式。这里是第一个：

```
2 ^ 10
#> [1] 1024
```

第二个不那么常见，并且可能会在过于快速地浏览时被误认为是乘法：

```
2 ** 10
#> [1] 1024
```

注意，此处不需要使用小括号(())将数字 1 和 0 组合成 10——R 在后台会进行一些推测工作来解释其含义，并且会将其当成 10 这个值而非一个无效表达式来处理。值和运算符之间的空格也会被巧妙地解释；我们可以移除它们并且写成 3+2 或 3^2，但是为了清晰无误，通常最好是将这些值稍微隔开一些。不过，**这一不常用的变体要求两个星号之间不能有空格。

日期在 R 中是特殊类型(参见 2.1.4 节)，并且现在可以讲讲其原因。尽管我们肯定可以将两个日期相减以计算一段时长(R 会明智地将其解释为恰当编码的值)。

```
as.POSIXct(x = "2016-12-31") - as.POSIXct(x = "2016-01-01")
#> Time difference of 365 days
```

但将两个日期相加是没有意义的。

```
as.POSIXct(x = "2016-12-31") + as.POSIXct(x = "2016-01-01")

#> Error: binary '+' is not defined for "POSIXt" objects
```

与此有些关系的是，对于一个指定的运算符而言，R 不允许在不兼容的类型之间执行运算。我们可能可以很好地理解下面这个运算的意图。

```
2 + "2"
```

```
#> Error: non-numeric argument to binary operator
```

不过 R 不会确信我们是打算将其作为数字来相加。电子表格在将数字和字符串相加方面可能面临相同的问题，就如图 3.1 中所示的例子一样。

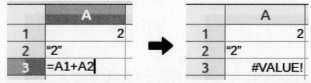

图 3.1　在电子表格中尝试将一个数字和一个字符串相加会产生错误

不过，在电子表格的公式内尝试此运算可能会更灵活，如图 3.2 所示。

图 3.2　尝试在电子表格的公式内将数字和字符串相加不会引发错误

R 对于数值和整数类型之间的差异在处理过程中比较宽松，它允许我们在需要的情况下对这些值进行互换使用。它会以尽可能最通用的类型返回结果(在这种情况下，数值比整数更通用)。

```
numPlusInt <- 7 + 3L
str(object = numPlusInt)
#> num 10
```

这样一来，某些组合不可能被正常处理就不足为奇了。

```
"7" - "4"

#> Error: non-numeric argument to binary operator

"7" + "4"

#> Error: non-numeric argument to binary operator
```

其他组合可能会出人意料地正常运行。

```
as.POSIXct(x = "2016-12-31") + 1        ◀──  记住，此处显示的时区很可能与
#> [1] "2016-12-31 00:00:01 ACDT"            大家所处时区中的输出不同
```

此处 R 将 1 处理为秒数，以便将其与+运算符左侧的日期-时间对象相加。要增加一整天，则需要增加 24 小时，每小时有 60 分钟，每分钟又有 60 秒。

```
as.POSIXct(x = "2016-12-31") + 60*60*24  ◀──  虽然我们必定指的是对整数相乘(这就需
#> [1] "2017-01-01 ACDT"                       要指定 L 前缀)，不过也可以省略它，并
                                               且数值型值的乘法也会得到相同的结果
```

带 NA 的数学算法

涉及缺失数据值 NA 通常会导致更多的缺失数据。尝试将缺失数据与已知数据相加会造成合计值的缺失。

```
7 + NA
#> [1] NA
NA + 0
#> [1] NA
```

如果有大量的数据值并且只有一个缺失值，那么这会造成一些不必要的影响，可能是因为该缺失值是从另一种类型错误地转换而来的。计算其输入总和的 sum() 函数特别为此场景提供了一个选项(有几个函数也是如此)。如果尝试对包含 NA 值的一些值求和：

```
sum(3, 7, 0, 9, NA)
#> [1] NA
```

其结果也是缺失的。不过如果使用选项 na.rm = TRUE 来告知这个函数首先移除所有的 NA 值：

```
sum(3, 7, 0, 9, NA, na.rm = TRUE)
#> [1] 19
```

那么在计算求和之前就会移除 NA 值。

最好是随时对数据中可能具有 NA 值这件事保持高度警惕。

3.2 运算符优先顺序

在将多个运算符放在一起计算时，R 具有判定这些运算符计算顺序的规则，这些计算顺序被称为优先顺序。

定义：优先顺序指的是一个分组的顺序或排名。在 R 中，这指的是哪些运算会在其他运算之前执行。

例如，你可能看见过社交媒体上广泛流传的"挑战"—— 一个简短的有些模棱两可的数学等式，旁边有这样一句话"99%的人都做不对"，就像下列等式这样：

```
2 + 3 * 0 - 1 = ?
```

这些对于记得从学校所学的运算顺序的人来说应该没有任何问题：首字母缩写 PEMDAS 代表的是括号(P)、指数(E)、乘法(M)和除法(D)，以及加法(A)和减法(S)——这也是这些运算应该被执行的顺序。在前面的例子中，由于没有括号(())或指数(提升为幂)，因此第一步是执行 3 和 0 的乘法，其结果是 0。然后是加法和减法步骤，它们并没有先后顺序。

```
2 + 0 - 1 = 1
```

然而，关于所谓"挑战"的评论将包含许多答案，并且人们会全力以赴地捍卫其错误答案。

R 对于运算顺序有类似的层次体系，但是其中包含其他一些我们还没有探讨过的运算符。不过，最好是在不清楚运算的预期执行顺序时使用括号或者强制实现特定的分组。在前面的例子中，将其写作

```
2 + (3 * 0) - 1
```

会有助于让其变得更为明确，也就是 3 先乘以 0，然后再将其结果放入后续的加法和减法计算中。当我们希望将一些乘法组合的结果值指数化的时候，这就变得必要了。

```
2 ^ (5 * 2)
```

小括号会强制规定这一分组需要在指数化之前被首先计算。这会明显改变表达式的计算方式。思考一下下面这个看起来比较奇怪的表达式：

```
x <- y <- 3 + 1
```

这完全是有效的，R 会以其所理解的方式来处理它(将 3 + 1 的结果赋予 y，然后将该结果赋予 x)，从而产生以下结果：

```
x
#> [1] 4

y
#> [1] 4
```

不过，如果使用更多的一些括号：

```
x <- (y <- 3) + 1
```

则可以修改表达式的含义(现在将 3 赋予 y，然后加 1，再后将结果赋予 x)，从而得到：

```
x
#> [1] 4

y
#> [1] 3
```

计算机和 R 在理解我们(以特定方式)所输入的内容方面没什么问题。要尽可能确保所编写的内容就是我们打算做的处理。

3.3　字符串串联(连接)

之前介绍过，将两个字符串相加("7" + "4")会产生错误，因为+运算符仅对数字(数值或整数)有效。我们可以设想一下，尝试将两个单词"加"在一起，如"butter"和"fly"。不过

我们并不是真的想要做加法——我们想要的是连接，或者更准确地说是串联。

对于此类场景，有一个特定的函数可以执行此操作，即 paste()函数，不过它会在要连接的字符串之间默认加上一个空格(这通常是我们所希望的)：

```
paste("butter", "fly")
#> [1] "butter fly"
```

这是其默认参数 sep = " "的结果，它会指定要放置在所输入内容之间的分隔符，默认使用空格。可以将其修改为 sep = ""从而完全移除它，或者使用下面这样的便捷函数：

```
paste0("butter", "fly")
#> [1] "butterfly"
```

它会执行相同的操作，但所输入内容之间不会放置空格。

paste()(和 paste0())函数会在将输入内容粘贴到一起之前将其转换成字符，因此此处也可以使用其他类型。

```
paste0("value", 31)
#> [1] "value31"
```

我们甚至可以使用所定义的变量或者其他 paste()调用。

```
address_number <- 221
address_suffix <- "B"
address_street <- "Baker Street"

paste(
  paste0(
    address_number,        ├──────  最里层的 paste0()的输入
    address_suffix
  ),
  address_street    ◄──────  最外层的 paste()的输入
)
#> [1] "221B Baker Street"
```

连接 NA 值

这是缺失值变为不再缺失的一个场景，可能是出乎意料的。默认情况下，paste()的输入会被 as.character()函数转换成字符类型。但该函数会保留缺失值，所以两者会得到不同的结果。

```
as.character(x = NA)    ◄──────  一个缺失值
#> [1] NA
as.character(x = "NA")    ◄──────  字符串"NA"
#> [1] "NA"
```

然后我们可能会在其中一个输入是 NA 的时候期望 paste()生成一个缺失值，但它却会顺畅地进行处理。

```
paste("a missing value is denoted", NA)
#> [1] "a missing value is denoted NA"
```

在 paste()的 help()页面中看到的下面这些特殊提示是足够引起我们重视的：注意，paste()会将字符缺失值 NA_character_强制转换成'NA'。有时我们可能不希望看到它，如在粘贴两个字符向量时；有时我们又非常期望看到它，如在 paste('the value of p is ', p)中。

使用这些运算符的组合将更多一些值输入控制台中，并确保我们能熟练使用它们。下一节将介绍如何在值之间进行比较。

3.4　比较

科学计算结果的实质归根结底是值的比较。y 是否比十年前要少？这周 z 是否增长了？j 是否比 k 更快？任何一个 m 是否具有显著影响(以满足一些标准)？如果我们不需要在数据之间进行比较，那么对分析的编码实现就会非常简单——只要按照先后顺序执行处理即可。不过，由于我们需要进行比较，因此必须知道如何告知 R 对值进行比较。

比较的结果将总是一个逻辑值(参见 2.1.5 节)：要么是 TRUE，要么是 FALSE(或者缺失值 NA)。可以进行的最简单的比较就是"x 是否大于 y"(x > y)以及"x 是否小于 y"(x < y)——分别使用"大于"和"小于"运算符(>和<)。

```
7 > 4
#> [1] TRUE

9 < 3
#> [1] FALSE
```

警告： 回顾一下 2.2.3 节中的示例，其中<-意外地包含了一个空格，并且产生了一次比较。要非常小心空格。空格可以(且应该)用于比较运算符两侧，以使代码看起来更清晰。我们很容易就会忽略掉 x<-3 和 x <-3 之间的差异。

R 也允许进行另一类比较，即"x 是否大于等于 y"(x ≥ y)及其同类问题"x 是否小于等于 y"(x ≤ y)。

```
5 ≥ 6
#> [1] FALSE

3 ≤ 3
#> [1] TRUE
```

可以使用"双等号"(==)来验证两个数字是否彼此相等，也就是"x 是否与 y 的值相同"(x == y)。也可以提出相反的问题，即"x 是否与 y 的值不同"或者"x 是否不等于 y"(x != y)。

```
3 == 3
#> [1] TRUE

7 != 4
#> [1] TRUE
```

使用这些运算符时需要当心。它们会验证两个值是否看起来相同，而不是验证这两个值是否在所有方面都相同。尽管可以将一个类似于整数的值指定为整数或实数，但它们的存储是被区别处理的。不过，它们代表了相同的值，所以在验证时，==会将这些值视为相等。

```
5L == 5
#> [1] TRUE
```

如果真的希望验证这些值是否是相同内容，那么在宣称这些值完全相同前，可以使用 identical()函数来检查输入值的类型。

```
identical(x = 5L, y = 5)
#> [1] FALSE
```

实数值之间的比较

在非整数(实数)数字之间进行比较时要非常小心。回顾一下第 2 章的内容，计算机会以二进制形式(1 和 0)来存储数据。因此，小数数字在存储时受到精度的限制。我们可以输入 0.3 这个值，但是计算机会尝试在其结尾尽可能多地存储许多小数位数(这个例子中存储的是 0)。同样，我们不能真的输入 1/3 = 0.33333...这样的无穷小数，因为计算机只能存储正好是 2 的幂的值。

可以通过在 print()的输出中请求更多小数位来查看这一实际效果：

```
print(x = 0.3, digits = 17)
#> [1] 0.29999999999999999
```

在执行数学计算时，这些额外的或者缺失的位也会产生影响。因此，尽管在输出中出现的可能是一个合适的四舍五入的值，但是根据算机所存储的数字，它可能与之稍有偏差，从而导致意外的结果。

```
print(x = 0.1 + 0.2)
#> [1] 0.3
print(x = 0.1 + 0.2, digits = 17)
#> [1] 0.30000000000000004
```

这并非 R 所特有的现象[1]。相反，它在所有计算机语言中都是天然存在的。避免这一问题的最安全的方式是，如果需要精确答案，那么永远不要在实数之间进行比较。

```
0.1 + 0.2 > 0.3
#> [1] TRUE
```

---

[1] 参见 http://0.30000000000000004.com 处的"Floating Point Math"一文。

!=中的!代表非的概念，也就是不相等。它可以用于几种不同的场景，但具有相同的效果。

```
3 != 4
#> [1] TRUE

!(3 == 4)
#> [1] TRUE

(! 3 == 4)
#> [1] TRUE
```

如果尝试与一个缺失值进行比较会发生什么？如果将任何值与缺失值 NA 进行比较，其结果都是 NA。

```
3 > NA
#> [1] NA

7 == NA
#> [1] NA
```

即使该比较中涉及"非"运算符，其结果也是一样的。

```
5 != NA
#> [1] NA
```

两个逻辑值之间的比较可以在一个真值表中进行汇总，其中行与列的相交处显示了 row == column 比较的结果，如表 3.1 所示。注意，将任何值与 NA 进行比较都会得到 NA，包括 NA 本身。

表 3.1　等号运算符(==)的真值表

==	TRUE	FALSE	NA
TRUE	TRUE	FALSE	NA
FALSE	FALSE	TRUE	NA
NA	NA	NA	NA

将任何值与 NULL 进行比较都不会产生任何值，而是得到空的一种特定"类型"——仍旧是一个逻辑值，但它的长度是 0：

```
3 > NULL
#> logical(0)

TRUE == NULL
#> logical(0)

NA != NULL
#> logical(0)
```

还有其他方式可以比较逻辑值；可以使用与(&)和或(|)运算符来组合它们。与运算

的逻辑值选项的另一个真值表如表 3.2 所示。

表 3.2   与运算符(&)的真值表

&	TRUE	FALSE	NA
TRUE	TRUE	FALSE	NA
FALSE	FALSE	FALSE	FALSE
NA	NA	FALSE	NA

表 3.2 中的意外结果是 NA 和 FALSE 的组合,这会得到 FALSE。?`&`的帮助页面做出了解释:NA 是一个有效的逻辑对象。如果 x 或 y 的组成部分是 NA,那么当输出不确定时,其结果就是 NA。

可以为或(|)运算符构造一个类似的表,如表 3.3 所示。同样,只要比较运算没有歧义,那么与 NA 的比较就不一定生成 NA。

表 3.3   或运算符(|)的真值表

|	TRUE	FALSE	NA
TRUE	TRUE	TRUE	TRUE
FALSE	TRUE	FALSE	NA
NA	TRUE	NA	NA

单独比较

尽管我们往往会认为可以按照可能的阅读方式来编写逻辑组合,但重要的是要记住,一次仅能进行一项比较。为了验证变量 x 是否大于 3,我们可以编写以下比较。

```
x <- 4
x > 3
#> [1] TRUE
```

另外,为了验证 x 是否小于 5,我们可以尝试在这个条件中增加“同时也要小于5”。

```
x > 3 & < 5
#> Error: unexpected '<' in "x > 3 & <"
```

这一比较会失败,因为当 R 读取这个表达式时,它会将其分解成合适的优先级进行处理(回顾一下 3.2 节),而<具有比&更高的优先级(会被较早计算);但此处的<没有要比较的对象,因此调用会失败。

作为替代,我们需要进行一点重复处理,从而让两个比较更为明确。

```
x > 3 & x < 5        等同于(x > 3) & (x < 5)
#> [1] TRUE
```

还有双重形式的与(&&)和或(||)运算符,其计算是从左到右的,一次比较一个元素,直到明确得到结果为止。在要验证逻辑比较的集合但仅需要一个答案时,这会变得重要且有用。我们可能需要进行一千次的&比较,以便验证两个输入中的所有值是否相同;但如果第四对中的值不同,那么它们必然是不同的,因此可以跳过剩余的比较。

验证一个值是否等于 NA

如果需要比较一个值是否是 NA,则可以使用便利的内置函数 is.na(),它会在输入是 NA 时返回 TRUE,否则返回 FALSE。

```
is.na(x = 7)
#> [1] FALSE
is.na(x = NA)
#> [1] TRUE
```

3.5　自动转换(强制)

有时,R 会自动为我们执行转换(不管我们愿意还是不愿意)。通常,这是一个有用的特性;要将整数和非整数相加,我们可能会这样尝试。

```
3L + 2.5
#> [1] 5.5
```

可以通过检验其结构来查看其结果:

```
str(object = 3L + 2.5)
#> num 5.5
```

这里发生了什么? +函数底层的 C 代码中有几行是专用于这个场景的。如果其中一个(且仅有这一个)参数(位于+号左侧或右侧)是数值类型,而其他参数是整数类型,那么该整数值就会被强制转换成数值型值,然后再将这两者相加,从而生成最终的数值型值。这就是我们想要的结果——将整数转换成数值型值实质上很简单:不需要四舍五入。不过,将数值型值转换成整数可能就有些复杂了(正如 2.3 节中所讲解的那样)。如果进行了自动强制转换,那么 R 总是会将值强制转换为更通用的结构。图 3.3 中显示了从最特别到最通用的结构的转换顺序。

图 3.3　强制转换的顺序

R 会将特定的值认定为等于 TRUE,而将其他值认定为等于 FALSE。对于数字,R 会将 0(或 0L)值转换为 FALSE,而其他任何(正数或负数)数字都会被转换为 TRUE。可以通过显式请求转换来观察这一过程:

```
as.logical(x = 0)
#> [1] FALSE

as.logical(x = 1)
#> [1] TRUE
```

或者使用近似测试==来进行比较：

```
0 == FALSE
#> [1] TRUE

1 == TRUE
#> [1] TRUE
```

另一种自动转换意味着可以将逻辑值和实数值相加在一起：

```
8 + TRUE
#> [1] 9
```

这对于统计二元值的数量而言是非常方便的。

```
sum(TRUE, FALSE, TRUE, TRUE)
#> [1] 3
```

执行比较计算时最可能会遇到自动强制转换。我们可能完全不期望出现以下转换，但它确实会执行：

```
"a" > 5
#> [1] TRUE
```

当 R 注意到我们正尝试比较两个不同类型时，它会执行强制转换到最通用类型的处理——在这个例子中，字符比数值更为通用(字符是最通用的类型)。接下来会发生什么取决于我们所处的区域；字符串/字符是通过其在编码模式表格中的位置来比较的。而这取决于语言(它往往依赖于计算机所识别出的区域设置)：这个示例使用的是 UTF-8 模式(en_AU.UTF-8)的英语(澳大利亚)，其中字母位于数字之后。比较运算符的 help()页面(如?`>`)指出，在爱沙尼亚，Z 位于 S 和 T 之间[1]，因此在使用这一特性时要清楚，其结果可能会随区域设置的不同而发生变化。

这也是 2.3 节的赋值运算中古怪空格所产生的结果的原因。回想一下，当时我们尝试将 3 这个值赋予变量 a，但在<-中意外地插入了一个空格，因而由于 a 已经具有 "x"这个值，转而生成了一个逻辑值：

```
a <- "x"
a < - 3
#> [1] FALSE
```

这里 R 看到的是两个不同类型之间的比较，所以它会将其中一个类型转换成最通用类型(在这个例子中是字符)，并且检查编码模式表格以查看"x"是位于-3 之前还是之

1　可以在 http://mng.bz/5Yx8 处的维基百科文章中了解更多与此有关的内容。

后。在我的区域设置中，字母位于数字之后，所以这一比较会返回 FALSE。

我们可以推测出，以下比较会自动强制转换为数值：

```
"2" < "3"
#> [1] TRUE
```

它会产生如上所示的输出。对其稍作修改就会产生不太合理的结果：

```
"2" < "13"
#> [1] FALSE
```

在这两个例子中，不需要强制转换，因为这些值都已经是字符类型。同样，它们也是通过其在编码表格中的位置来比较的，并且这些都是按数字排序的，其中"13" (以"1"开始)位于"2"之前。

3.6　亲自尝试

日常温度通常都是以摄氏度或者华氏度为单位。知晓如何在这两者之间进行转换对我们会很有帮助。如果有一个温度值以华氏度为单位，并且希望将其转换成摄氏度，则可以将华氏度值输入下面这个表达式中以计算摄氏度值。

```
Celsius <- (5 * Fahrenheit - 32) / 9
```

因此，如果

```
temp_F <- 88
```

则可以使用下面这个表达式来计算以摄氏度为单位的温度。

```
temp_C <- 5L * (temp_F - 32L) / 9L
```

L 规范并不是必需的，但却是好的做法。现在可以检验其值了：

```
temp_C
#> [1] 31.11111
```

反之，也可以反转该表达式：

```
Fahrenheit = (9 * Celsius / 5) + 32
```

这样我们就能够再次获得原始值：

```
temp_F_recalculated <- (9L * temp_C / 5L) + 32L
temp_F_recalculated
#> [1] 88
```

可以确信，这实际上就是相同的值：

```
temp_F == temp_F_recalculated
```

```
#> [1] TRUE
```

计算一下前面的转换(或者最好是自己输入一些值进行转换)，并且将 0℃转换成华氏度。将 100°F 转换成摄氏度。将-40°从华氏度转换成摄氏度，再试着反向转换一下。

3.7　专业术语

- 运算符——表示要对一个或多个值执行的计算的符号，例如+。
- 优先顺序——执行计算的顺序。
- 表达式——供 R 解释的命令；对 0 或更多数据值执行计算。

3.8　本章小结

- 可以根据需要或多或少地将 R 用作计算器。
- 无法将某些数据类型相加/相减。
- 运算符具有不同的优先顺序，可以使用括号来重写该顺序。
- 可以使用 paste()来组合字符串。
- 强制转换的结果就是将数据转换成最通用类型。
- 字符是最通用的数据类型。
- 可以将文本与数字进行比较，因为后者会被强制转换为字符。
- 实数之间的比较很危险，因为存在四舍五入的差异。
- 将 NA 与任意值进行比较都会得到 NA，即使是 NA 本身也是如此。
- 可以比较字符串，但这样做的结果取决于计算机的设置，通常依赖于我们所处的区域。

第4章

理解将要使用的工具：函数

本章涵盖：

- 使用函数进行重复操作
- 事物的定义边界(作用域)
- 消息、警告和错误，以及如何处理它们
- 测试代码是否如预期般运行

当我们可以告知计算机执行一些处理并且该请求要比处理本身更为简单的时候，编程语言的真正优势就体现出来了。如果我们希望对某些处理进行多次计算，可能的好做法是将代码封装成一个有意义的表达式，让其可以针对不同(甚或相同)输入进行重新计算。

本章稍后会介绍，函数是 R 中达成这一目标的标准方法。在不可避免地出现错误的时候，我们也会介绍如何处理未按照预期执行的事物。

4.1 函数

函数(在编程中)指的是一系列已定义的操作或者例程，它们是为了完成某些任务，其中通常涉及数据，并且最后生成一些结果。函数可以具有(或者不具有)输入数据并且生成(或者不生成)输出数据或执行一些操作。函数也可以定义或者使用更多数据——如果数据是由函数本身所定义的(例如常量数字或值)。

在 R 中,函数的处理方式与数据相同——使用一个可变名称来存储——并且可以作为输入发送到其他函数。将操作保存到一个命名函数(一个函数的主体)中具有许多优势,包括下面这些:

- 抽象性——可以为函数提供不同的数据。
- 可重用性——它会减少相同操作复制粘贴的重复做法,因为这容易导致错误。
- 弹性——可以基于输入数据来执行检查,以确保其满足所要执行操作的假设前提。

R 是一种函数化语言[1];它使用函数来与数据交互,以返回其他一些输出,并且除此之外还会保持输入不变(这与过程化语言是相反的,过程化语言使用语句来修改数据,其输出依赖于系统的当前状态)。在函数化语言中,数据绝不会真正被修改,在 R 中也是如此[2]。

为了重复一项操作——可能是将其泛化为接受任意输入——可以使用函数。如果频繁地需要计算圆形的面积,则可以重复使用正确的公式(一个非常类似于函数的概念)进行计算。计算圆形面积的公式是

$$A = \pi r^2$$

其中 π = 3.14159...,它是 R 中内置的一个名为 pi 的常量。要计算面积 A,所需要知道的就是半径 r,求其平方(乘以其本身),然后乘以 pi。可以使用 3、4、5 这三个不同的半径值来多次计算这一公式。回顾一下,我们可以使用^运算符将一个值提升为幂,因此要计算具有这些半径的圆形的面积(A),只要计算 π 乘以半径(r)的平方即可。

```
pi * (3 ^ 2)
#> [1] 28.27433

pi * (4 ^ 2)
#> [1] 50.26548

pi * (5 ^ 2)
#> [1] 78.53982
```

或者,也可以创建一个函数来执行此处理,只要提供半径作为输入参数即可。函数在 R 中被存储为对象,因此可以像其他任何对象/变量那样使用赋值运算符对其进行命名。

尽管将简单命令输入控制台中已经足够简单,但以这种方式输入更复杂的命令会变得过于麻烦。通常,更好的做法是在编辑器窗口中使用脚本。

1　一种不纯净的语言,其中并非所有的函数都提供引用透明性(这指的是表达式可以被其输出值所替换),并且许多函数都会产生副作用(如绘图)。

2　大多数情况下如此。data.table 包通过操作内存中的数据绕过了这一限制,这一处理极大地提升了其操作速度。

通过单击 File | R Script 来创建一个新的脚本文件。将以下代码输入编辑器窗口中：

关键字 function()会告知 R 我们正在定义一个函数。这是一个输
入参数为 radius 的函数，这个参数允许传入不同的值。该函数
的主体包含在{和}之间

```
areaCircle <- function(radius) {
    area <- pi * radius ^ 2
    return(area)
}
```

可以在函数内创建(临时)变量——
4.1.8 节将介绍为何这些变量是临时的

函数可返回(输出)一个值
作为计算结果

突出函数定义并且对其进行计算(按下 Ctrl+Enter 或者 Cmd+Enter 组合键)，以便
让函数可供使用，这样它就会出现在环境列表中，如图 4.1 所示。

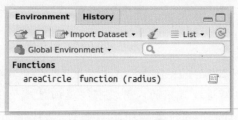

图 4.1　所定义的函数

现在可以仅使用最少的信息(半径值)和该函数来计算圆形面积了。在使用一个像
radius 参数值这样的值来计算这个函数时，R 会执行存储在函数体中的操作，然后通
过 return()调用来返回(输出)所识别出的值。默认情况下，输出会被打印出来，因此计
算的结果会被打印到控制台：

```
areaCircle(radius = 3)
#> [1] 28.27433

areaCircle(radius = 4)
#> [1] 50.26548

areaCircle(radius = 5)
#> [1] 78.53982
```

这样一来，我们就可以适当地抽象出计算过程并且对其命名；不需要在每次想要
使用面积公式时都显式写出这个公式；现在可以以函数形式进行调用。在之前的示例
中，函数命名是根据其所计算的内容来确定的(圆形面积)；我们可能会计算许多不同
的对象，因此要注意我们的函数命名方式。

现在已经计算了面积，但其结果值在哪里？注意，环境列表中没有出现更多的信
息。这是由于 R 的设计理念造成的(函数化，保持数据不变)，计算一个函数并不会改
变任何数据，因此不会创建任何新的持久化数据。结果值会被打印，然后它会消失[1]。

1　有一种例外，那就是可以立即使用.Last.value 来召回该结果值，正如 2.2.1 节中所探讨的一样。

为了保留所计算的值，我们需要将其赋予另一个变量。

关于返回值的赋值

人们运行其代码时常常会抱怨"我的函数没有执行任何处理"这个问题。这些抱怨通常涉及对于数据的函数调用，如下所示。

```
my_data <- 7
my_data
#> [1] 7
increase_my_data <- function(data_input) {
  updated_data <- data_input + 1
  return(updated_data)
}

increase_my_data(data_input = my_data)
#> [1] 8
my_data # (not changed)
#> [1] 7
```

你能看出缺失了什么吗？increase_my_data 应该返回完全不同于其输入的值——而它确实返回了，但编写这段代码的人并没有将返回值赋予任何变量。R 会计算 increase_my_data(my_data)并且将值打印到控制台(默认情况)，但不会更新变量 my_data；因为那样的做法实际上是执行处理的过程化方式，而 R 是以函数化方式来运行的，所以它会保持数据不变。

其"解决方案"通常是对 increase_my_data 的输出(返回值)进行赋值(参见 2.2 节)，在这个例子中，我们将返回值赋予原始数据的名称。

```
my_data <- increase_my_data(data_input = my_data)
my_data
#> [1] 8
```

要牢记，这会重写 my_data 值，而这可能并不总是我们尝试得到的结果。

我们已经介绍了如何编写和使用一个简单函数，但实际上发生了什么呢？正确理解 R 如何处理函数可以极大地提升我们使用这些宝贵工具的能力。

4.1.1 表象之下

你可能会编写下列表达式

```
x <- 2
x <- cos(x = 2*x)
```

并且认为会将对象 x 从某个值(2)更新为该值翻两倍之后的余弦值[1]，但就此处而

---

[1] 来自三角函数；例如，将正弦(sin())、余弦(cos())以及正切(tan())函数结合使用，以描述三角形边的比例。

言，R 在后台会执行大量更多的处理。实际上，2*x 这个值会被提供给 cos()函数作为输入。cos()函数由一系列要执行的操作构成，这些操作涉及该输入，并从而产生一个返回值。然后这个值会被赋予变量 x，以重写之前的值。不过，直到这最后一步之前，x 的值都是完全未发生变化的。可以通过查看 x 在计算 cos(x)之前和之后的值，但不要将其结果赋予 x 来确认这一点。

```
x <- pi                      pi 是为数不多的内置常量之一
x
#> [1] 3.141593

cos(x = 2*x)                 2*pi 的余弦值应该是 1
#> [1] 1
```

尽管 x 出现在了这一函数调用中，但它仍旧具有最初赋予它的值。

```
x
#> [1] 3.141593
```

下面是一组等同于 x <- cos(x = 2*x)示例的表达式。

```
.y <- cos(x = 2*x)
x <- .y

x
#> [1] 1
```

此处，.y 会直接变得不可访问。由于 R 执行这些操作的方式，因此可以将其直接安全地简写为 x <- cos(x = 2*x)。回顾一下，由于 R 的 REPL 特性，一旦按下 Enter 键，底层代码就会启动并且开始处理我们的表达式。对于前面的示例而言，其函数都是拆箱过的。

关于 R 函数

要理解 R 中的计算，有两句口号能帮助到我们：存在的一切都是对象。发生的一切都是函数调用。

———JOHN CHAMBERS，S 编程语言的发明人以及 R 编程语言项目的核心成员

如此一来，我们就拥有了一种干净利落的方式来请求 R 计算某个值倍数的余弦值，然后将其结果赋予最初的变量。不过在这一表象之下，R 会将这三个操作当作函数来处理：

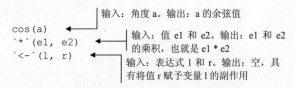

```
cos(a)            输入：角度 a。输出：a 的余弦值
`*`(e1, e2)       输入：值 e1 和 e2。输出：e1 和 e2
                  的乘积，也就是 e1 * e2
`<-`(l, r)        输入：表达式 l 和 r。输出：空，具
                  有将值 r 赋予变量 l 的副作用
```

这一整洁的小型表达式实际上由三个函数构成，并且是从内而外计算的：使用输入 x 和 2 的`*`函数会生成一个值，它会成为 cos()函数的输入，而这个 cos()函数本身也会生成一个值，这个值会成为`<-`函数的第二个输入，如图 4.2 所示。

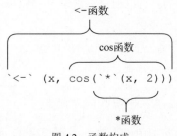

图 4.2　函数构成

反引号(`)会告知 R 我们正在直接调用一个函数，因此它可以跳过尝试再次拆箱的步骤。`<-`(赋值)函数不会返回任何信息(至少不会返回可见的信息)[1]，因此在计算这个表达式时不会将任何信息打印到控制台。直到执行到最外层的函数之前，内层函数的返回值都会被输入下一个外层函数中进行计算，而 x 将保持不变。

我们不会以这种方式来调用函数，但牢记这一点非常有用，这就是 R 真正的内在处理机制。

4.1.2　函数模板

R 中函数定义的通用结构如后面所述。函数被赋给一个变量，就像赋值一样。在这个例子中，变量名称是 name_of_function：

参数就是函数的输入。将函数体的封闭括号放在这一行或者下一行只是一个样式问题。如果函数体仅包含一个表达式，那么甚至可以完全不使用封闭括号

```
name_of_function <- function(argument1, argument2) {

    temporary_variable1 <- other_function(argument1)

    final_variable <- yet_another_function(temporary_variable1)

    return(final_variable)

}
```

这些操作是使用更多函数基于输入以及可能的其他数据来执行的，并且其结果值会被赋予临时变量(本章稍后将介绍可以使用哪些函数以及为何这些变量是临时变量)

该函数的输出(也就是调用该函数将返回的值)是由一个特殊的名称为 return()的函数来识别的。否则，R 会认为函数中的最后一个表达式会生成要返回的值

　　1　从技术上讲，赋值运算会返回一个不可见的值(不会打印到控制台)，因此虽然我们看不见它，但它仍然是存在的。

在调用函数(可能具有参数)时，我们要在该函数名称旁的括号中添加应有的参数
(或者不使用参数)。4.1.3 节中将介绍参数是如何发挥作用的以及如何定义它们。因此，
可以使用以下代码调用之前的模板：

```
name_of_function(argument1 = x, argument2 = y)
```

回顾一下 2.2.3 节，赋予参数的值是通过=而非<-来指定的。如果有另一个函数不
使用参数(或者它们有默认参数)，则可以忽略所有的参数，但仍然需要括号：

```
anotherFunction()
```

无论何时希望重用代码，都可以使用函数；想要将分析中的某些步骤进行分组或
隔离(可能是为了让那些步骤的目标更清晰)，也可以使用函数；或者要在仅希望保留
最终结果，而非保留处理过程中所产生的中间转换值的情况下操作数据，此时函数也
是适用的。

自动打印 return()值

如果没有在函数结尾处显式声明 return()函数，那么该函数中的最后一个表达式
的结果会被用作返回值。如果函数计算的结果未被赋予任何对象(仅对函数进行计算：
例如 myFunction(7))，那么这通常会造成返回值的打印方式与计算变量时相同。一个
特例就是函数中最后一个表达式不返回任何值(或者以不可见方式返回值)的情况，例
如赋值运算符<-。在这些情况下，不将结果进行赋值的函数计算将不产生任何输出(不
过仍旧可以对该返回值进行赋值)。

下列这个示例将值打印到控制台：

```
returningFunction <- function() {
  2 + 7
}
returningFunction()
#> [1] 9
```

而下列示例则不会打印：

```
nonReturningFunction <- function() {
  x <- 2 + 7
}
nonReturningFunction()
```

不过，如果将结果进行赋值处理的话，那么以下这两个赋值运算是等效的。

```
a <- returningFunction()
b <- nonReturningFunction()
a == b # are these equal?
#> [1] TRUE
```

无论哪种情况，显式使用 return()的做法都是高度推荐的，尤其是这样的做法允
许从函数中间 return()一个值，而不是非得在结束处返回。

```
                                             第 8 章将介绍 if()的作用, 不过
                                             大家可能已经猜到其用途了
bigOrSmall <- function(x) {
  if (x > 10) {            ◄──────────
                                             当 x 大于 10 时, 从
    return("x is big")    ◄──────────       中间退出函数
  }
return("x is small")      ◄──────────
}                                            当 x 不大于 10 时, 则在
                                             结束时才正常退出函数
```

该函数会返回两个可能结果中的一个, 要么正常返回:

```
bigOrSmall(x = 8)
#> [1] "x is small"
```

要么在另一个指定返回点返回:

```
bigOrSmall(x = 12)
#> [1] "x is big"
```

在 R 中, 由于"发生的一切都是函数调用", 因此即使是像加法运算+这样看似简单的处理也都是底层处理的函数, 只不过写法比较巧妙而已。+运算符是采用两个参数的函数的缩写; R 的底层代码会识别这个符号何时被使用并且为我们执行转译。可以通过不使用括号计算+来查看这一点, 该命令会返回函数体本身。将以下内容输入控制台并按下 Enter 键:

```
`+`
#> function (e1, e2) .Primitive("+")
```

因此 2 + 2 就是该函数的调用(反引号已转义):

```
`+`(2, 2)
#> [1] 4
```

只是一个简单函数吗

不要被 function (e1, e2) .Primitive("+")表现出来的简洁性所蒙蔽。其背后是 116 行 C 代码(其中也进一步调用了其他函数), 在两个对象之间放置+时, 这些代码会基于我们可能的想法处理所有不同的可能任务。R 完美地对所有这些进行了抽象, 这样我们就只需要输入+, 而无论是将一个数值类型与一个整数类型相加, 还是其中一个值是缺失值 NA。

甚至当我们未提供任何对象作为第一个参数时, 它也可以进行处理, 在这种情况下, 底层代码会确保该表达式被解释为一元运算(单一参数, 与具有两个参数的二元运算相反)并且返回原始值。此处没什么特别的处理, 不过-函数的算法也是由同一段代码来实现的, 在-函数中, 一元运算会返回具有反号的值。

到目前为止, 我们还没有探讨更为复杂的结构, 不过这段相同的代码块也能处理那些结构。

绝大部分 R 函数都容易因用户在其会话中重写而受到影响，因此对象命名又一次变成了挑战。我们可以无所顾忌地决定将一个函数命名为+并且决定其执行的处理应该与已经定义的-函数相同。

```
`+` <- `-`
```

这当然会扰乱我们的直观判断以及我们可能希望对数字所做的正常处理。

```
2 + 2
#> [1] 0
```

显然这是函数名称的一种糟糕选择。如果只是临时处理，那么好的做法是在临时处理之后将一切还原。

```
`+` <- base::`+`
```

所执行的每个操作都会是一个或更多函数的组合。如果希望那些函数知晓我们的数据，则需要一种方式来传输值。只要通过函数参数传值即可。

4.1.3 参数

现在你已经知道了函数的结构，那么如何为函数提供一些数据以便进行处理呢？将函数视作一种机械化处理机器可能会有所帮助；它会接受一些输入(原材料)、执行一些处理，然后输出一些东西，如图 4.3 所示。

输入可能会发生变化，并且根据机器内部构造的不同，其输出也可能不同。R 在这方面的处理方式是，为每个专用于该函数的输入创建一个新的变量。这些变量就像我们之前所使用的其他变量一样，只不过它们仅存在于该函数内其自己的作用域中(4.1.8 节中将进行介绍)。

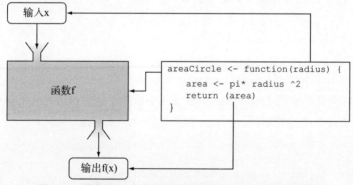

图 4.3 函数机器(引自维基共享资源网的 Wvbailey[公共领域])

这里的价值所在就是抽象：参数变量现在代表着函数需要使用的某些未知输入数据，并且该输入数据在每次函数计算时都可以不同。这一概念在电子表格程序中的体现是公式的使用；其中的参数通常也都是以抽象方式来命名的，如图 4.4 所示。

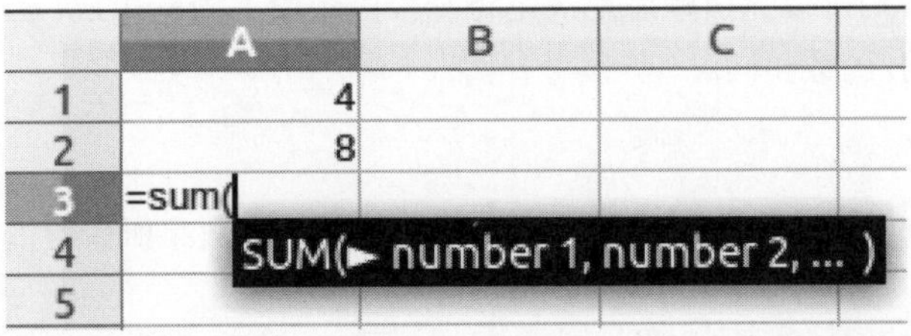

图 4.4   电子表格中 SUM()函数的参数，其名称为 number 1 和 number 2

让我们将这一机器类比变得更为具体一些，想象一下，该机器接受一个单词，对其进行一些处理，并且返回其首字母。执行此操作的函数看起来可能像下面这样——在 RStudio 的编辑器窗口中将这段代码输入一个脚本内，并且对其进行计算。

```r
first_letter <- function(word) {

  ## extract the first letter of the word using substring()
  ## which is called as substring(text, first, last)
  ## see ?substring
  first <- substring(word, 1, 1)

  ## write a message to the Console
  message_text <- paste(word, "starts with", first)
  print(message_text)

  ## return the first letter
  return(first)

}
```

此处一个名为 first_letter 的函数采用了一个参数——word。这是该函数的输入(参数)。可以使用任何输入值来计算这个函数。

```r
first_letter(word = "cat")
#> [1] "cat starts with c"
#> [1] "c"
```

第一个输出(以[1]开头)是来自 print()函数的输出。下一个输出是 first_letter()所返回的值。内部创建的变量 first 和 message_text 不可用于这个函数之外的范围；它们仅存在于函数被计算的过程期间。因此，以下代码会产生错误：

```r
message_text

#> Error: object 'message_text' not found
```

同样，虽然使用了=为 word 参数提供值，但函数外部并没有创建这个 word 变量。

```r
word

#> Error: object 'word' not found
```

我们也没有将返回值赋予任何变量，所以函数计算只会打印出该结果而已。不过，我们可以使用该函数通过对结果进行赋值来创建一个新的变量。

```
first_of_apple <- first_letter(word = "apple")
#> [1] "apple starts with a"
```

注意，该消息会在函数计算期间被打印出来，但不会打印计算结果。可以通过打印其值来检索它：

```
first_of_apple
#> [1] "a"
```

一个函数只有在需要被多次使用时才算有用；否则可以直接编写其内容并且执行处理即可。要处理几个单词并且将其首字母保存到新变量，可以使用一些重复处理。

```
first_of_cat <- first_letter(word = "cat")
#> [1] "cat starts with c"

first_of_dog <- first_letter(word = "dog")
#> [1] "dog starts with d"

first_of_fish <- first_letter(word = "fish")
#> [1] "fish starts with f"
```

这个函数很简短，但希望你能认识到，对较长的系列操作进行抽象是具有极大价值的。就目前的情况来看，我们已经让这个函数变得非常通用——它能够提取出单词的首字母，并且我们不需要每次都为此处理编写所有的执行步骤。

4.1.4　多个参数

不过，并不存在仅能使用单个参数的限制；我们可以根据需要使用多个参数。输入与输出之间所完成的处理可能涉及几个命名或未命名参数。有两种方式可以达成此目的：要么传入一个更为复杂的对象作为输入(稍后将介绍如何进行处理)，要么传入多个参数。第二种方式更为安全，因为它更易于跟踪所输入的内容。

函数并不仅局限于字符串的输入；也可以输入数字、日期——任何类型的 R 对象甚或更多函数。这是 R 的一项强大特性，了解这一点将很有帮助。

如果一个函数知道使用更多的参数可以做些什么，那么它就会使用这些参数。如果它接受一个不清楚如何处理的参数，那么它就会生成一条错误。

```
first_letter(word = "banana", music = "jazz")

#> Error: unused argument (music = "jazz")
```

当函数使用"点-点-点"语法(...)时，这就会变得有些麻烦，该语法意味着函数可以处理任何参数，因此对于该种情况要格外小心。

相反的情况也值得一提；不能仅因为函数具有一些参数就认为我们绝对必须使用

它们。是否使用它们高度依赖于函数本身(具体而言，就是函数是否真的需要某些参数)。我们可以创建一个采用单个参数的简单函数，并且绝对不对该参数进行任何处理，而是直接返回数字 3。

```
trivial_function <- function(arbitrary_argument) {
  return(3)
}
```

在调用这个函数时使用或不使用参数都会运行正常。

```
trivial_function(arbitrary_argument = 7)
#> [1] 3

trivial_function()
#> [1] 3
```

R 将尽可能快地停止计算参数。这被称为惰性计算，并且它有助于加速代码执行以及让代码更为灵活。如果增加另一个不需要并且不会被使用的参数，例如:

```
lazy_function <- function(x, y) {
  return(x)
}
```

那么 R 甚至不会介意我们是否尝试使用一个并不存在于第二个参数中的变量，因为它绝不会试图计算该变量。

```
lazy_function(x = 2, y = undefined_variable)   ◀─── undefined_variable 还没有被定
#> [1] 2                                            义，但 R 甚至不会尝试计算它
```

如果将该函数扩展为包含一些针对输出的处理，则也可以传入一个函数名称。

注意，现在我们还有
一个参数 fun

```
first_letter_formatted <- function(word, fun) {   ◀─

  ## extract the first letter of the word using substring
  first <- substring(word, 1, 1)

  ## write a message to the Console
  message_text <- paste(word, "starts with", first)
  print(message_text)

  ## return the first letter     返回 fun(first)的结果
  return(fun(first))   ◀─
}
```

花些时间研究一下此处预期会发生的处理:我们已经创建了一个会调用另一个函数(该函数还未被定义)的函数。如果这看起来有些随意并且不够严谨，那么只能说这是可以理解的:我们并没有为函数 fun 增加任何保障措施，以及它需要哪些参数或者它将返回什么。如果我们尝试在不使用第二个参数的情况下计算该函数，会发生什么么?这样的做法会产生一条错误。

```
first_letter_formatted(word = "dog")
#> [1] "dog starts with d"
```

```
#> Error: argument "fun" is missing, with no default
```

函数消息会被创建并且发送给控制台，不过在尝试计算 fun(first)时，该函数的其余部分会运行失败。这是合理的；因为我们还未告知该函数 fun 应该是什么。

我们需要一个函数来接受一个字符串，执行一个格式化处理，并且返回另一个字符串。代码中并没有此处理的实现，但这是我们打算做的。可以通过为该处理效果添加一些注释来让这一点更为清晰。

函数文档记录

好的文档记录可以让人清晰地理解应该如何使用一个函数；它定义了函数作者/使用者与该函数之间的使用契约。我们认可传入某些类型的数据，而该函数会确保以某种方式来处理它们，以便返回某种类型的结果。

使用注释来描述输入和输出应该是什么，以及我们打算让内部处理完成什么任务。例如，下列是一个很简单的示例：

```
## adds one to a number
## input: n, a number
## output: a number, n+1
add_one <- function(n) {
  return(n + 1)
}
```

提示：一旦开始编写插件包，就能有更为复杂的方式来达成此目的，其中包括对这些契约的测试(testthat)以及参数的自动文档化(roxygen)。

可以使用的一些函数有 toupper 和 tolower，它们会将字符串转换成大写或小写，例如：

```
toupper(x = "text processing is fun")
#> [1] "TEXT PROCESSING IS FUN"
```

可以将其中一个传递给之前的函数：

```
first_letter_formatted(word = "dog", fun = toupper)
#> [1] "dog starts with d"
#> [1] "D"
```

注意这里没有将 toupper 作为字符串来传递，并且也没有调用该函数(也就是使用括号来调用函数，例如 toupper())。我们将实际的函数传递给了 first_letter_formatted，这样就能在内部使用它，就像它是在内部定义的一样。通过对其进行计算，我们能查看所传入的内容(该函数本身)，同样不要使用括号(括号意味着调用该函数)。

```
toupper
#> function (x)
```
← 没有括号——我们是在请求该函数代码，而非调用该函数

```
#> {
#>     if (!is.character(x))
#>         x <- as.character(x)
#>     .Internal(toupper(x))    ◄——  完整的实现位于一些内部 C 代码中，但
#> }                                 我们是在发送此代码作为参数
#> <bytecode: 0x2aeadb0>
#> <environment: namespace:base>
```

可以轻易地传入另一个函数：

```
first_letter_formatted(word = "DOG", fun = tolower)
#> [1] "DOG starts with D"
#> [1] "d"
```

first_letter_formatted 函数可以采用任何可兼容的函数作为 **fun** 参数，只要在将该函数作为 **fun(x)** 调用时它能处理字符串即可。这一灵活性使得 R 非常强大，因为它可以从较小的组成部分中构建出复杂的函数，并且按需传入函数和数据。

4.1.5 默认参数

前面的示例提取出了几个单词的首字母。如果将其扩展为包含格式化处理，那么你将会意识到其中使用了一些重复代码。

```
first_of_cat <- first_letter_formatted(word = "cat", fun = toupper)
#> [1] "cat starts with c"

first_of_dog <- first_letter_formatted(word = "dog", fun = toupper)
#> [1] "dog starts with d"

first_of_fish <- first_letter_formatted(word = "fish", fun = toupper)
#> [1] "fish starts with f"
```

编程领域中有一个古老的术语，它被称为 **DRY**(不要重复自己)，这是在鼓励我们移除不必要的重复结构，以有利于函数编写或更好的设计。在这个例子中，我们大多数时候都可能希望使用 **toupper**，因而可以将其设置为默认参数。参数 **fun** 在请求时仍旧会被识别，只不过它将具有一个特定的默认值。

指示 R 使用默认参数值的方式是在定义函数时指定它，如下所示。

> 如果调用这个函数时没有使用参数 fun，
> 则会使用默认的 toupper

```
first_letter_formatted <- function(word, fun = toupper) {    ◄——┐

  ## extract the first letter of the word using substring
  first <- substring(word, 1, 1)

  ## write a message to the Console
  message_text <- paste(word, "starts with", first)
  print(message_text)

  ## return the first letter
```

```
    return(fun(first))

}
```

现在可以使用这个函数了，它具有格式化行为(尽管仅为它提供了一个参数)。

```
first_letter_formatted(word = "house")
#> [1] "house starts with h"
#> [1] "H"
```

如果由于某些原因不希望使用默认参数，则可以指定要使用的值。

```
first_letter_formatted(word = "HOUSE", fun = tolower)
#> [1] "HOUSE starts with H"
#> [1] "h"
```

我们已经在实践中看见过这样的默认处理——许多 R 函数都具有默认值，因此不需要指定它们。其中一个是 print()，我们之前使用它将对象打印到控制台。

```
print(x = "a")
#> [1] "a"
```

如果我们改为希望去掉引号，则可以使用 quote 参数(对于字符串，它具有 TRUE 这个默认值)。

```
print(x = "a", quote = FALSE)
#> [1] a
```

如果使用的是 RStudio，那么当计算一个函数时在输入逗号之后按下 Tab 键应该会打开该函数可用参数的提示窗口。通常可以在该函数的帮助文件中找到这些参数中每一个的定义[1]。

警告： 要注意默认的参数值；它们并不总是我们所期望的值。对于许多 R 用户来说，一个特别痛苦的场景就是导入数据，其中默认的 stringsAsFactors = TRUE 会对任何文本数据自动执行转换，并且通常其结果与我们所期望的相反。

4.1.6　参数名称匹配

直到目前，我已经尝试确保在函数调用中显式命名输入变量，例如：

```
print(x = "abc")
#> [1] "abc"
```

不过是否真的每次都需要使用 x =呢？无论如何，答案都是否定的。R 会极为自然地就函数调用中所使用的输入变量进行一些推断。如果不对任何输入命名，那么 R

1　回顾一下，要查看某个函数 foo 的帮助文件，可以在鼠标指针位于该函数名称上时按下 F1 键，或者通过计算?foo 来查看。

会认为它们是按照其出现在函数定义中的顺序来提供的。这被称为位置索引。当函数仅有单个参数时，这样的处理是无关紧要的，其名称也可以直接丢弃。不过，当函数具有多个参数时，如果我们打算使用其名称，那么确保以正确顺序输入它们就变得很重要。可以在不指定参数名称是 x 的情况下正常地使用之前的 print()函数；R 将解决我们的后顾之忧。

```
print("abc")
#> [1] "abc"
```

例如，要计算一个随机值，可以使用(默认安装中提供的)stats 包中的 runif()(随机均匀值，random uniform value)函数。如果使用?runif 查看这个函数的帮助文件，则会看到它采用了三个参数。

- n——要生成的值的数量。
- min——可以生成的最小值。
- max——可以生成的最大值。

这意味着我们可以请求生成 min 和 max 之间的 n 个随机值。如果在计算一个随机选择之前使用 set.seed()函数设置种子值，则可以一直使用相同的"随机"变量，这里将针对其每种情况进行处理，以便表明其结果是保持一致的[1]。

如果是非常详尽且正确地写出参数名称，则可以使用下面的代码来请求 runif()生成 1 和 2 之间的四个值。

```
set.seed(1)
runif(n = 4, min = 1, max = 2)
#> [1] 1.265509 1.372124 1.572853 1.908208
```

如果很确定所使用的这些参数，则可以丢弃其名称(注意，这些值都是随机的，但我们请求的是相同的随机选择，所以结果值会与之前获得的随机值相同)。

```
set.seed(1)
runif(4, 1, 2)
#> [1] 1.265509 1.372124 1.572853 1.908208
```

在较大的脚本中间偶然看见这行具有未命名参数 4、1 和 2 的代码应该会引起一些人的质疑，尤其是在所调用的函数较为晦涩难懂的情况下。在通过位置而非名称来传递参数时，要理解那些数字代表什么是很难的。

使用参数名称的额外好处是，通常可以以任何顺序来提供它们。

```
set.seed(1)
runif(max = 2, n = 4, min = 1)
#> [1] 1.265509 1.372124 1.572853 1.908208
```

---

[1] 在使用随机数的任何时候，这都是好的做法。有些人有偏爱的种子值——例如他们的生日、42 或者 1337。如果是按照顺序计算所有的代码，那么该种子仅需要设置一次即可。此处每次都对其进行了设置，这样我们可以按照任意顺序来重新运行这些示例，并且会得到相同的结果。

对此有一个非常严重的警告，那就是在函数利用省略号(...)的情况下要极其小心。这是一个特殊的参数，它会捕获额外的参数并且将其传递给内部函数调用，这样我们就能顺着调用链将这些参数传递下去。

```
nestedFunction <- function(N, ...) {
runif(n = N, ...)
}
```

在这个示例中，...参数将捕获 N 之外的所有额外参数(因为其中没有其他的命名参数)并且在 runif()调用中使用它们。

```
set.seed(1)
nestedFunction(N = 3, min = 1, max = 2)
#> [1] 1.265509 1.372124 1.572853
```

注意，nestedFunction 的定义完全没有指定 min 或 max；它只是允许"其他参数"，并且会将其传递给 runif()。

如果选择不使用这些方式，那么就不会传递任何参数给 runif()调用，并且会调用默认值(min = 0，max = 1)。

```
set.seed(1)
nestedFunction(N = 3)
#> [1] 0.2655087 0.3721239 0.5728534
```

注意，由于没有使用之前所用的参数，因此这些值与之前得到的随机变量并不相同。我们甚至不需要对这些额外的参数命名；第一个参数会被认为是位置排在最前面的参数，而其余的参数将会被...所捕获。

```
set.seed(1)
nestedFunction(3, 1, 2)
#> [1] 1.265509 1.372124 1.572853
```

这一特性通常还有一个用处，就是当函数的参数数量不确定的时候——如 sum()，它会计算其参数的和，无论这些参数有多少个，并且每个值都不需要名称。

```
sum(12, 13, 9, 11)
#> [1] 45
```

相似但不同

警告：不同的函数具有不同的处理、名称，以及其参数的默认值。由于 sum()接受任意数量的参数并且会计算这些参数值的和，因此我们可能会期望 mean()(计算平均值)也进行类似的处理。当然，如果是这样的话，我就不会刻意提它了。

sum()函数的帮助文件(使用?sum)表明，第一个参数(也是唯一的未命名参数)是...，它表示"此处未明确命名的任意数量的变量"。

```
sum(1, 2, 3, 4)
#> [1] 10
```

试试将这些参数用于 mean 函数，它应该计算平均值:

```
mean(1, 2, 3, 4)
#> [1] 1
```

结果似乎不太对。那些值的平均值是 2.5。如果再看看其帮助文件(?mean)，它表明 mean()具有一个 x 参数，位于...之前，而其中的 Value 描述提到，这个函数计算的是 x 的平均值。在这个例子中，该函数期望的是将多个值存储在 x 中。在后面介绍将值组合成较大的结构时，将会对这一处理方式进行讲解。

提示：你很可能希望至少查看一次所使用的每个函数的帮助文件。在内容完善的帮助文件中，会包含如何以及何时使用一个函数的有用描述、要注意的可能风险，以及其他类似或相关函数的链接。如果正在使用一个函数而没有得到期望的结果，那就应该第一时间查看帮助文件。

4.1.7　部分匹配

R 做了很多事情以尝试帮助我们完成工作。不管怎样，这些事情中的许多都涉及语言的奇怪特性。例如，如果提供一个完整的参数名称，而 R 又清楚具体是哪一个参数的话，那么它会认为这就足够了。

这一行为被称为参数的部分匹配，它可能会带来好处(很少)，也可能会带来坏处(很常见)。假设我们希望生成 10 个随机数，要从一种正态分布中抽取它们[1]。生成这些值的函数是 rnorm()，stats 包中默认提供了这个函数。它具有以下参数:

- n——要生成的值的数量
- mean——该正态分布的平均值(默认是 0)
- sd——该正态分布的标准差(默认是 1)

调用这个函数会生成随机数，这些随机数有较大可能性位于平均值附近(在这个例子中，默认值是 0)。同样，使用 set.seed()函数来重新随机生成样本。使用 rnorm 选取 10 个值:

```
set.seed(1)
rnorm(n = 10)
#>  [1] -0.6264538  0.1836433 -0.8356286  1.5952808  0.3295078 -0.8204684
#>  [7]  0.4874291  0.7383247  0.5757814 -0.3053884
```

mean 和 sd 参数的默认值分别是 0 和 1。如果希望使用不同的参数调用 rnorm()，这当然是可以的。

```
set.seed(1)
rnorm(n = 10, mean = 10, sd = 2)
```

1　完全清楚这意味着什么并不重要；这里只是指出生成每个数字的可能方式。在这个例子中，更可能生成的是接近于 mean(平均)值的数字。

```
#> [1] 8.747092 10.367287 8.328743 13.190562 10.659016 8.359063 10.974858
#> [8] 11.476649 11.151563 9.389223
```

不过我们可以偷一下懒，仅提供足够 R 知晓我们打算使用哪些参数的变量名称数量即可。

```
set.seed(1)
rnorm(n = 10, m = 10, s = 2)
#> [1] 8.747092 10.367287 8.328743 13.190562 10.659016 8.359063 10.974858
#> [8] 11.476649 11.151563 9.389223
```

注意，这里并没有指定 mean 和 sd 参数，但 m 和 s 可以唯一地部分匹配这两个参数，所以 R 会继续其处理。这对于使用命名参数(这些参数被称为形式参数)来定义的函数而言是有效的，但是对于使用捕获所有输入值的…来定义的函数而言就没什么作用，因为其中不会指定参数必须具有的名称。

正如你可以想见的，其处理并非总是很顺畅。通常各个参数名称的开头都会有许多共用的字母，因此最好不要完全依赖这一行为。例如，如果不想使用正态分布，而是打算从上一节中介绍过的均匀分布中抽取随机数，则可以调用 runif()函数。使用完整的命名参数来调用这个函数会得到预期的结果。

```
set.seed(1)
runif(n = 10, min = 0, max = 1)
#> [1] 0.26550866 0.37212390 0.57285336 0.90820779 0.20168193 0.89838968
#> [7] 0.94467527 0.66079779 0.62911404 0.06178627
```

不过尝试仅用单个字符进行部分匹配的做法会失败，因为它并不会唯一地匹配单一参数。

```
set.seed(1)
runif(n = 10, m = 5)

#> Error: argument 2 matches multiple formal arguments
```

最好的做法是，总是完整地指定参数名称，以便能够不依赖这一不太可靠的特性，也不会由于仅按照位置将原始数据赋值给参数而造成困惑。

4.1.8　作用域

重要的是要理解对于函数内所创建和操作的变量进行了什么处理。之前介绍过，一旦变量被用作参数的值，那么无论函数内部发生什么，它都不会受到影响，但是如果尝试用同一名称创建一个内部变量会发生什么事情？当然，最简单的验证方式就是尝试！

```
x <- 2        创建一个值为 2 的变量 x

print_x <- function(x = 7) {
```

print_x()函数有一个名称为 x 的参数，其默认值为 7

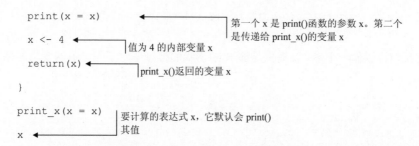

```
    print(x = x)
```
第一个 x 是 print()函数的参数 x。第二个
是传递给 print_x()的变量 x

```
    x <- 4
```
值为 4 的内部变量 x

```
    return(x)
}
```
print_x()返回的变量 x

```
print_x(x = x)
x
```
要计算的表达式 x，它默认会 print()
其值

要跟踪的 x 的实例很多。经过反复尝试，你可能能够弄明白 R 所遵循的规则，不过此处将介绍这些规则是什么，然后你可以推测一下最后的计算将生成什么结果。

大部分编程语言都具有某种作用域的概念——与变量(或者说是对象)具有相关性的代码部分。想想我们周围人的名字：Alice、Bob、Chris……这是与我们有关的最大范围的"人名"。现在，假设我们搬到了另一个国家，远离了熟知的每一个人，并且随着逐渐结交一些新朋友而开始创建一组新的人名。这组人名的范围比较小，因为就我们的新家而言，它现在对于我们更具相关性。其中一些新结识的朋友的名字可能与我们之前认识的老朋友的名字相同——两个 Bob 仍旧是不同的人，他们只是具有相同的名字标签而已。

同样，在 R 计算函数内的指令时，它会创建新的变量，这些新变量的名称与该函数外所定义的变量名称可能相同也可能不同，不过从内部看它们的内存地址(如果从人名那个例子来看，也就是人们的姓氏)是不同的。因此，print_x()函数中的内部变量 x可以使用与 x 相同的名称，但它是一个专用于该函数的新变量。可以将其视作 x_2(如果这有帮助的话)。标签 x 只是为了方便理解——R 知道它在做什么。一个函数作用域内定义的变量通常都被称为本地变量。我们仍旧使用赋值运算符<-来存储这些变量的值，但它们都仅存储在(存在于)该函数的作用域中。

一旦该函数执行完成，这些变量又会如何呢？而这正是不同国家的人这一类比会失效的地方。在我们返回老家之后，"当地"的 Bob 可能还健在，而函数内创建的本地变量则不存在了。这正是函数化编程范式的一部分；数据应该保持不变，并且函数不应具有副作用，也就是说仅计算一个函数不应改变任何数据。

你能否推测出之前的代码会生成什么结果？我们现在知道，尽管该函数会临时创建另一个名为 x 的变量，但 x 的值不会被该函数修改。我们通过代码来看一下。首先将 2 这个值赋予 x：

```
x <- 2
```

现在定义该函数：

```
print_x <- function(x = 7) {
  print(x = x)
  x <- 4
  return(x)
```

```
}
```

如果使用赋予参数 x 的变量 x 来计算这个函数，则会看到以下输出：

```
print_x(x = x)
#> [1] 2
#> [1] 4
```

第一个结果来自 print()函数，该函数会打印本地变量 x 的值。由于没有将该函数的返回值赋予任何对象，因此它也会被打印到控制台。如果现在检查 x 的值：

```
x
#> [1] 2
```

就会看到它仍旧保持不变。

如果仅计算这个新的函数而不使用任何参数，又会如何呢？

```
print_x()
#> [1] 7
#> [1] 4
```

在这个例子中，由于并没有指定 x 的本地版本应该是什么值，因此它会被赋予默认值，也就是 print()函数接收到的值。这个值会被打印，然后这个本地变量会被赋予值 4，它会被返回继而被打印。不过，原始的变量 x 仍旧保持不变。

```
x
#> [1] 2
```

针对这种情况的一个有效解决方案是恰当地对变量命名。x 几乎总是数据名称的一个糟糕选择，但如果它是一个完全通用的输入，那么它作为函数的参数而言是合理的。

一旦函数计算完成，本地变量就会被销毁，这意味着无法在该作用域之外访问它们。如果尝试这样做，R 会返回一条错误。

```
y_in_scope <- function(y) {
  print(x = y)
}

y_in_scope(y = 5)
#> [1] 5
```

此处，y 的值仅存在于该函数作用域内，因此不能在其外部使用它。

```
y

#> Error: object 'y' not found
```

这会带来极大的好处——如果一个函数需要执行几个中间步骤，那么中间值仅会存在于函数运行期间。函数计算完成之后，其输入和输出仍旧存在，因此不必使用多余的变量。

当 R 尝试找出一个变量的可能值(如果有一个值)时，它将搜索不同级别的作用域。它首先会搜索表达式所在的作用域(函数或工作区)。如果 R 无法在该作用域中找到一个具有该名称的变量，它会逐步转向范围更大的作用域。因为存在函数嵌套，所以 R 会按照这些函数的调用顺序逐步向上搜索，直到搜索到工作区。如果最终无法找到该变量，它会搜索已加载和已附加的插件包(参见 4.2 节关于插件包的探讨内容)。只有在 R 无法在其中任何一个位置找到该变量时，它才会返回前面那条错误消息。

这样的机制非常有用，但也是非常危险的。前面的示例表明，变量 y 不会存留在其函数作用域之外。不过，也会出现相反的场景，例如当工作区中的一个变量未在函数中被定义的时候。在这种情况下，当在函数作用域中查找该变量失败之后，R 将查看更广的作用域(工作区)以检查是否可以在返回错误之前找到该变量。

```
does_not_contain_z <- function(x = 1) {
  print(x = z)
}
```

这有些危险，因为在隔离状态下，这个函数会执行失败。这个函数的作用域看起来并不知道 z 这个变量。这是必然的:

```
does_not_contain_z()
#> Error: object 'z' not found
```

不过如果工作区确实包含变量 z，那么 R 会在将其搜索范围扩大到更大作用域时找到它。

```
z <- "apple"
does_not_contain_z()
#> [1] "apple"
```

这个示例和之前那个全是 x 变量的示例之间的区别在于，print_x()的确包含一个变量 x，因此 R 会在该函数的作用域内创建一个新的 x 变量。此处，R 会扩大其搜索的作用域，直到找到(或未找到)变量 z 为止。

基于此，我们可以定义一些变量，让它们对于所创建的函数总是可用，并且使用它们的前提是，函数未定义具有相同名称的其自己的变量版本。这些变量通常被称为全局变量，因为它们总是被定义好的。工作区中所定义的一切变量都是全局变量，因为这个作用域比我们创建的任何函数的作用域都大。

提示:使用恰当的变量名有助于避免任何冲突——让本地变量名称对其作用域有意义，并且确保总是用一些值去定义它们。

R 总是会从最小的作用域开始处理，因此可以通过定义一个本地 z 变量来避免之前的场景，即便这个 z 变量是无意义的。

```
z <- "apple"
does_contain_z <- function(x = 1) {
  z <- "nothing"
  print(x = z)
}
does_contain_z()
#> [1] "nothing"
```

重要的是要注意，在计算函数定义时，R 将仅部分检查该函数是否合理。R 将检查小括号和大括号是否完全匹配，以及函数体是否包含有效的 R 代码，但它不会检查变量或其他函数是否必然存在。这是由于我们刚刚讨论的作用域造成的；也可以在被定义在更大作用域中的函数外部定义变量和函数，这样一来在定义新函数时，R 就没办法检查这些变量和函数了。

这对于递归而言是很有好处的，递归指的是执行一个调用其自身的运算。我们可以定义一个 factorial()函数，它会计算 n×(n-1)×n-2)×...×1 的乘积。为此，要么从 n 递减到 1 地循环遍历所输入的 n 的值，要么需要实际地反复多次使用更小的数字进行乘法运算。在计算到 1 的时候停止，此时将返回最终的结果值。进行此处理的函数看起来可能是如下这样的：

```
## returns x*(x-1)*(x-2)*...*1
factorial <- function(x) {

  ## if the input is 1, just return the input
  if (x == 1) {
    return(x)

  ## if the input is not 1, calculate x * factorial(x - 1)
  } else {
    return(x * factorial(x - 1))
  }
}
```

现在，在计算这个函数之前，R 并不清楚 factorial()函数的结构是什么样的，不过它是可以被定义的，而这对于 R 来说完全足够了。只要在开始计算这个函数定义时，factorial()的定义存在，那么这个函数就可以被调用。在调用它时，R 会进行检查以确保它清楚它正在查找的函数(根据之前所探讨的作用域规则)并且找到这个函数，因为我们已经定义了该函数。尽管之前的调用已经在处理过程中，但 R 再次调用该函数是没什么问题的，因为它会为 factorial(x-1)这一新的调用创建另一个较小的作用域。R 会持续进行这样的处理，直到递归完成后退出——这是在检查到输入是 1 时才允许执行的操作[1]。我们可以检查该递归函数是如何进行累积的，并且将之与手动计算的方式进行对比，还可以将之与 base 包中的内置版本进行对比[2]：

```
c(factorial(3), 3*2*1, base::factorial(3))
```

1　知道阶乘函数的正式定义可能会有所帮助，该函数通常写作 x!，它定义了值 1! == 1。
2　base::factorial()的计算速度要比示例版本快 6 倍，其中部分原因是因为它是用 C 编写的。

```
#> [1] 6 6 6

c(factorial(6), 6*5*4*3*2*1, base::factorial(6))
#> [1] 720 720 720
```

接下来将介绍如何用插件包来扩展目前可用的各种函数。

4.2　插件包

R 的默认安装提供了大量函数来完成各种任务,这些函数是以插件包的形式捆绑在一起的。在这些插件包之中,最基础的插件包是 base 包,它与几个像 pi 这样的预定义值共同定义了 R 语言的基础结构。

定义:插件包是函数和数据的集合,它们扩展了 R 语言的功能。

通过使用 help()函数来请求 base 包函数的列表,我们可以非常容易地检查所有的 base 包函数:

```
help(package = "base")
```

还可以使用 Environment 选项卡的下拉框来查看完整的名称空间(显示特定插件包的名称空间而非全局环境)。这个插件包包含了我们到目前为止已经使用过的许多函数,其中包括 print()、as.integer()和 typeof()。

base 包中还提供了常用的汇总函数,如 sum()、mean()、length()和 nchar()。此外,还有几个 R 安装默认捆绑的插件包,它们提供了一些必要的功能。utils 包包含许多函数,这些函数可以与更广泛的系统进行交互,如读取文件。stats 包包含了执行统计检验的函数,以及其他一些函数。graphics 包提供了基础的绘图功能,而 datasets 包包含大量的内置数据集,并且由于它们是与所有的安装捆绑在一起的,因此它们有助于提供良好的测试/示例值。

预安装的函数对于我们希望执行的分析而言常常是不够的。如果我们理解需要做的事情并且可以自己编写函数,那么 R 是接受这样的做法的。不过,在许多情况下,这样的工作已经有人承担,并且将其发布为可用插件包,其发布地址可能是 R 归档网络(CRAN,它会完成各种测试以确保这些插件包可以安装在各种操作系统上而不会出问题)、Bioconductor(另一个 R 插件包的开源仓库,专用于基因研究),或者像 GitHub 这样的版本控制仓库(其中测试工作是由作者自己执行的,不过它的优势在于更广泛的社区输入以及更快速的开发进程)。

迄今为止,CRAN 上大约提供 12 000 个插件包。当我们需要一个函数来执行比较广为人知的任务时,很可能有一个插件包已经包含这样的函数。这里所说的插件包的质量(即更新程度、准确性以及易用性)并不是有保障的(虽然令人意外的是,CRAN 上很少有插件包是损坏的)，不过就开源软件而言，总是会有人去改进它。这些插件包是由各种水平的 R 用户所编写——其中有新用户，他们会查漏补缺地创建可能仅使用几次的插件包；不过也有全职的 R 开发人员，他们会扩展现有语言的边界并且创建奇妙的新方式来与数据进行交互。

可以在 https://cran.r-project.org/web/packages/ 处找到 CRAN 上的可用插件包列表，并且这些插件包都是按照名称或发布日期来排序的。我发现，查找相关插件包的最容易的方式是在查询搜索引擎时，使用与我们尝试进行的处理有关的描述文字加上 R 或者 rstats。像这样的搜索通常会得到一个讨论区或者 Stack Overflow 的问题/答案，其中会有推荐的插件包。

定义：依赖项就是额外所需的(单独的)插件包，它包含代码/数据以启用插件包内的功能。一个插件包可能具有许多依赖项，并且 R 插件包框架允许按需正式列出和安装那些依赖项。

在通过编写插件包来扩展 R 时，我们不需要重新发明轮子(或者说我们不需要再编写一套已经存在的所有功能)。插件包的作者可以利用其他插件包的函数，当他们这样做的时候，插件包就会依赖其他的插件包。R 会保持跟踪这些作为插件包框架的一部分的依赖包：在安装一个插件包时，也会安装所有的依赖项，因此所有的功能应该都是可用的[1]。例如，dplyr 包依赖 Rcpp 包，因为 Rcpp 包含 dplyr 所依赖的与 C++ 代码交互的函数。通过允许使用这些依赖项，通用的功能可以被隔离在较小的插件包中，这样一来其他许多插件包都可以利用它们了。

4.2.1　安装插件包

为了根据名称从 CRAN 安装一个插件包，install.packages()采用插件包名称作为其第一个参数，而这通常足够了(其前提是已经设置了 CRAN 或者 CRAN 的本地镜像作为搜索仓库，否则 R 可能会进行提示)。要安装流行的绘图包 ggplot2，可以输入以下命令：

```
install.packages("ggplot2")
```
← 第一个参数 pkgs 要求传入字符串
——要安装的插件包的名称

控制台中将出现的信息(如果一切正常)是安装一个插件包的过程中所执行的步骤的摘要：通常是下载、解压、安装依赖项、编译、验证，以及最后安装这个插件包。所有这些都是自动执行的，很少需要人工介入。如果执行成功，则会显示类似于下面这样的信息：

1　也有些例外情况，如被列为 Suggests 的包；这些包都不是被严格要求的，不过它们的确提供了进一步的功能，如用在示例、插图或者很少用到的函数中。

```
* DONE (ggplot2)

The downloaded source packages are in
    '/tmp/RtmpTf0kV8/downloaded_packages'
```

不过，要记住，插件包的安装只是让其可用于加载(将函数定义读入内存中)和附加(将函数名称添加到搜索列表中，这样才能查找它们)。我们仍旧需要在可以轻易地使用函数之前对插件包进行加载和附加，这一过程可以使用 library()函数来完美执行。

```
library(ggplot2)◄────
```
第一个参数 package 可以是字符串(要加载和附加的插件包名称)，不过也可以是这个插件包的无修饰名称(不带引号，如这里所示)

要分离一个插件包(如果真的决定需要这样做)，那么最简单的就是重启会话(RStudio 快捷方式：Ctrl+Shift+F10)。有一些函数可帮助分离单个插件包，不过这些函数都要求作细致的处理以确保依赖项也被(或者不被)移除。

一个常见的插件包安装问题

在尝试安装一个插件包时，我们常常会碰到 R 发出警告，表明要安装的插件包不可用于当前的 R 版本。

```
install.packages("bloopblorp")
#  Installing package into '/home/user/your/R/library
#> (as 'lib' is unspecified)
# Warning message:
# package 'bloopblorp' is not available (for R version 3.4.3)
```

有时这是因为错误地输入了我们想要使用的插件包名称(例如将 ggplot2 输入成ggplot)。其他时候可能是因为插件包明确需要较新版本的 R。其中部分原因是，CRAN要求新的插件包使用最新版本的 R 来构建，并且 CRAN 会对其用户强制执行相同的要求。无论如何，好的做法都是保持更新到最新稳定版本的 R，这可能会解决这个问题。

通过搜索 Stack Overflow R 标签问题的存档(189 930 个问题，其时间跨度为 2008年 9 月到 2017 年 10 月，参见 www.kaggle.com/stackoverflow/rquestions)，我看到了 312条包含短语"不可用于 R 版本"的检索结果，这意味着该问题是很常见的。

一旦插件包被安装，就不再需要 install.packages()步骤了，除非要将这个插件包更新到较新版本。当下一次我们希望利用一个已安装插件包的一些功能时，使用 library()函数(以及将插件包名称作为参数)就够了。不过，按照这种说法，那么每次启动一个新会话时(例如，退出和重新打开 RStudio)都需要调用 library()。这是可以简化的，只要在启动任何新会话的时候加载特定的插件包，或者在脚本开始处将那些 library()调用分组到一起即可。

警告：在将一个插件包升级到较新版本时，要非常仔细地阅读其更新日志，其中会详细列出所有的重要变更。新版本并非总是为了修复问题——其中也会包含涉及函数调用方式变更(不同的参数、不同的默认设置)的改进措施，并且这些改进会对我们的代码产生意外的影响。

如果希望使用并非托管在 CRAN(如 GitHub)上的"处于开发过程中"的插件包，那当然也是可以的，不过最好要理解其中涉及的权衡取舍。CRAN 上托管的插件包都经历过详尽的测试过程，以确保它们满足特定的条件(具有文档、通过所有的一致性检验、正确安装、正确引用依赖项等)。GitHub 上的插件包所处的状态取决于其开发人员，并且无法保障这些插件包会做什么样的处理。也就是说，许多使用 GitHub 的人都乐于冒这样的风险，并且到目前为止，我还没有听说有什么造成严重后果的案例。

要从 GitHub 上安装一个插件包，首先需要具备从其原始源处构建插件包的能力(通常可以从 CRAN 上获得已经编译好并且准备好投入使用的二进制插件包)。对于 R 开发人员而言，最高级的包是 devtools，可以在 https://github.com/r-lib/devtools 处阅读到与如何安装其依赖项有关的更多内容(其中可能包含用于 Windows 的 RTools 或者用于 Mac 的 Xcode)。一旦安装了这个插件包(使用 install.packages("devtools"))并且加载了它，就可以从外部源安装插件包。要安装 https://github.com/username/repository 处所托管的插件包，可以运行以下命令。

安装来自 CRAN 的 devtools 包。此处包名的引号是必需的

加载和附加 devtools 包。此处包名的引号不是必需的

```
# install.packages("devtools")
library(devtools)
install_github("username/repository")
```

注意，这个函数的名称未包含句点，而是一个下划线

在适合展示一段需要扩展插件包的代码时，我都会添加 install.packages("package") 和 library(package)行，并且将安装步骤注释掉，你仅需要安装这些插件包一次即可(除非要对其进行升级)。如果还没有对插件包进行安装，则需要去除该行的注释符号(或者将其输入控制台中)并且运行它。

函数的插件包作用域

对于一个函数而言，并不能保证两个插件包不会使用相同的名称。为了明确指定要从哪个插件包的作用域中使用一个函数(或变量)，要在其名称前加上插件包和两个冒号。这适用于多个插件包都提供了具有相同名称的函数的情况，或者也可用于我们编写的一个函数用到与插件包函数相同的名称的情况。例如，如果编写了一个 sum() 函数，那么即使 base 中已经提供了一个相同名称的函数，我们仍旧可以同时使用这两者，只要使用插件包前缀来明确指定请求 base 中的函数。

```
# A bad 'sum' function which just returns 0
sum <- function(...) {
  return(0)
}
```

```
sum(1, 2, 3)
#> [1] 0
# Explicitly use the 'base' version
base::sum(1, 2, 3)
#> [1] 6
```

如果不希望仅为了使用单个函数而加载整个插件包，那么这样的用法也会很有用。例如，我们可能希望仅使用 devtools 的 install_github()一次，那么可以像下面这样做：

```
devtools::install_github("username/repository")
```

4.2.2　R 如何获知这个函数

对于刚开始使用 R 的人来说，其中一个最常见的错误就是发现一个函数看起来似乎是未定义的。

```
someFunction()
```

```
#> Error: could not find function "someFunction"
```

在 Stack Overflow 数据存档(上一节中提到过)中搜索上面的错误消息("无法找到函数")会得到 942 条结果——问题库中 0.5%的问题都包含该错误消息。因此如果遇到这个错误，请别担心，我们都碰到过这个问题。

当 R 无法找到要计算的表达式中所出现的函数的任何定义时，就会引发这个错误。为了理解 R 不知晓某些函数的原因，我们首先需要理解 R 是如何知晓其他函数的。

在关于作用域的探讨中，我们讲解过，R 将逐步查找更广的作用域来找到我们所请求的变量的值，从函数内部开始一层层向外扩展查找。函数的搜索方式也是类似的。如果在工作区中定义一个函数，那么其包含的代码就会被存储在全局名称空间中。名称空间只是指定作用域中对象(变量、函数、插件包)名称的列表而已。

就像变量一样，如果将一个函数定义在另一个函数之中，那么也就定义了其作用域的限制，并且无法在其他地方调用该函数。在请求 R 计算一个函数时，它会在全局名称空间中搜索其中所定义的所有函数。如果无法找到，那么 R 会将其搜索范围扩大到其搜索路径中的插件包。

注意：出现在搜索路径中而将在作用域搜索时被找到的插件包是那些已经使用安装函数和 library()函数安装、加载并且附加的插件包。附加一个插件包意味着插件包的内容最终会被添加到搜索路径，因此其中的函数可供我们使用。仅安装一个插件包并不足以让其可供我们轻易地使用。

这意味着名称空间具有层次结构。假设我们附加了包含函数 blorp()的 packageA，然后附加了包含另一个版本的 blorp()的 packageB，之后又定义了我们自己的 blorp()版本，那么每次 R 都会为该函数加上掩码(有可能会进行提示)。调用该函数将使用来自最小作用域的定义：在这个例子中就是全局名称空间中的定义。要在不加载整个名称空间的情况下使用来自一个安装好的插件包中的函数(例如，为了避免出现掩码)，则要使用两个冒号来进行指定，它会告知 R 在何处搜索函数——例如，packageA::blorp()。

4.2.3　名称空间

名称空间的另一个名称是环境。之前介绍过，在全局环境中定义变量会让这些变量出现在 RStudio 工作区窗口的 Environment 选项卡中。你可能已经注意到，这个窗口顶部的下拉框默认会列出全局环境。单击该下拉框能选择要列示的另一个环境，并且会列出当前已加载和已附加的插件包。选择其中一个将显示这个插件包的名称空间——通常是函数的一份较长列表[1]。

回到最初的问题：当 R "无法找到 someFunction 函数"时到底出了什么问题？希望你现在已经弄明白，这是因为 R 已经搜索了全局名称空间以及所有已加载和已附加的插件包名称空间，并且没有找到一个匹配 someFunction()的定义。这意味着，要么包含该函数的插件包还未安装，要么就是其还未被加载。

要检查的一件事就是，这个插件包是否已经被加载，或者在检查加载失败的情况下，检查这个插件包是否根本就未安装。可以使用函数 loadedNamespaces 来列出所有已加载的名称空间：

```
loadedNamespaces()
#>  [1] "compiler"  "magrittr"   "graphics"  "tools"     "utils"
#>  [6] "switchr"   "grDevices"  "stats"     "datasets"  "stringi"
#> [11] "knitr"     "methods"    "stringr"   "base"      "evaluate"
```

或者查看 Environment 窗口下拉框中的列表[2]。如果其中没有，则可以检查它是否已安装。最简单的方式就是浏览相同位置的帮助窗口中的 Packages 选项卡。如果那里没有列示，则这个插件包就没有被安装。就目前而言，R 默认提供的插件包有很多功能已经足够我们探究，不过安装另一个插件包并且不使用它也不会有什么坏处。

对象的掩码

现在我们已经介绍了当 R 无法找到一个函数时会发生什么，但是当它能找到该函数并且我们尝试使用一个插件包，而这个插件包也具有相同名称的函数时，又会发生什么呢？例如，假设我们已经编写了一个 count()函数，该函数会返回一个字符串中的字符数量(base 包中已经提供了这样的函数——nchar())。

1　所列出的这些函数通常会带有<Promise>标记，因为 R 会延迟加载(延迟正式定义)非必需的对象，直到要使用这些对象的时候才加载。如果尝试在控制台中输入其中一个函数的名称，那么 RStudio 的代码检查工具就很可能足以充当将<Promise>变成完整函数的触发器。

2　注意：这些名称空间可能完全不同于我们在自己的会话中尝试执行这个命令时所得到的名称空间，这取决于当前我们在会话中所使用的库是什么。

```
count <- function(string) {
  nchar(string)
}
count("abcde")
#> [1] 5
```

然后尝试使用 dplyr 包，它也包含一个 count()函数(它具有一个更为有用的实现)。

```
# install.packages("dplyr")
library(dplyr)
#
#> Attaching package: 'dplyr'
# The following object is masked _by_ '.GlobalEnv':
#>
#>    count
# The following objects are masked from 'package:stats':
#>
#>    filter, lag
# The following objects are masked from 'package:base':
#>
#>    intersect, setdiff, setequal, union
```

这个 count()函数的优先级最高，因为它位于全局环境中。其他一些函数都是基于其他插件包来增加掩码的，因为现在 dplyr 在搜索路径上具有较高的优先级(一个插件包的加载和附加时间越近，其优先顺序就越高)。

4.3 消息、警告和错误

不可避免的是，迟早都会出现不正常的情况，并且 R 会告知我们这一切。这些提示信息会以文本形式出现在控制台中，它们的开头处没有命令提示符(>)，并且可能会与正常输入命令文本有颜色上的区分。

R 具有几种不同的信息类型，它可以将这些类型的信息发送给我们，其内容与最近的计算有关。

- 消息——这并不意味着出现了什么错误，只不过是编写触发该消息的函数的开发人员允许 R 告知我们一些信息——可能是一些与数据结果有关的附加信息，或者可能仅是一条提醒，表明该函数将在后续的版本中具有不同的行为。这些消息将立即被打印到控制台，并且不会停止命令(或脚本)的运行，不过也不要得意且忽略它们；与函数掩码有关的消息是非常重要的。
- 警告——可能会发生一些意外的事情，它们不是很严重但也是非预期的。这可能与所介绍的 NA 值一样是无害的，或者是与回归模型未收敛而优雅退出一样严重的问题。R 会持续跟踪所累积的警告，并且一旦命令(或脚本)执行完成，它就会将这些警告打印到控制台。
- 错误——当处理完全失败时会引发错误。这些错误通常会造成命令(或脚本)

过早地退出，并且需要仔细地检查以便诊断问题症结所在。这些错误会被立即打印到控制台，并且作用域将恢复到全局环境，使得函数调用内产生的错误有些难以诊断(因为所有的本地变量都将在我们重新获得会话控制时被销毁)。

4.3.1　创建消息、警告和错误

研究下列这些示例并且观察不同的输出。

1. 消息

我们可以创建一个生成一条消息的函数。message()函数会使用任意数量的可以将其转换成文本并且粘贴到一起的对象。单个字符串也非常有用：

```
raiseMessage <- function() {
  message("Keep going, you'll be a useR in no time!")
}
```

调用这个函数以便观察其作用：

```
raiseMessage()
# Keep going, you'll be a useR in no time!
```

注意，此处没有提供任何上下文——这条消息只是被打印到控制台而已。这条消息也并没有以[1]开头，因为它并非一个返回值。

2. 警告

警告的表现会有所不同。这些警告会进入队列，直到表达式运行完成，此时会生成一份摘要。如果产生了 10 条或者更少的警告，那么它们会被打印到控制台。如果产生了 10 条以上的警告，则会提示警告的数量以及使用 warnings()函数来浏览所有警告(至少前 50 条)的指示。如果累积了至少 50 条警告(只要知道如何重复操作，那么这将毫不费力地达成)，那么 R 会显示一条包含以下内容的消息。

```
There were 50 or more warnings (use warnings() to see the first 50)
```

正如其所表明的那样，可以使用 warnings()函数来列出这些警告。

可以创建一个函数来生成一条警告。

```
raiseWarning <- function() {
  warning("Ouch! Please don't do that.")
}
```

运行这个函数，我们可以注意到其输出中所具有的不同颜色(这取决于我们的主题设置)。

```
raiseWarning()
# Warning message:
# In raiseWarning(): Ouch! Please don't do that.
```

此处显示了一些上下文,其中包含与警告有关的文本。比较好的做法是在所有运行完成时检查控制台。

3. 错误

尽管我们不太可能希望随意地终止函数运行,但还是可以创建一个函数来执行此处理。不同于其他两个命令,这个命令并不遵循相同的命名模式(在这种情况下,这个函数会被称为 error)。而 stop()函数会执行一次终止处理[1]。

```
raiseError <- function() {
  stop("I'm sorry, Dave, I'm afraid I can't do that")
}
```

可以在几个操作的中间运行这个函数(虽然时间很短)。

```
a <- 2; raiseError(); b <- 3
#> Error: I'm sorry, Dave, I'm afraid I can't do that
```

回顾一下 1.4.1 节,由分号分隔的命令可以放在同一行中。注意,此处的变量 b 绝不会被赋予其值;检查 Environment 窗口并观察一下,a 会被列示出来,但 b 不会——只要遇到该错误,执行过程就会被终止。当一大块代码的执行处理中间遇到错误时,问题就会变得比较棘手,因为我们并不清楚到底哪些代码块已经被执行过。在遇到错误时,通常比较好的做法是修复该问题,然后重新启动一个新会话。

如果我们确实不希望在满足一个条件的时候再执行代码,那么可以在函数或脚本内使用 stop()。在这种情况下,可以在退出前使用另一个函数来执行验证。

```
smallValueCheck <- function(x) {
  stopifnot(x < 10)   ◄─────────────┤  <是小于运算符
  message("Look, the function made it this far!")
}
```

可以使用一个“较大”的值来计算这个函数(小于 10 是避免该错误所需满足的条件;如果该条件不为真,则执行过程会停止)。

```
smallValueCheck(20)
```

1　这是由于该 stop 函数所做的处理远不止终止代码执行;R 可以捕获这些错误并且以更为精细的方式来处理它们,而不只是终止该执行过程,不过这部分内容超出了本书的范畴。

```
#> Error: x < 10 is not TRUE
```

但如果尝试使用"较小"的值，那么所有过程都将正常执行。

```
smallValueCheck(5)
# Look, the function made it this far!
```

注意，并没有具体的错误消息会提供给 stopifnot()函数本身。这个函数的帮助文件(通过?stopifnot())表明，所有的参数都必须是 TRUE(非 NA)才能避免终止代码执行。所输出的语句将表明，第一个参数并非 TRUE；如果需要许多验证，则可以在 stopifnot()调用中用逗号分隔这些验证。

消息、警告和错误将不可避免地在某个时候出现。接下来将介绍如何处理它们。

4.3.2　诊断消息、警告和错误

我们不需要特别关注消息，但如果消息出现得过多或经常自行出现，那么它们就会形成干扰。常出现消息的一个常见场景是使用 library()加载和附加一个插件包，而这个新插件包对已经定义的对象加上掩码的时候。之前 4.2 节中对此做过介绍，也就是加载和附加 dplyr 包的时候，其处理看起来像下面这样(如果启动一个干净会话)。

```
library(dplyr)
#
#> Attaching package: 'dplyr'
# The following objects are masked from 'package:stats':
#>
#>      filter, lag
# The following objects are masked from 'package:base':
#>
#>      intersect, setdiff, setequal, union
```

此处显示的是一些可能有用的信息，它们表明包 dplyr 的名称空间已经在搜索列表中取得比其他一些名称空间更高的优先级(回顾一下 4.1.8 节)。如果已经熟悉这些信息并且不需要再被提醒，那么这就会变得有些烦人。尽管任何消息都可能在未来发生变化，并且我们真的应该关注它们，但还是可以使用 suppressPackageStartupMessages()函数来避免它们的出现。

```
suppressPackageStartupMessages(library(dplyr))   ◄───┤ 不产生输出(无消息)
```

可以使用 suppressMessages()函数来避免一般消息的出现。由于它们是被打印到控制台，因此我们并不需要对其做过多的处理。

如果产生了 10 条以上的警告，则要使用 warnings()函数来查看它们的列表。警告文本将被打印到控制台，并且有可能提供充分的信息以便我们诊断出问题的原因。使用 suppressWarnings()可以避免显示警告信息。

错误通常都是搅局者，因此不出所料的是，有一种更为彻底的方式来处理它们。

如果代码的执行由于一个错误而停止,则可以请求在代码停止执行之前 R 所记录的与其执行过程(调用哪些函数)有关的跟踪日志。traceback()函数会打印调用栈:R 所执行的表达式、可能是与其源有关的表达式的行号,以及一些使用中的值。

这个函数的好处存在很大的变数;有时它会指向一块很容易就能识别出的代码中的一个有缺陷的表达式。还有些时候,它仅对函数调用进行拆包,而不会真的给出为何代码无法运行的任何指示。traceback()的输出是导致错误的调用序列(其顺序与调用顺序相反,也就是所请求的调用位于最底部)。这很可能涉及许多我们并不熟悉的函数,其中大部分都是我们所使用的函数的内部结构。

此情况的一个示例可能是当我们将一个较大的值传递到之前定义的 smallValueCheck()函数的时候。

```
smallValueCheck(100)

#> Error: x < 10 is not TRUE
```

我们可以更为明确地检查这个错误出现在何处:

```
traceback()
#> 3: stop(msg, call. = FALSE, domain = NA)
#> 2: stopifnot(x < 10) at #3
#> 1: smallValueCheck(100)
```

该错误的起因, stopifnot()
内的 stop()调用

可以跟踪该错误的内部步骤

所执行的调用

在各种情况下,都可以使用 debugonce()函数来寻求调试器的帮助[1]。将函数名称作为参数提供给 debugonce()会告知 R 不要仅执行函数体,还要允许我们来控制命令行的步进执行步骤,以便准确了解其执行过程。要调试之前所定义的 areaCircle()函数,可以将这个名称传递给 debugonce(),这样就能对其进行标记,以便在下一次运行 areaCircle()函数时进行调试。

```
debugonce(fun = "areaCircle")
```

如果现在用一些值来运行 areaCircle(),则会出现一个新的提示,这个提示是以 Browse 作为开头的。

```
areaCircle(3)

debugging in: areaCircle(3)
debug at #1: {
  area <- pi * radius^2
  return(area)
}
Browse[2]>
```

这会标识出我们目前在调试模式中所处的位置。高亮显示的行表明了将被执行的

1　这个工具并不像其名称所表现出来的那样有效,不过它却是非常有用的,调试器不会清除缺陷,但会有助于我们隔离这些缺陷。

下一行。按下 Enter 键或 N 键(即 next，表示下一行)来步进执行 areaCircle()函数体的命令行。尝试进行此处理，并且注意 Environment 窗口现在仅会列出这一较小作用域中所定义的变量(也会列出 areaCircle()作为该环境的名称)。

要退出调试模式，可以按下 Q 键或者单击 Stop 按钮，此时将返回到全局环境和常规的控制台[1]。

> 如果说调试是清除软件缺陷的过程，那么编程就必然是放置这些缺陷的过程。
>
> ——EDSGER W. DIJKSTRA，计算机科学家和图灵奖获得者

现在我们有了自己的函数，并且当 R 在运行它们出错时我们知道能够做些什么，但是它们是否能发挥作用呢？

4.4　测试

如果我们在制造一台机器并且最终完工，那么我们必然不会认为它一定能够如预期般运行，对吗？在我们启动它时，可能会测试其表现是否如我们所设计的一样，为其提供一些期望的输入并且确保我们得到预期的输出，同时没有零件掉落或者输入被卡住。同样，在将函数用于分析之前，我们也必然不会认为它们一定能够正常运行，对吗？

如果一家大公司制造了一台机器，它会进行测试以确保该机器如预期般正常运行。一家好的公司还会进行测试以便查看以另一种可能不那么常规的方式使用该机器时会发生什么事情。一家公司通常会测试当情况变得危险时安全机制是否会生效，或者是让机器运转至强度极限以识别其运转临界值是什么。同样的原则也适用于函数构建。现在看一下这些函数多久会出现失败(或者故障)。

对于我之前列示的值，first_letter_formatted()函数会运行良好，但它有多灵活呢？我们来尝试一些奇怪的输入：

```
first_letter_formatted("3.14159")
#> [1] "3.14159 starts with 3"
#> [1] "3"
```

我们发现它出乎意料地运行良好。如果使用数字而非字符串呢？

```
first_letter_formatted(3.14159)
#> [1] "3.14159 starts with 3"
#> [1] "3"
```

结果也挺不错的。如果是一个存储着数字的变量呢？

```
first_letter_formatted(pi)
```

1　按下 Esc 键也可以退出调试模式。

```
#> [1] "3.14159265358979 starts with 3"
#> [1] "3"
```

同样令人印象深刻。如果是一个负数呢？

```
first_letter_formatted(-7)
#> [1] "-7 starts with -"
#> [1] "-"
```

所有这些场景都能正常运行的原因在于，该函数对输入的参数 word 调用了 substring()。检查这个函数的内部代码就会明白，它所做的第一件事就是使用 as.character(text)将其输入转换成一个字符串。这样的做法几乎总是有效的，因此，对于古怪的输入而言，该函数是相当健壮的。

areaCircle()函数又如何呢？

```
areaCircle("blue")

#> Error: non-numeric argument to binary operator
```

试试看起来像数字的字符串呢？

```
areaCircle("5")

#> Error: non-numeric argument to binary operator
```

其原因在于，该取幂函数(^，升幂)无法处理非数值(如字符)参数，这一点并不令人意外。如果我们需要它具备处理这一场景而又不出问题的能力，则必须增加一些逻辑来确保该^总是接受一个数值型值。第 8 章将对其进行介绍。

测试是确保函数能够正常运行的一种强有力的方式。无论何时创建一个函数，对其进行测试都是一种好的做法，这样才能确保该函数如预期般运行。10.2.1 节中关于单元测试的内容将会介绍如何让测试工作形式化。

4.5 项目：泛化一个函数

假设老板看到了我们的 first_letter_formatted()函数，并且认为它很好，现在我们需要让其能够提取出前两个字母，但这样的情况只是偶尔出现。有以下两种方式可以达成目的：

- 编写一个新的提取前两个字母的函数，并且根据需要使用这两个函数之一即可。
- 为 first_letter_formatted()增加一个参数来指定需要格式化多少个字母。

希望你现在明白，第二个选项才是较为合适的。它会减少重复的代码量，这意味着出现缺陷的可能性较小，并且要保持更新的内容也较少。

我们的任务是：重写 first_letter_formatted()，以便可以提供一个新的参数

nLetters(它具有一个合理的默认值)。nLetters 的值应该被传递给 substring() 的 last 参数，这样它就能提出从位置 1 到位置 nLetters 中的字母。不要忘记对这个新的、更灵活的函数重新命名，因为它已不再仅是提取第一个字母。用文档记录下这个函数的作用、它所期望的参数类型，以及两个测试用例的预期输出应该是什么。

　　在完成这些工作之后，让另一位同事阅读一下这个新函数的定义并且推测一下在给定一些输入时，其结果对象会是什么样子。

4.6　亲自尝试

　　第 3 章中介绍过如何在摄氏度和华氏度之间进行手动转换，不过现在我们知道，可以使用函数来进行例行转换。我们来试一下。

不要忘记添加帮助性的注释

为参数赋予有意义的名称将会极其有帮助

```
# Convert Celsius to Fahrenheit
C_to_F <- function(temp_C) {
  temp_F <- (9L * temp_C / 5L) + 32L
  return(temp_F)
}

# Convert Fahrenheit to Celsius
F_to_C <- function(temp_F) {
  temp_C <- 5L * (temp_F - 32L) / 9L
  return(temp_C)
}
```

为内部变量赋予有意义的名称可以避免我们浪费时间来猜测其意义何在

尽可能清晰地编写计算。这样后续对其进行修改时才会比较容易

明确地返回一个值有助于确保返回我们预期的结果。由于 temp_C 是在上一行被赋值的，因此如果没有使用显式的返回语句，那么调用这个函数时就不会打印任何信息

现在可以使用这些函数来转换任意的数值型温度值：

```
C_to_F(temp_C = 38)
#> [1] 100.4
```

在变量名称中加入其单位的好处在于，错误指定变量的值将引发错误。下面这个示例尝试在其参数定义为 temp_F 的函数中使用参数 temp_C：

```
F_to_C(temp_C = -40)
#> Error: unused argument (temp_C = -40)
```

正确的参数会让该函数能够正确计算：

```
F_to_C(temp_F = -40)
#> [1] -40
```

这两种度量方式都会生成-40°这个相同的值。

4.7　专业术语

- 返回值——一个函数所产生的对象，通常是由 return()函数提供，并且可以将其赋予另一个变量。
- 抽象——以一种更为通用的符号来代表一些概念或者一组操作，如具有非描述性参数的函数。
- 作用域——与变量相关的代码区域，如函数、工作区或插件包。
- 名称空间——指定作用域中变量/对象名称的列表。
- 副作用——存留在作用域外部的所有变化，如图片的生成、数据的更新或者系统的修改，通常与 R 的"函数式"特性是相对的。
- 全局变量——工作区中定义的变量，因此具有最广的可用作用域，也因而可供工作区中定义的所有函数使用。
- 本地变量——在一个较小作用域(如函数)中定义的变量，无法从更广的作用域中访问它。
- 调试——用于在函数作用域范围内步进执行定义该函数的代码，以确定引发错误的原因。

4.8　本章小结

- 函数可以像任何其他数据一样存储在变量中。
- 将表达式抽象到函数中意味着可以重用它们。
- 函数不会修改数据——返回值需要被赋值。
- 函数参数都是被延迟计算的。
- 函数的文档记录会概述其被使用时应该产生什么结果。
- 函数可以传入其他函数作为参数。
- 可以通过名称或位置来提供参数。
- ...参数会捕获所有非形参并且传递它们。
- 如果参数名称都是唯一可识别的，那么它们将被部分匹配。
- 插件包通过提供更多的函数来扩展 R 语言。
- R 将逐层搜索更大的作用域，直到它找到所请求的变量(也可能找不到)。
- R 中的每一个操作都是一次函数调用，即使是那些看起来不像函数的操作(例如+)。
- 默认参数有利有弊。可使用 help()菜单对其进行了解。
- 要关注消息、警告和错误。这些信息并不总是具有最有价值的输出，但它们至少可以帮助我们检查到底是哪里出了问题。

第 5 章

组合数据值

本章涵盖：

- 创建包含分组数据的结构：向量、列表、数据、帧等
- 这些结构如何与缺失数据交互
- 检验和查询这些新结构

到目前为止，我们处理的都只是单值变量，但是现实中不太可能出现全是如此简单的数据的情况。我们需要一种将值组合成数据分组的方式，以便让其共同代表某种较大的概念。R 中为此处理提供了许多方法，并且存储数据集合的方式会影响我们后续与之交互的方式，因此我们来看一下组合数据的一些不同方式。

5.1 简单集合

将值分组到一起的最简单的方式是使用函数 c()。我们可以按照自己的理解随意称呼这个函数，不过单词 concatenate、combine 和 collect 都是好的选择。

警告：由于 c() 是一个函数，因此最好避免将我们的变量命名为 c，这可能会出现

在我们从 a 和 b 开始对变量命名的时候。当然，R 足够智能，它能弄明白我们到底是要使用变量还是使用函数，但在代码中使用 c(c,c) 只会让阅读它的人感到困惑。使用字符"c"作为值是可以的，因为我们在引用它时会加上引号[1]。

将多个值放在一起会形成一个向量，它是由元素组成的。可以使用一项重要规则来创建任何基础(原子)类型值的向量：所有的元素都必须是同一类型的——数值、整数、字符、日期等。c() 会将其所有参数组合成单个向量。

```
c(1.2, 2.8, 3.5)
#> [1] 1.2 2.8 3.5

c("cat", "dog", "fish")
#> [1] "cat" "dog" "fish"

c(TRUE, FALSE, TRUE)
#> [1] TRUE FALSE TRUE
```

即使是单一值也可以用向量来表示：

```
c(6L)
#> [1] 6
```

这里收到的输出与我们计算 6L 本身的输出相同。实际上，要创建一个真正的单一值而又不将其放入向量中，这是不可能实现的[2]。现在我们知道 R 的输出总是以 [1] 作为开头的原因了——任何非零个的元素都会形成一个向量，即使它包含的是单一值。

等同于向量的电子表格是一个或多个单元格的选中集合。通常这些单元格都位于同一行或同一列中，并且可以用范围来引用它们，例如 A1:A8。电子表格软件通常也会在表格中的一列值属于不同类型的时候发出警告，不过它允许这些不同类型值的存在(并且表现得就像可以处理它们一样)。图 5.1 中显示了电子表格中一组选中值的示例。

	A	B	C
1	1.2	cat	TRUE
2	2.8	dog	FALSE
3	3.5	fish	TRUE

图 5.1　电子表格中的一组选中值

如果尝试创建一个空向量，那么 R 会将其作为 NULL 来处理，因为它没有可以进行推断的类型。

```
c()
#> NULL
```

1　某些包中的函数会有例外(如 ggplot2)，这些函数的参数中使用了非标准计算(Non-Standard Evaluation, NSE)，而这是不需要引号的。不过这完全是另外一回事。

2　R 没有"标量"类型；尽管大家以为有，实际上却是没有的。

可以使用类型创建函数来显式创建指定类型的空向量。

```
numeric(length = 0)
#> numeric(0)

character(length = 0)
#> character(0)

logical(length = 0)
#> logical(0)
```

c()的参数本身不需要是单一值; 可以通过简单地组合较短的向量来创建一个向量。

```
c(1, c(8, 9), 4)
#> [1] 1 8 9 4
```

为了方便起见, 有些内置的数据集就是简单向量, 例如 letters(小写英文字母)和 LETTERS(大写英文字母)。

如果尝试在控制台的一个内容行的空间中打印多个元素, 那么 R 会将其拆解为多行以便在下一行继续打印, 此时就会显示向量的索引。

```
print(LETTERS)
#>  [1] "A" "B" "C" "D" "E" "F" "G" "H" "I" "J" "K" "L" "M" "N" "O" "P" "Q"
#> [18] "R" "S" "T" "U" "V" "W" "X" "Y" "Z"
```

str()函数可以提供一些与整个向量有关的有用信息, 其中会列出元素的类型(元素类型必须全部相同)以及元素的索引。

```
str(c(1.2, 2.8, 3.5))
#> num [1:3] 1.2 2.8 3.5

str(c("cat", "dog", "fish"))
#> chr [1:3] "cat" "dog" "fish"

str(c(TRUE, FALSE, TRUE))
#> logi [1:3] TRUE FALSE TRUE
```

5.1.1　强制转换

如果尝试用一组不同类型的值来创建向量, 那么 R 会执行自动强制转换并且通过将其强制转换成最通用的类型来确保它们都是同一类型。回顾一下 3.5 节, 从最不通用(最特定)类型到最通用类型的排序如图 5.2 所示。

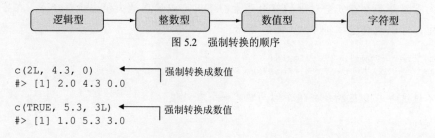

图 5.2　强制转换的顺序

```
c(2L, 4.3, 0)  ◄────── 强制转换成数值
#> [1] 2.0 4.3 0.0

c(TRUE, 5.3, 3L)  ◄────── 强制转换成数值
#> [1] 1.0 5.3 3.0
```

```
c(2L, 3L, "4")   ◄──────┐  强制转换成字符
#> [1] "2" "3" "4"
```

因此，使用 c()创建的向量类型是其元素强制转换后的类型，也就是所涉及的最通用类型。

```
typeof(c(2L, 3L, "4"))
#> [1] "character"
```

即使较小向量已经被强制转换过，通过组合这些较小向量所创建的向量仍旧会被强制转换成最通用类型。

```
c("1", 2L, 3L, c(4.0, 5.1))
#> [1] "1" "2" "3" "4" "5.1"
```

5.1.2 缺失值

缺失值是被允许存在的，因为它们也具有独特的类型：NA_real_、NA_integer_、NA_character_ 和 NA(默认是逻辑型)。这些类型可以出现在向量中而不会有什么问题。

```
c(3L, NA, 5L)
#> [1] 3 NA 5
```

这对于指示一个值应该存在却并不存在的情况是非常有用的。如果指定具体的 NA 类型，那么其处理也将涉及自动强制转换。

```
c(2, 3, NA_character_, 5)
#> [1] "2" "3" NA "5"
```

默认的 NA 是逻辑类型的，因此在将其用于非逻辑值的向量中时，它通常会被强制转换，不过它会被打印成 NA，所以这一强制转换往往并不明显。

不过，空值 NULL 不能出现在向量中：

```
c(3L, NULL, 5L)
#> [1] 3 5
```

R 会完全跳过这个元素。

空白单元格

Excel 中存在空白单元格是没问题的，并且在某些计算中甚至可以跳过它们。在 R 中，向量里并不存在完全对等的空白元素，不过可以使用缺失值占位符 NA。在字符向量中，可以包含空字符串""，如下所示。

```
c("one", "two", "", "four")
#> [1] "one" "two" "" "four"
```

不过这并非真正的缺失值，因为""是一个有效值。

5.1.3　属性

数据向量可以由数千个独立的值构成，并且可以将其存储在一个名称有意义的变量中。我们可以对一些关于这些值的信息进行编码并将其作为变量名称的一部分(如 heights_of_giraffes)，但通常我们需要一种将另一个标签附加到数据的方法。

R 提供了这样的一种机制，它在内部使用时完全没问题，但有些不太稳定，我不建议你将其用于自己所创建的对象上，除非完全理解其后果。这个机制就是附加在对象(除了 NULL 之外的任何对象)上的属性，可以在这些属性中存储附加信息。例如，我们可能有一个代表一些非常重要的内容的整数序列。我们可以存储这个序列并且使用变量 x 来引用它。attributes()函数会列出一个对象的所有属性，而这个新的变量 x 没有任何属性。

```
x <- c(1, 2, 3, 4, 5)
attributes(x)
#> NULL
```

可以将具有标签"important thing"的属性附加到 x，并且使用属性赋值操作提供"critical value"这个字符串值(R 会使用 attr<-这个函数来转换该操作)。

```
attr(x, "important thing") <- "critical value"
attributes(x)
#> $`important thing`
#> [1] "critical value"

x
#> [1] 1 2 3 4 5
#> attr(,"important thing")
#> [1] "critical value"
```

有些函数会持续跟踪这些属性的值并且将其传递到新对象。

```
y <- x + 1
attributes(y)
#> $`important thing`
#> [1] "critical value"

y
#> [1] 2 3 4 5 6
#> attr(,"important thing")
#> [1] "critical value"
```

另外一些函数则不会(因此使用这一特性是有风险的)。

```
z <- c(y, 12)
attributes(z)
#> NULL

z
#> [1] 2 3 4 5 6 12
```

属性是有一些有效用途的，不过其中大多数都是由特定的函数来处理的，因此我们很少需要以这样的方式来与其交互。不过，知道它们的用法也是非常重要的，后面将会进行讲解。

5.1.4　名称

当所有的数据都代表单一概念时，如高度、计数、时间或城市，将数据存储为集合会非常有用。不过，通常这些值都具有另一层定义，我们会希望保留这层定义以便标识出值的归属。

幸运的是，R 中的向量元素可以具有与其相关的单独名称，因此可以反映出哪个值代表哪个对象。将这些对象作为参数名称指定给 c()，这样会从其所有的参数中创建一个向量。

```
c(apple = 5030, banana = 4011, pear = 4421)
#>  apple banana   pear
#>   5030   4011   4421
```

注意，现在的行信息没有[1]前缀，并且元素的名称都列示在其值上方。即使这些名称的值比名称还长，R 也会很好地确保这些名称和值保持对齐。

```
c(a = "antediluvian", b = "boisterously", c = "connoisseurs")
#>              a              b              c
#> "antediluvian" "boisterously" "connoisseurs"
```

c()的帮助文件(?c)显示了这个函数的定义是 c(...)，这意味着它会捕获所有已命名或未命名的参数。因此，这个函数会将这些参数名称转换成元素名称。

参数的命名规范是有限制的，这些限制与变量名称的限制相同。名称必须以字母而非数字开头。它们可以用句点(.)开头，只要不在句点后面使用数字。名称的其余部分可以由字母(大写和小写)和数字构成，但不能使用标点符号(除了.或_)或者其他符号。此处使用句点会更为合适一些(后面将会介绍，在某些情况下这甚至是常见的做法)。下面这些都是元素的有效名称：

```
c(high.value = 100, .score = 7, round2 = 26)
#> high.value     .score     round2
#>        100          7         26
```

不过下面这些则是无效的：

```
c(.2b = 6)

#> Error: unexpected symbol in "c(.2b"
```

同样，可以使用引号或反引号来绕过这些限制，不过这意味着我们也需要使用它们来访问元素。

```
c(".2b" = 6)
#> .2b
#> 6

c("one fish" = "red", "two fish" = "blue")
#> one fish    two fish
#>  "red"      "blue"
```

如果对一些元素命名失败(未提供参数名称)，那么其名称会是空字符串，只有在打印向量时才会看出这一点。

```
c(apple = 5030, 4011, pear = 4421)
#> apple          pear
#> 5030    4011   4421
```

使用名称来调用向量上的 str()，将生成看起来与不使用名称进行调用时稍微不同的输出。

```
str(
  c(
    x = 7,
    y = 8,
    z = 9
  )
)
#> Named num [1:3] 7 8 9
#> - attr(*, "names")= chr [1:3] "x" "y" "z"
```

现在该输出具有单词 Named 这个前缀，它表明这个向量具有命名元素。第一行的其余部分是我们会从未命名向量创建中接收到的信息。

```
str(
  c(7, 8, 9)
)
#> num [1:3] 7 8 9
```

如果赋予名称失败，则 str()会显示正在使用空字符串。

```
str(
  c(apple = 5030, 4011, pear = 4421)
)
#> Named num [1:3] 5030 4011 4421
#> - attr(*, "names")= chr [1:3] "apple" "" "pear"
```

这一特性的作用仅限于值具有我们希望保留的名称。要将更多详情与值一起存储需要更为复杂的结构，稍后将会进行介绍。

5.2　序列

我们某些时候可能希望创建一个值均匀递增/递减的向量——一个序列——可能

是作为可识别对象的索引或者标识符。手动输入 1~5 之间的值可能会比较枯燥，尤其是在需要一个长序列的时候。

```
c(1L, 2L, 3L, 4L, 5L)
#> [1] 1 2 3 4 5
```

还有更简单的方式。seq()(序列)函数会采用开始和结束值作为输入，并且生成这两个值之间的规则序列。

```
seq(from = 1, to = 5)
#> [1] 1 2 3 4 5
```

这个函数也具有一些更加智能化的默认参数，也就是序列从 1 开始或者到 1 结束，这样我们就能在省略其中一个值的情况下仍旧生成一个序列。

```
seq(to = 5)
#> [1] 1 2 3 4 5
```

去掉所有的命名参数往往是我们(在许多情况下)期望的工作方式，不过该函数是基于大量的推测来做这样的处理的。如果尝试从输入值 5 到默认起始值 1 中生成一个序列(因为 from 是第一个参数)，则会得到：

```
seq(5)
#> [1] 1 2 3 4 5
```

出人意料的是，这看起来像是 seq(from = 1, to = 5)。在这个例子中，该函数会推测我们想要一个递增序列，因而它会返回一个从 1 开始并且到输入值结束的序列。

显式参数的重要性

显式命名参数 from、to 和 by 可以节省大量的时间，让我们不必尝试弄明白为何一个序列看起来并非我们所期望的那样。默认值和内部代码的确可以很好地推测我们尝试创建的是什么，但这往往很容易就陷入遵循一种固化模式的境地。在前面的示例中，我们使用 seq(5)创建了一个序列，其假设前提是默认 to = 1。由于 from 是第一个参数，并且我们没有显式命名它，因此这个调用会认为我们的意思是 from = 5。

实际上，就算请求获得一个从 5 到 1 的序列，最终也会得到一个递增序列，这一点在帮助页面?seq 中有说明，并且其中提供了各种用法示例。

如果尝试修改示例并且增加一个 by = 0.5 参数，以便以 0.5 作为步进值来生成序列，则会遇到一个错误：

```
seq(5, by = 0.5)

#> Error: wrong sign in 'by' argument
```

这是我们自己的错误，而非 R 的。seq 的代码涵盖了各种调用该函数的方式，并且会根据所提供的参数的不同来执行不同的处理。在这个例子中，from 的值是 5，to

的值是默认的 1，因而我们是在尝试生成从 5 到 1 且步进值为+0.5 的序列。

以正确的方向来请求这些步进值会得到正常结果:

```
seq(5, by = -0.5)
#> [1] 5.0 4.5 4.0 3.5 3.0 2.5 2.0 1.5 1.0
```

尤其是，如果使用的是负数值，那么我们可能会希望更为明确这些参数名称。

```
seq(-3)
#> [1] 1 0 -1 -2 -3
```

所生成的序列类型(数值或整数)取决于参数，但其中涉及一些与我们可能期望得到的序列有关的推测工作。当参数缺失时，即使输入是数值，默认也会返回一个整数序列。

```
str(seq(5.0))
#> int [1:5] 1 2 3 4 5
```

如果使用参数 by 来变更步进值(即使可能与默认值相同)，则可以创建一个数值序列。

```
str(seq(5, by = -1))          ◄────┐ 注意数值型的 by 值
#> num [1:5] 5 4 3 2 1
```

不过，序列不必全都是整数。它们也无须以整数作为起始或结束值。可以用下面的命令创建一个以 0.2 作为步进值的规则序列:

```
seq(from = 1.2, to = 2.0, by = 0.2)
#> [1] 1.2 1.4 1.6 1.8 2.0
```

from 和 to 值也无须是等距的:

```
seq(from = pi, to = 6)
#> [1] 3.141593 4.141593 5.141593
```

同样，seq()函数将进行一些推测，确定我们想要的是什么。注意，这个序列中最大的值并不等于 to 参数，而再步进一个较大的值就会超出 to 的值。

当序列按 1 来递增或递减时，:这个快捷函数会让这些序列的编写变得更为简单。这是一个特殊的函数(如+)，它可以写在两个值之间:

```
1 : 5
#> [1] 1 2 3 4 5
```

:两边的空格只是书写习惯问题，大多数人会忽略它们。

你可能已经熟悉这个符号在电子表格中的使用。例如，A1:A8 会选中第一列中 1~8 的单元格，如图 5.3 所示。

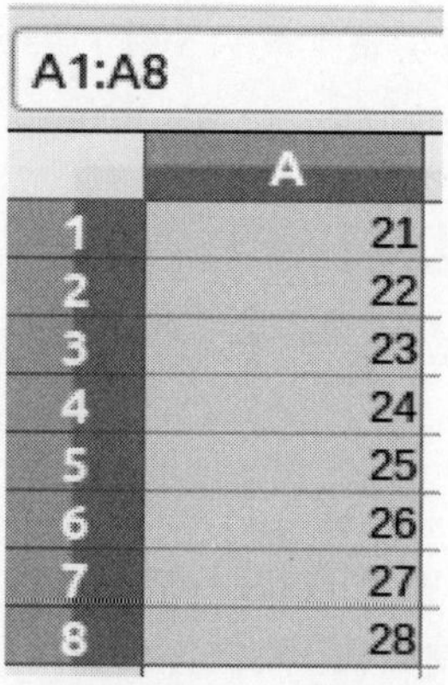

图 5.3　电子表格中选中的单元格序列

向量的 str()输出中也会出现这个符号。

```
str(c(21, 22, 23, 24, 25))
#> num [1:5] 21 22 23 24 25
```

1:5 表示元素索引的范围。

也可以轻易地创建一个反向序列

```
5 : 1
#> [1] 5 4 3 2 1
```

和非整数序列(步进为 1):

```
2.1 : 6.4
#> [1] 2.1 3.1 4.1 5.1 6.1

pi : 6
#> [1] 3.141593 4.141593 5.141593

3 : -3
#> [1] 3 2 1 0 -1 -2 -3
```

　　将:用作计数器值得特别注意。通常我们都希望创建一个遍历所有值的计数器。执行一个计算时，可能会用到三个名称，可以将其存储在向量中。

```
patientNames <- c("Thomas", "Richard", "Henry")
```

　　可以使用索引 1~3 来访问它们。这些索引组成了一个规则序列,因此可以使用 1:3。如果不完全确定可能需要多少个值，则可以对其进行泛化，以便让最后一个值等于向量的可能长度——使用 length()函数即可。

```
1:length(patientNames)
#> [1] 1 2 3
```

　　只要向量中存在一些值，这样的做法就完全没有问题。不过如果在更新向量时将这些值全部移除，则会遇到真正的麻烦：

```
patientNames <- c()              没有值
length(patientNames)
#> [1] 0
                                 这个空向量的长度是 0

1:length(patientNames)           序列 1:0 会生成值 1 和 0
#> [1] 1 0
```

我们可能希望序列是空的，不过因为:接受反向序列，所以这会生成一个长度为两个值的序列。尝试对空向量的第零个和第一个值进行处理可能会导致一些意外结果。

在这样的情况下，使用一个如预期般运行的函数肯定是更好的做法。有两个额外的函数(seq_len()和 seq_along())，在计数时应该转而使用它们。它们分别都只接受单个参数——期望的序列长度或者要计数的对象——并且会创建一个从 1 开始的规则序列。

```
patientNames <- c("Thomas", "Richard", "Henry")
seq_len(length(patientNames))
#> [1] 1 2 3

seq_along(patientNames)
#> [1] 1 2 3
```

这两个函数的一大优势就是，如果要计数的对象中的元素变成空，则这两个函数所生成的序列也会是空。

```
seq_len(0)
#> integer(0)

seq_along(c())
#> integer(0)
```

序列优先顺序

序列快捷运算符号:也参与优先顺序排序，不过它的顺序正好位于其他两个常用的运算符之间——一个在上，一个在下。

我们通常需要生成一个序列，但之后不对最后一个元素计数。序列的生成可以像 1:3 这样简单。如果将较大值这一约束存储为一个变量，那么可以写成下面这样：

```
lim <- 3
1:lim
#> [1] 1 2 3
```

如果之后需要重用该序列，但不包含最后一个值，则可以尝试：

```
1:lim - 1
#> [1] 0 1 2
```

但整个序列已经发生了偏移(它现在从 0 开始并且仍旧是 3 个元素的长度)。这些

运算的顺序就是，首先执行序列计算，然后执行减法(:在优先顺序列表中具有较高的优先级)，因此这其实等同于以下运算:

```
(1:lim) - 1
#> [1] 0 1 2
```

要修改这个序列的 to 值，可以仅将该部分用括号括起来。

```
1:(lim - 1)
#> [1] 1 2
```

不过，在将约束作升幂处理时，会产生不同的排序。

```
1:lim ^ 2
#> [1] 1 2 3 4 5 6 7 8 9
```

由于求幂(^)在优先顺序列表中的优先级要高于:，因此这等同于以下运算。

```
1:(lim ^ 2)
#> [1] 1 2 3 4 5 6 7 8 9
```

同样，括号的严格使用将有助于避免何种运算符具有高优先级的问题。

5.2.1　向量函数

现在我们有了一些向量，可能希望对其进行一些处理。我们可以检验这些向量并且使用 length()函数来判定其长度。

```
length(c(7, 8, 9))
#> [1] 3

length(c("dog", "cat"))
#> [1] 2

length(9:17)
#> [1] 9
```

可以像将所有元素作为一个整体来传入那样计算这些元素的合计值。

```
sum(c(10, 20, 30))
#> [1] 60

sum(10, 20, 30)
#> [1] 60
```

现在可以计算几个值的平均值(回顾一下 4.1.6 节中 sum()和 mean()之间的简要对比)。

```
mean(c(1, 2, 3, 4))
#> [1] 2.5
```

还可以判定向量中的最小和最大值。

```
min(c(91, 23, 59, 44))
#> [1] 23

max(c(91, 23, 59, 44))
#> [1] 91
```

许多函数都接受多元素向量作为输入。不过，在尝试这样做之前，务必要检查打算使用的函数的帮助文件，因为并非每个函数都支持此功能。

5.2.2　向量数学运算

要注意向量的混合数学运算，尤其是序列，因为:运算周围括号的缺失会让其含义变得有些模糊不清。假设我们希望执行一个运算，其中需要一个比 patientNames 长 1 位的序列。可以尝试一下这个:

```
patientNames <- c("Thomas", "Richard", "Henry")
1:length(patientNames) + 1
#> [1] 2 3 4
```

但这个序列不再从 1 开始。:运算符的优先级要比+高(回顾一下 3.2 节中关于优先顺序的内容)，因此该运算会首先执行(生成该序列)。回顾一下，每一组值都是一个向量(即使其长度为 1)，因此+函数必定知晓如何将两个长度都为 1 的向量相加在一起。不过，当其中一个向量或者这两个向量的长度都不是 1 的时候，就需要采用一些技巧了。

前面的示例的特点是，一个序列长度为 3(1:3，3 是 patientNames 的长度)，而另一个序列的长度是 1(值 1)。+函数需要返回一个与其中最长序列长度相同的序列，因此它会循环(重复)多次获取较小的值，以便创建另一个长度为 3 的序列。所以实际上会得到以下序列:

```
c(1, 2, 3) + c(1, 1, 1)
#> [1] 2 3 4
```

当这两个向量的长度相等时，可以通过匹配其位置将这两个向量的元素加总在一起。

```
c(1, 2, 3)
# + + +
c(1, 1, 1)
# = = =
c(2, 3, 4)
```

与此操作对应的电子表格的处理方式是，先对第一行的元素求和，然后通过"向下填充"来计算其他元素。电子表格会"向量化"单元格之间的操作，如图 5.4 所示。

当两个向量的长度无法对齐时(一个向量的长度并非另一个长度的倍数)，R 会发出警告(这是理所当然的)，因为它无法整齐地执行该运算。

	A	B	C
1	1	1	=A1+B1
2	2	1	=A2+B2
3	3	1	=A3+B3

图 5.4　电子表格中在单元格之间执行加法计算的向量化公式

```
c(1, 2, 3) + c(2, 3)
# Warning message:
# In c(1, 2, 3) + c(2, 3): longer object length is not a multiple of
#> shorter object length
#> [1] 3 5 5
```

此处，较短的向量(c(2, 3))已经经历了一些循环，但并非一次完整的循环往复，所以该运算看起来会像下面这样：

```
c(1, 2, 3)
# + + +
c(2, 3, 2)
# = = =
c(3, 5, 5)
```

如果正在处理较长的向量，那么较短的向量必须循环多次以达到较长向量的长度。

```
c(1, 2, 3, 4, 5, 6) + c(4, 3)
#> [1] 5 5 7 7 9 9
```

其实际上是：

```
c(1, 2, 3, 4, 5, 6)
# + + + + + +
c(4, 3, 4, 3, 4, 3)
# = = = = = =
c(5, 5, 7, 7, 9, 9)
```

如果已经将这些向量存储在变量中，那么下面所有这些也都能完美运行。

```
x <- c(1, 2, 3)
y <- c(2, 3, 2)
x + y
#> [1] 3 5 5
```

注意：不要小看这最后一行。我们刚刚所执行的向量化运算是通过将两个向量的元素配对相加得到的，在这一过程中我们不必显式告知计算机先将第一对相加，然后将第二对相加，之后将第三对相加——而在其他一些语言中，这些处理是我们需要去做的。

最终这会变得习惯成自然，不过目前，无论何时编写这些运算，如果我们尝试在脑海中对其进行拆解，那么不必过于担心。实际上，可以使用自动循环来执行向量化运算这一处理意味着我们能够将一些简单的表达式转变为不那么简单的结果。

```
x <- 1:10              length(x)是 10
y <- c(1, 0)
x * y                  length(y)是 2，因此会对它进行循环以
#> [1] 1 0 3 0 5 0 7 0 9 0    匹配更长的长度
```

上面这个示例等同于用等长序列 1, 2, 3, ..., 10 乘以(循环的)向量 1, 0, 1, 0, ..., 1, 0，这样每隔一个值就会变成 0。

当运算中的其中一个对象的长度为 1 时，向量循环会变得更为有用。例如，要判定以下哪些值大于 5，可以在不使用循环的情况下进行验证：

```
c(6, 5, 4, 5, 7, 4) > c(5, 5, 5, 5, 5, 5)
#> [1] TRUE FALSE FALSE FALSE TRUE FALSE
```

或者可以这样做(通过允许循环第二个向量)：

```
c(6, 5, 4, 5, 7, 4) > 5
#> [1] TRUE FALSE FALSE FALSE TRUE FALSE
```

如果向量被存储为变量，那么这会变得更加简洁：

```
test_nums <- c(6, 5, 4, 5, 7, 4)
test_nums > 5
#> [1] TRUE FALSE FALSE FALSE TRUE FALSE
```

在讲解循环构造的时候，我们将频繁地使用这一特性。通常，人们会构建一个循环来逐个元素地执行一些运算，其中自动向量化会承担这部分处理。

5.3　矩阵

向量对于创建单个分组项集合而言是非常便利的，不过有时我们需要更多的维度(例如，网格上的定位点——这同时需要水平和垂直标识符)。可以将一组定位点的 x 和 y 坐标存储在不同的向量中：

```
x <- c(0.26, 0.57, 0.84, 0.72)
y <- c(0.01, 0.58, 0.82, 0.96)
```

不过这往往会丢掉这些值之间的对应关系。相反，我们可以创建一个值的矩阵——行和列的二维网格。函数 matrix()采用一个数据向量作为其首个参数，另外两个参数是在其中存储这些数据的行和列的数量说明。这些 x 和 y 值的存储方式是，首先使用 c()将其组合成一个较大的向量，然后指定我们希望将这些值存储为一个四行(每行对应一对坐标)两列(每列对应一对 x 和 y)的矩阵。

```
xy <- matrix(data = c(x, y), nrow = 4, ncol = 2)
```

```
xy
#>      [,1] [,2]
#> [1,] 0.26 0.01
#> [2,] 0.57 0.58
#> [3,] 0.84 0.82
#> [4,] 0.72 0.96
```

默认情况下，matrix()函数将每次填充这个矩阵的一列。如果数据的编排需要每次输入一行，则可以使用可选参数 byrow。注意，由于其输入是一个向量(此处是使用 c() 创建的)，因此其元素必须都是同一类型。这是 matrix 对象上的一个约束。

R 将根据我们要求的行数或列数来执行必要的除法，以便将数据分布开来。

```
matrix(1:8, nrow = 2)
#>      [,1] [,2] [,3] [,4]
#> [1,]   1    3    5    7
#> [2,]   2    4    6    8

matrix(1:8, nrow = 4)
#>      [,1] [,2]
#> [1,]   1    5
#> [2,]   2    6
#> [3,]   3    7
#> [4,]   4    8
```

但所执行的除法必须能够除尽。

```
matrix(1:7, nrow = 4)
# Warning message:
# In matrix(1:7, nrow = 4): data length [7] is not a sub-multiple or
#> multiple of the number of rows [4]
#>      [,1] [,2]
#> [1,]   1    5
#> [2,]   2    6
#> [3,]   3    7
#> [4,]   4    1
```

在这个例子中，我们再次遇到了循环——这次是循环了整个数据向量，该向量被扩充以便符合所请求的形状(一个四行的矩形)。

如果你习惯于将电子表格中的原始数据作为一个表来处理，那么这一结构应该看起来比较熟悉，如图 5.5 所示。

	A	B	C	D
1	1	3	5	7
2	2	4	6	8

图 5.5 电子表格中值的一个表，类似于矩阵

应用于矩阵的 str()函数会表示出每一个维度(注意，仅会显示单一类型，因为所有的元素都必须是这个类型)。

```
str(
  matrix(1:8, nrow = 2)
)
#> int [1:2, 1:4] 1 2 3 4 5 6 7 8
```

这些维度也被记录在矩阵的一个属性中，其标签为 dim。

```
attributes(matrix(1:8, nrow = 2))
#> $dim
#> [1] 2 4
```

其中行数和列数(分别)存储在一个向量中。

维度命名

　　xy 矩阵的第一列是 x 的值，而第二列是 y 的值。行和列的描述都会打印在其旁边：行的索引为[row,]，而列的索引为[,col]。R 会使用数字从两个方向(水平和垂直)对行和列进行计数。如果你熟悉的是电子表格程序中倾向于将行标记为整数并且将列标记为字母的做法，那么这里的索引就是一项重要的区别。

　　在电子表格中，我们可以将一个单元格称为 A5，这意味着该单元格位于第一列的第五行。R 在这两个位置使用的都是数字，因此该元素在矩阵中对应于位置[5, 1](行5、列 1)。

　　str()函数会显示矩阵的类型(其元素的通用类型，因为它们必须都是同一类型)以及行和列的长度。

```
str(xy)
#> num [1:4, 1:2] 0.26 0.57 0.84 0.72 0.01 0.58 0.82 0.96
```

　　由于 data 参数是一个向量，并且向量的所有元素都需要是同一类型，因此这一强制转换甚至会在创建矩阵之前执行。

```
matrix(c("a", 2, 3, 4, 5, 6), nrow = 3, ncol = 2)
#>      [,1] [,2]
#> [1,] "a"  "4"
#> [2,] "2"  "5"
#> [3,] "3"  "6"
```

　　所以可以通过 str()函数来打印单一类型。

　　为了让其更易于阅读，还可以使用 colnames()函数来指定列的名称。由于之前没有告知 matrix()函数在定义 xy 时使用什么样的列名，因此它并没有列名：

```
colnames(xy)
#> NULL
```

　　不过，在对其使用赋值运算符(<-)以便将一个向量赋予 xy 作为列的名称时，这个函数的行为会有所不同。R 中的每个操作都是一个函数，这个也不例外；另一个名为 colnames<-的函数也可以执行这个任务，不过 R 足够智能，它清楚这是我们希望执行

的处理：

```
colnames(xy) <- c("x", "y")
xy
#>          x    y
#> [1,] 0.26  0.01
#> [2,] 0.57  0.58
#> [3,] 0.84  0.82
#> [4,] 0.72  0.96
```

如果尝试将长度不匹配的名称赋予向量，则 R 不会循环该名称：

```
colnames(xy) <- c("z")
```

```
#> Error: length of 'dimnames' [2] not equal to array extent
```

正确设置矩阵的 colnames 同时还会设置另一个属性：dimnames。它具有更为复杂的结构，但其实质上存储的是维度名称。

还有一个 rownames()函数(它对应于 rownames<-)。适合使用这个函数的场景并不多，不过它是有其价值的。其行为方式与 colnames()相同，会设置行的名称：

```
rownames(xy) <- c("r1", "r2", "r3", "r4")
xy
#>       x    y
#> r1 0.26  0.01
#> r2 0.57  0.58
#> r3 0.84  0.82
#> r4 0.72  0.96
```

5.4 列表

当我们需要存储不一定是相同长度或相同类型的内容时，可以使用列表。列表是更为复杂的结构，但其复杂性为我们带来了更大的灵活性和用处。

从技术角度看，列表就是向量，不过很快你就会清楚，它们远不止于此。毫不令人意外的是，名为 list()的函数是用来创建列表的。可以创建一个像下列这样的很简单的列表：

```
list(7, 8, 9)
#> [[1]]
#> [1] 7
#>
#> [[2]]
#> [1] 8
#>
#> [[3]]
#> [1] 9
```

乍看之下，其输出似乎非常不同于向量，但它们是具有一些相似性的。其中仍然具有[1]这个输出，不过现在它出现在每个值的旁边，而不是仅位于第一个值的前面。此外，这里出现的是双括号的计数器[[1]]、[[2]]和[[3]]。

list()函数的参数是...，正如 4.1.6 节中所介绍的，它接受任何名称(或者没有名称)的参数，并且会将其传递到一些内部处理中。在那一节中还介绍过使用 sum()函数的方式，我们可以用相同的方式将每个对象作为单独输入的参数来提供，因此在这个例子中，list()函数创建了具有三个元素的列表：7、8 和 9。正如本章开头所介绍的，这三个元素都具有其自己的向量(长度为 1)，因而每个元素的输出都是以[1]作为开头。

5.1 节已经讲解过，在向量中，所有的元素都需要是同一类型，否则它们将被强制转换。列表并没有这样的限制，所以我们可以创建混合类型的列表，而不会面临强制转换的风险。

```
list(2L, "a", 5.2)
#> [[1]]
#> [1] 2
#>
#> [[2]]
#> [1] "a"
#>
#> [[3]]
#> [1] 5.2
```

在存储较长向量的时候，列表的真正价值就体现出来了。列表中的值可以遵循其自己的类型规则(对于向量来说，元素必须是同一类型或者被强制转换)，但不同的列表元素在长度和类型方面可以完全不同。

```
list(
  c(1.2, 4.8),
  c(3L, 5L, 7L, 9L),
  c("cat", "dog", "mouse")
)
#> [[1]]
#> [1] 1.2 4.8
#>
#> [[2]]
#> [1] 3 5 7 9
#>
#> [[3]]
#> [1] "cat" "dog" "mouse"
```

列表中可以混合使用序列的简化符号，或者任意对象(甚至使用更多的列表)。也可以对列表的元素命名，这有助于便利地识别元素所代表的对象。

```
list(
  nameMatrix = matrix(c("a", 2, 3, 4, 5, 6), nrow = 3, ncol = 2),
  commonValue = NA,
  index = 1:8
)
#> $nameMatrix
#> [,1] [,2]
```

```
#> [1,] "a" "4"
#> [2,] "2" "5"
#> [3,] "3" "6"
#>
#> $commonValue
#> [1] NA
#>
#> $index
#> [1] 1 2 3 4 5 6 7 8
```

通用的[[1]]、[[2]]、[[3]]标签被带有$前缀的元素名称替换掉了。这种"美元符号-名称"格式有助于后续对这些元素进行访问。

NULL 元素不能出现在向量中，不过对于列表来说则完全没有问题。

```
list(
  x = c(4, 5, 6),
  y = NULL,
  z = c(7, 8, 9)
)
#> $x
#> [1] 4 5 6
#>
#> $y
#> NULL
#>
#> $z
#> [1] 7 8 9
```

对于一个存在 NULL 元素的向量而言，它需要将"空值"强制转换成某个值(反之亦然)，而这样的处理是不可能完成的。不过，列表在处理一个或多个"空值"(NULL)元素时是完全没问题的。

应用在列表上的 str()函数会输出每一个向量类型并且提供已经被定义的所有名称。

```
str(
  list(
    a = c(1.2, 2.3, 3.4),
    b = 2:5,
    c = c("alpha", "omega")
  )
)
#> List of 3
#> $ a: num [1:3] 1.2 2.3 3.4
#> $ b: int [1:4] 2 3 4 5
#> $ c: chr [1:2] "alpha" "omega"
```

注意：电子表格中没有等同于 R 列表的特性，因为电子表格无法特别地包含数据分组——通常，它只能包含大量的单独单元格。由于工作表是一个单元格网格，并且那些单元格可以独立地执行我们需要的处理，因此我们可以按需将各种类型的数据分布其中。这一结构的缺失往往会让使用者将数据的"表"放置在各个工作表中，并且其中会叠加图片、计算和注释。

5.5　data.frame

持续跟踪用于多方面数据的每个列表元素的向量的位置这件事将很快变得难以应对。正如从向量扩展到矩阵的情况一样，我们可以增加列表的维度并且创建一些更加表格化的对象。data.frame 是 R 中最常用并且最有用的类型，不过要真正理解它，需要首先了解其所有的发展历程。

如果有一个向量列表，其中每一个都有其自己(一致)的类型，但其长度都是相同的(或者可循环为相同长度)，那么可以使用 data.frame()将该信息存储在表格布局(行和列)中。

```
data.frame(              创建一个具有三个名为"x"、"y"和
  list(   ◄──────────    "z"的元素(向量)的列表
    x = c(1, 2, 3, 4),
    y = c("a", "b"),     ◄──── y 向量的长度仅为 2，因此它将被循
    z = c(2.1, 9.3, 7.6, 1.1)    环以匹配长度为 4 的向量
  )
)
#> x y z
#> 1 1 a 2.1
#> 2 2 b 9.3
#> 3 3 a 7.6
#> 4 4 b 1.1
```

R 足够智能，它知道实际上不需要该 list()调用；我们可以将这些向量作为参数传递给 data.frame()。

```
data.frame(
  x = c(1, 2, 3, 4),
  y = c("a", "b"),
  z = c(2.1, 9.3, 7.6, 1.1)
)
#>     x  y  z
#> 1   1  a 2.1
#> 2   2  b 9.3
#> 3   3  a 7.6
#> 4   4  b 1.1
```

如果使用过电子表格中的表，则应该会熟悉这一结构；列名称和数据全在这里，不过现在相较于使用像 A1 这样的标签来引用行和列，我们可以使用列号/名称和行号(也可以使用名称)来引用它们。其电子表格视图看起来如图 5.6 所示。

	A	B	C
1	x	y	z
2	1	a	2.1
3	2	b	9.3
4	3	a	7.6
5	4	b	1.1

图 5.6　电子表格的单元格表

从技术角度来讲，这些向量的名称也是不需要的，不过如果不提供它们，则会存在风险；如果没有为向量提供名称，则会基于值的提供方式来自动创建名称，而命名过程中会避免使用空格和其他不允许的字符，并且会让名称具有唯一性。使用反引号/引号语法来绕过命名规则将导致生成不太优雅的列名称，在后续使用过程中它们将不会特别有用。

```
data.frame(c(1, 2), "'oh no!'")
#>   c.1..2.   X..oh.no...
#> 1       1     'oh no!'
#> 2       2     'oh no!'
```

同样，这里也可以使用特殊的变量名称，只要恰当地将其放入引号中。电子表格列名中具有空格、数字或标点符号的情况是很常见的，不过 R 是不允许使用它们的。一个可选项是使用引号方法。

```
data.frame(
  x = 21,
  "y variable" = 22,
  ".2b" = 23
)
#>    x y.variable X.2b
#> 1 21         22   23
```

R 允许创建 data.frame，但它对保留那些错误格式的名称是有限制的。空格和其他不允许的标点符号都会被句点所替换，而以数字(或句点-数字)开头的所有名称都会被重命名为以 X 开头。

如果真的希望关闭这一转换(不过这很可能意味着data.frame无法被其他一些函数兼容)，则可以使用参数 check.names = FALSE 来达成目的。

```
data.frame(
  x = 21,
  "y variable" = 22,
  ".2b" = 23,
  check.names = FALSE
)
#>    x y variable .2b
#> 1 21         22  23
```

由于列都是通过列表来定义的，而列表又是一组向量，所以每一列都可以具有一种不同的类型(不过列中的每个元素都必须是同一类型，因为它是一个向量)。这是 data.frame 区别于矩阵的方式之一，其中所有行和列中的全部元素都必须是同一类型。

向量必须都是同一长度的要求意味着，data.frame 中必然存在固定数量的行(即使该数量为零)。如果提供一组不兼容的向量(其中较短的向量无法被循环变为较长的长度)，那么 R 会提示错误并且停止执行。

```
data.frame(x = c(3, 4), y = c("q", "r", "s"))
#> Error: arguments imply differing number of rows: 2, 3
```

在 R 中，创建一个没有行数据的 data.frame 是完全没问题的：

```
data.frame()
#> data frame with 0 columns and 0 rows
```

可以尝试增加一些命名列(但为空)。

```
data.frame(x = c(), y = c(), z = c())
#> data frame with 0 columns and 0 rows
```

不过空向量 c()与 NULL 相同，无法将其与其他对象进行比较，也无法对一个向量产生什么影响，因此它不能被用作 data.frame 的元素。相反，我们可以创建 0 个元素的命名向量[1]并且在调用中使用它们。

```
data.frame(
  x = integer(),
  y = character(),
  z = numeric()
)
#> [1] x y z
#> <0 rows> (or 0-length row.names)
```

像这样的"空"data.frame 并不是完全没有用，后面将会对其进行介绍。在未提供任何数据之前就存储列名称的能力会让 data.frame 的使用变得更为容易。

我们将向量提供给 data.frame()以便作为列来使用，而这些列会让每个向量的类型都具有一个非常重要的区别：如果使用字符向量，那么 data.frame()会自动将其转换成一个因子。如果使用字符向量和数值向量创建一个 data.frame，那么该字符列会被转换成因子。

```
char_and_num_df <- data.frame(
  x = c("apple", "banana", "carrot"),
  y = c(5, 6, 7)
)
str(char_and_num_df)
#> 'data.frame':       3 obs. of 2 variables:
#>  $ x: Factor w/ 3 levels "apple","banana",..: 1 2 3
#>  $ y: num 5 6 7
```

这会造成很多困惑，不过它就是默认的行为。要重写这一行为，可以在创建 data.frame 时设置 stringsAsFactors = FALSE。

```
char_and_num_df <- data.frame(
  x = c("apple", "banana", "carrot"),
  y = c(5, 6, 7),
  stringsAsFactors = FALSE  ◀──────────
```

不要将字符向量强制转换成因子列。
这个参数的默认值为 TRUE

1　integer()、character()和 numeric()中的每一个都具有一个默认值为 0 的参数 length。

```
)
str(char_and_num_df)
#> 'data.frame':        3 obs. of 2 variables:
#>  $ x: chr "apple" "banana" "carrot"
#>  $ y: num 5 6 7
```

在创建 data.frame 之前，可以在会话中使用以下选项将其设置为默认值。

```
options(stringsAsFactors = FALSE)
```

那些列名称都被存储在一个属性中(5.1.3 节中介绍过)，不过你可能注意到，R 并不会像在打印一个具有属性的向量时那样告知我们这一点。这是因为 R 具有一些额外的代码，当我们要求它将 data.frame 打印到控制台时，它会引用这些代码。为了查看这些列名称，可以使用 attributes()函数。

```
attributes(mtcars)
#> $names
#>  [1] "mpg" "cyl" "disp" "hp" "drat" "wt" "qsec" "vs" "am" "gear"
#> [11] "carb"
#>
#> $row.names
#>  [1] "Mazda RX4"           "Mazda RX4 Wag"       "Datsun 710"
#>  [4] "Hornet 4 Drive"      "Hornet Sportabout"   "Valiant"
#>  [7] "Duster 360"          "Merc 240D"           "Merc 230"
#> [10] "Merc 280"            "Merc 280C"           "Merc 450SE"
#> [13] "Merc 450SL"          "Merc 450SLC"         "Cadillac Fleetwood"
#> [16] "Lincoln Continental" "Chrysler Imperial"   "Fiat 128"
#> [19] "Honda Civic"         "Toyota Corolla"      "Toyota Corona"
#> [22] "Dodge Challenger"    "AMC Javelin"         "Camaro Z28"
#> [25] "Pontiac Firebird"    "Fiat X1-9"           "Porsche 914-2"
#> [28] "Lotus Europa"        "Ford Pantera L"      "Ferrari Dino"
#> [31] "Maserati Bora"       "Volvo 142E"
#>
#> $class
#> [1] "data.frame"
```

上面输出了属性 names、row.names 和 class。首先显示的是列名称，然后是行名称。行名称是一个独特的特性，我不建议过于依赖它们。如果创建一个 data.frame 并且打印它(默认情况下 R 会这样做)，则会看到其中的行会被其索引 1、2 和 3 所标记。

```
data.frame(
  col1 = c("x", "y", "z"),
  col2 = c("q", "r", "s")
)
#>   col1  col2
#> 1   x     q
#> 2   y     r
#> 3   z     s
```

不过，如果打印 mtcars 数据集，那么它也会被排列为一系列具有名称的列，但第一列似乎没有名称，并且其索引也是缺失的。那是因为这一特别的数据集具有标记过的行(row.names)。可以通过请求它们来查看这些信息。

```
                        ┌─ row.names()(带有句点)也能运行。不过，严格说来这两个
                        │  函数并不相同。这里不准备作过多说明
rownames(mtcars) ◄──────┘
#>  [1] "Mazda RX4"            "Mazda RX4 Wag"       "Datsun 710"
#>  [4] "Hornet 4 Drive"       "Hornet Sportabout"    "Valiant"
#>  [7] "Duster 360"           "Merc 240D"           "Merc 230"
#> [10] "Merc 280"             "Merc 280C"           "Merc 450SE"
#> [13] "Merc 450SL"           "Merc 450SLC"         "Cadillac Fleetwood"
#> [16] "Lincoln Continental"  "Chrysler Imperial"   "Fiat 128"
#> [19] "Honda Civic"          "Toyota Corolla"      "Toyota Corona"
#> [22] "Dodge Challenger"     "AMC Javelin"         "Camaro Z28"
#> [25] "Pontiac Firebird"     "Fiat X1-9"           "Porsche 914-2"
#> [28] "Lotus Europa"         "Ford Pantera L"      "Ferrari Dino"
#> [31] "Maserati Bora"        "Volvo 142E"
```

它会返回行名称的向量。不过，这是一种古怪的设计——行名称并非数据的一部分，而只是数据的属性。我不建议遵循这一模式(不过对其有所了解是有好处的)。相反，将这些值作为 data.frame 中的一个字符列会合适得多。

attributes()输出中的 mtcars 数据集的最后一个属性是 class，这是一个初看上去并不起眼但实际上非常重要的属性。

5.6　class 属性

正如所见，在请求打印向量、矩阵或 data.frame 时，R 的行为表现会有所不同。

```
print(c(4, 5, 6))
#> [1] 4 5 6

print(matrix(c(4, 5, 6)))
#>      [,1]
#> [1,]  4
#> [2,]  5
#> [3,]  6

print(data.frame(a = c(4, 5, 6)))
#>      a
#> 1    4
#> 2    5
#> 3    6
```

不过 R 是如何知晓每种情况下的处理的呢？毕竟，我们每次都调用同一个 print()函数。

对象可以具有一个 class 属性，它会标记对象所代表的结构。矩阵具有 class "matrix"，而 data.frame 具有 class"data.frame"。

通过调用使用对象作为参数的 print()函数(就像之前那样)，可以将这些对象打印到控制台。当 R 执行这些调用时，它首先会检查是否已经为对象设置了 class 属性。

如果对象已经设置了属性(如"someClass")，那么 R 会在其知道的函数中进行查找，并且检查是否有函数的名称匹配 print.someClass 模式。函数的这些依赖于 class 的扩展被称为方法。

　　定义：方法就是仅适用于某个特定类的函数：例如，用于类"matrix"的 print()方法。可以为不同的类定义同一通用函数(这个例子中是 print())的不同版本，并且在传入第一个参数的对象的 class 属性被赋值时，R 会知道使用这些不同的版本。

　　如果 R 找到匹配该对象的类的 print()方法，那么它会使用该方法来打印这个对象。如果没有找到，那么它会调用 print.default()——默认的打印方法。

　　如果需要，可以显式地调用任何方法。例如：

```
d <- data.frame(x = 1:3, y = c(3.6, 2.7, 0.4))
print.data.frame(d)
#>   x   y
#> 1 1 3.6
#> 2 2 2.7
#> 3 3 0.4

print.default(d)
#> $x
#> [1] 1 2 3
#>
#> $y
#> [1] 3.6 2.7 0.4
#>
#> attr(,"class")
#> [1] "data.frame"
```

　　警告：现在你可能更清楚为何我建议不要在函数名称中使用句点—— print.data.frame 方法是在为一个具有 class "data.frame"的对象调用 print()，还是为具有 class "frame"的对象调用 print.data()方法？答案是前者，但是你必然会碰到其他类似的构造场景并且变得困惑不解。

　　这是一个非常简单的系统，并且如果它看似只是在表明"如果具有这个标签，那么这应该表现得有所不同"，那么其原因就在于，这是一个非常准确的表示。我们确实能够改变 R 处理一个对象的类的方式(理智一些的话，我们并不希望必须定期进行这样的改变)，进而改变 R 处理对象打印的方式。

```
x <- c(4, 5, 6)
class(x) <- "data.frame"        ← 不过我们通过设置属性来告知
print(x)                          R，它就是一个 data.frame
#> NULL                         ← 由于 x 并非真正的 data.frame，因此
#> <0 rows> (or 0-length row.names)   print.data.frame 方法无法进行处理
```
并非一个 data.frame

类的使用并非仅局限于 R 已经知晓的那些类——要创建一个更加复杂的其行为不同于 data.frame 的结构，可以在现有类上增加更多的属性。R 将按顺序尝试每一个属性，直到它找到可以使用的方法。在这一过程中，R 会跳过它无法识别的任何对象。

```
class(d) <- c("specialObject", "data.frame")
str(d)
#> Classes 'specialObject' and 'data.frame': 3 obs. of 2 variables:
#> $ x: int 1 2 3
#> $ y: num 3.6 2.7 0.4

print(d)
#>   x   y
#> 1 1 3.6
#> 2 2 2.7
#> 3 3 0.4
```

要改变这一行为，我们可以自行定义该方法。

```
print.specialObject <- function(x, ...) {
  cat("## I'm more than just a data.frame!\n")
  print.data.frame(x)
}
print(d)
#> ## I'm more than just a data.frame!
#>   x   y
#> 1 1 3.6
#> 2 2 2.7
#> 3 3 0.4
```

关于如何完成这一任务的规则已经超出了本书的内容范畴，不过知道能进行这样的处理将是极其重要的。

5.6.1　tibble 类

在绝大多数 R 插件包函数中，data.frame 都是一个基础单元。也就是说，对于该结构的其中一些特性而言，必定存在着改进提升的空间。在这方面，一个非常有用的扩展是 tibble 包[1]，它提供了一种新的结构 tibble，类似于 data.frame，但具有一些精心打造的改进特性。

首先，安装、加载并且附加这个插件包。

```
# install.packages("tibble")
library(tibble)
```

从其帮助页面?tibble 来看，tibble 相较于 data.frame 的优势在于：
- 它绝不会对输入进行强制转换——字符串会保持不变!这等同于 stringsAsFactors = TRUE。

---

[1]　起初这是 Hadley Wickham 的 dplyr 包的一部分，当时被称为 tbl_df，意为表格数据帧，不过其读音为 tibble，并且由 Kirill Müller 将其提取成单独的专用包。

- 它绝不会添加 row.names。这些都不应被使用。这等同于 mtcars 数据集。
- 它绝不会对列名进行加工。这等同于 data.frame("my column" = c(1, 2, 3))——它会创建 my.column 这个列。
- 它仅会循环长度为 1 的输入。这等同于 data.frame(x = c(1, 2, 3, 4), y = c("a", "b"))——它会循环 y 列。
- 它会延迟并且按顺序估算其参数。仅在必要时才制作对象的副本，这会节省计算时间。
- 它会将 tbl_df 类添加到输出。tibble 是由 tbl_df 类来识别的，这意味着可以应用不同的方法。

除了那些构造方面的改进之外，这个插件包还提供了一个改进后的 print 方法 (print.tbl_df())，其本身对 data.frame 的 print()方法进行了几项改进提升：

- 不适合放入控制台窗口中的行和列将不被显示，但是会按其原状进行提示。这不同于 print.data.frame()方法，该方法会在显示了特定数量的行之后将输出折叠起来，我们需要来回滚动窗口才能查看不同的内容块。
- 会在数据之前打印行和列的总数。
- 会在列名下面打印每一列的类型。
- (在受支持的地方)会灰度高亮显示数值精确度。
- (在受支持的地方)负数会被标记为红色。
- (在受支持的地方)会以黄色高亮显示缺失条目。

本书中打印的 tibble 将不会显示这些特性，但如果使用的是较新版本的 RStudio，那么下面这段代码的输出看起来就应该如图 5.7 所示。

```
tibble(
  chars = letters[1:5],
  nums = -2:2,
  missing = c("x", NA, "y", NA, "NA"),
  precise = c(1.00002, 1.0002, 100.002, 10.200, 0.002)
)
```

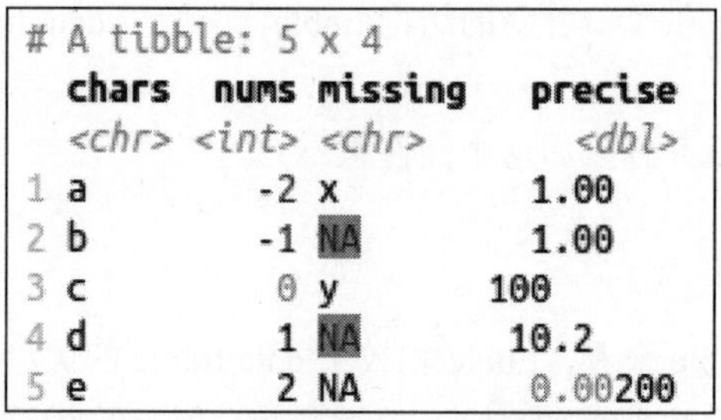

```
# A tibble: 5 x 4
  chars  nums missing  precise
  <chr> <int> <chr>      <dbl>
1 a        -2 x           1.00
2 b        -1 NA          1.00
3 c         0 y         100
4 d         1 NA         10.2
5 e         2 NA          0.00200
```

图 5.7　tibble 中出现的不同数据的有帮助的打印输出

这些特性使得 tibble 成为一个极具优势的对象类，不过就其行为方式而言，其中还有更进一步的优势。

如果所有这些并不足以说服我们 tibble 比 data.frame 具有更大的优势,那么还有一个令人兴奋的特性,它让这个插件包变得更加有用。之前介绍过,data.frame 实际上是一列向量,其长度全部相同。那些向量可以包含任何基础的值类型,数值、字符、日期或其他类型都可以。tibble 将这一概念扩展成 list-column 的概念:不同于值向量,tibble 列由一列对象构成。这些对象可以是任何内容,因为它们位于一个列表而非一个向量中,因此我们可以创建其各种数据都包含在一个列之中的 tibble,只要每个顶层列表的长度都是相同的即可。

我们可以像创建 data.frame 那样轻易地创建具有 list-column 的 tibble。

```
tibble(
  x = 1:3,                               第一列包含一个数值型值向量
  y = list(letters, TRUE, mtcars)
)                                        第二列包含一个字符向量、一个逻辑
#> # A tibble: 3 x 2                     值向量,以及一个 data.frame,它们都
#>       x y                             存储在一个列表中
#>   <int> <list>
#> 1     1 <chr [26]>
#> 2     2 <lgl [1]>
#> 3     3 <data.frame [32 × 11]>
```

可以使用 as.tibble()函数将列表的列表转换成 tibble。

```
                                         它包含一列列表(一个列的列表,其
                                         中一些其本身就可能是列表)
my_tbl <- as.tibble(
  list(                                  第一列是从 1 到 3 的序列
    x = 1:3,
    y = list(                            第二列是包含不同类型的 list-column
      letters,
      TRUE,                              长度为 1 的逻辑值向量
      mtcars
    )                                    mtcars 数据集(data.frame)
  )
)
长度为 26 的字符向量
```

tbl_df 的 print 方法会在打印 tibble 时被自动调用。

```
my_tbl
#> # A tibble: 3 x 2
#>       x y
#>   <int> <list>
#> 1     1 <chr [26]>
#> 2     2 <lgl [1]>
#> 3     3 <data.frame [32 × 11]>
```

下面这些额外的信息会对你有所帮助:

- 行和列的数量(三行两列);
- 每一列的类型(int 和 list);

- list-column 的每个元素的类型和长度(例如，<chr [26]>)。

假设有一个对象具有大量信息，如下列这个由 26 行和 26 列构成的 data.frame。

```
m <- as.data.frame(
  matrix(
    1:676, c(26, 26),
    dimnames = list(1:26, LETTERS)
  )
)
```

我们可以 print()它(这里只显示前六行，而这已经足够了)。

```
head(m)
#>   A  B  C  D   E   F   G   H   I   J   K   L   M   N   O   P   Q   R   S
#> 1 1 27 53 79 105 131 157 183 209 235 261 287 313 339 365 391 417 443 469
#> 2 2 28 54 80 106 132 158 184 210 236 262 288 314 340 366 392 418 444 470
#> 3 3 29 55 81 107 133 159 185 211 237 263 289 315 341 367 393 419 445 471
#> 4 4 30 56 82 108 134 160 186 212 238 264 290 316 342 368 394 420 446 472
#> 5 5 31 57 83 109 135 161 187 213 239 265 291 317 343 369 395 421 447 473
#> 6 6 32 58 84 110 136 162 188 214 240 266 292 318 344 370 396 422 448 474
#>     T   U   V   W   X   Y   Z
#> 1 495 521 547 573 599 625 651
#> 2 496 522 548 574 600 626 652
#> 3 497 523 549 575 601 627 653
#> 4 498 524 550 576 602 628 654
#> 5 499 525 551 577 603 629 655
#> 6 500 526 552 578 604 630 656
```

不过，如果将其转换成 tibble，那么其输出不会填满整个控制台，仅会显示能够放入屏幕中的信息，并且会显示与末列示出的内容有关的提示。

```
as.tibble(m)
#> # A tibble: 26 x 26
#>        A     B     C     D     E     F     G     H     I     J     K     L
#>    * <int> <int> <int> <int> <int> <int> <int> <int> <int> <int> <int> <int>
#> 1      1    27    53    79   105   131   157   183   209   235   261   287
#> 2      2    28    54    80   106   132   158   184   210   236   262   288
#> 3      3    29    55    81   107   133   159   185   211   237   263   289
#> 4      4    30    56    82   108   134   160   186   212   238   264   290
#> 5      5    31    57    83   109   135   161   187   213   239   265   291
#> 6      6    32    58    84   110   136   162   188   214   240   266   292
#> 7      7    33    59    85   111   137   163   189   215   241   267   293
#> 8      8    34    60    86   112   138   164   190   216   242   268   294
#> 9      9    35    61    87   113   139   165   191   217   243   269   295
#> 10    10    36    62    88   114   140   166   192   218   244   270   296
#> # ... with 16 more rows, and 14 more variables: M <int>, N <int>, O <int>,
#> #   P <int>, Q <int>, R <int>, S <int>, T <int>, U <int>, V <int>,
#> #   W <int>, X <int>, Y <int>, Z <int>
```

此处，有 16 行和 14 列(及其名称)并没有显示出来。对控制台窗口的缩放也将改变所打印的内容(下次打印时)。

我在 tibble 的优势列表中曾提到过，它们绝不会对列名进行加工。回想一下；为让 data.frame 中的空格和标点符号不被转换成句点，我们需要指定 check.names = FALSE。不过在使用 tibble 时就没有这样的问题：

```
tibble(
  x = 21,
  `y variable` = 22,
  `.2b` = 23
)
#> # A tibble: 1 x 3
#>       x `y variable` `.2b`
#>   <dbl>        <dbl> <dbl>
#> 1  21.0         22.0  23.0
```

我们可能无须重新创建一个 tibble(有非常简洁的方式可以供我们所用)，不过一旦开始更为深入地使用 data.frame，我们就会用到返回这一结构的函数，因此很有必要清楚其含义。

5.6.2　将结构用作函数参数

在上一章中构建和调用函数时，我们仅传递了单个值作为输入。现在我们知道了如何编写更为高级的结构，那么要如何将这些结构用于函数中呢？

你一定会很高兴，因为对于此我们并没有什么新的知识要学习——我们可以编写接受任意结构作为输入的函数(它们是否能够对输入进行处理是另外一个完全不同的问题)。实际上，由于 R 中并不存在像“仅是一个值”这样的东西，因此我们一直都是在向函数传递向量(长度为 1)。

大部分 base R 函数在默认情况下都能很好地处理长度大于 1 的向量[1]。sqrt() 函数会计算其输入的平方根：

```
sqrt(9)
#> [1] 3
```

它可以对输入的(较长)向量顺利地执行同样的运算，并返回一个新的输出向量：

```
sqrt(c(9, 16, 25))
#> [1] 3 4 5
```

函数参数的结构化要求是特定于该函数的，但是应该在该函数的帮助文件中进行足够详细的说明。如果我们正在编写自己的函数，那么可以决定要支持或者需要哪些输入结构。应该基于函数所需的输入做出合理的选择；可能我们需要一个完整的 data.frame、一个列表，或者仅需要一个向量。要尝试让函数使用最少量数据的输入来完成其任务。

为了让输入结构尽可能严谨，可以考虑增加一些逻辑以便使用 class() 或 typeof()

---

[1] 它们通常处理的是向量，因为一个长度为 1 的值仍旧是一个向量。

验证输入类型。在介绍条件式计算时，将会讲解如何进行这样的处理。

最后，函数的输出(return()的参数)可以是任意结构。一个函数仅能返回一个对象，但这并不妨碍我们构建一个单独对象的列表进行返回。例如，lm(1~1)(一个简单线性回归——其细节在这里并不重要)所返回的对象就是一个列表，它包含 11 个部分。

```
str(lm(1~1))
#> List of 11
#>  $ coefficients : Named num 1
#>   ..- attr(*, "names")= chr "(Intercept)"
#>  $ residuals    : Named num 0
#>   ..- attr(*, "names")= chr "1"
#>  $ effects      : Named num 1
#>   ..- attr(*, "names")= chr "(Intercept)"
#>  $ rank         : int 1
#>  $ fitted.values: Named num 1
#>   ..- attr(*, "names")= chr "1"
#>  $ assign       : int 0
#>  $ qr           :List of 5
#>   ..$ qr      : num [1, 1] 1
#>   .. ..- attr(*, "dimnames")=List of 2
#>   .. .. ..$ : chr "1"
#>   .. .. ..$ : chr "(Intercept)"
#>   .. ..- attr(*, "assign")= int 0
#>   ..$ qraux: num 1
#>   ..$ pivot: int 1
#>   ..$ tol  : num 1e-07
#>   ..$ rank : int 1
#>   ..- attr(*, "class")= chr "qr"
  <truncated>
```

5.7 亲自尝试

创建我们自己的值向量。我们是否能够混合不同的类型(整数和字符)？创建另一个具有值 10, 9, ..., 1 的向量。是否用到了 seq()函数？是否可以使用:这一快捷方式？

尝试将两个等长向量相减，并且亲自按元素进行相减以观察 R 是否能给出我们期望的答案。如果将两个向量相乘会怎么样？如果它们的长度不相同呢？

创建一个代表我们自己三个特性的列表(如姓名、地址和生日)。将这些特性的某些部分划分成分别位于每个列表元素中的单独元素。这些类型是否我们期望得到的？

创建一个三行四列的 data.frame，其中每一行都代表一个人，而列代表这个人的姓名(字符)、年龄(整数)、他们是否喜欢红酒(逻辑值)，以及以米为单位的身高(数值)。它可能看起来像这样：

```
data.frame(
  name = c("Alice", "Bob", "Charlie"),
  age = c(21L, 43L, 19L),
  likes_red_wine = c(TRUE, FALSE, TRUE),
  height_m = c(1.65, 1.50, 1.75)
```

```
)
#>      name   age likes_red_wine height_m
#> 1   Alice   21            TRUE     1.65
#> 2     Bob   43           FALSE     1.50
#> 3 Charlie   19            TRUE     1.75
```

现在创建这同一个 data.frame，但这次要使用 NA 来表示并不知晓 Bob 是否喜欢红酒。将这个 data.frame 赋予一个名为 people 的变量。使用 str()、print()、class()以及我们知道的其他任何函数来检查这个新对象。将 people 转换成一个 tibble 并且打印它。你是否注意到了任何信息？你是否记得使用 library(tibble)加载 tibble 包？

5.8　专业术语

- 向量——一个简单的结构，其中所有的元素都具有相同类型。
- 序列——一个具有定长间隔元素的向量。
- 循环——当两个向量的长度不同时，会将其中一个重复(循环)到较长的长度。
- 矩阵——元素网格，所有元素都是同一类型，分布在行和列中。
- 列表——类似于向量的向量，不过每个列表元素可以是不同的类型和长度。
- data.frame——一个向量列表，其中每个向量都是同一长度，但可以是不同的类型，分布在行和列的网格中。
- 类——一个特定结构的标签，它允许 R 识别出要应用哪些函数(方法)。
- tibble——一个改进过的 data.frame，它具有额外的功能(如 list-column)。

5.9　本章小结

- 我们一直都在使用向量；R 并没有"标量"值这一概念。
- 向量和矩阵包含单一类型的数据。
- NA 可以包含在向量中，但 NULL 不行。
- 可以将名称附加到向量的元素。
- 可以使用:来生成整数间隔的序列。
- 并非每个函数都需要输入一个向量或者单独的值。
- 当一次比较中涉及两个向量时，较短的向量可以被循环为较长的长度。
- 列表能够组合不同的数据类型。
- data.frame 的每一列中都将具有一致的行数。
- 不同的类具有不同的方法，例如 print.table()。
- tibble 结构是对 data.frame 的改进。

- 向量和矩阵的所有元素都必须是单一类型，这些元素会被强制转换为可用的最通用类型。
- 向量或矩阵不能包含 NULL，但可以包含相关的 NA 格式。
- 列表可以包含 NULL 作为顶层元素，但它仍旧无法用作向量或矩阵的一部分。
- 如果不指定足够的参数，那么 seq() 函数会认为我们想要从 1 开始。
- :这个快捷函数将平稳地向后计数，无论我们是否想要如此，如 1:0。
- data.frame 的列名称不能包含空格或标点符号。
- 控制台中打印 tibble 的方式远比打印 data.frame 的方式有用。

第 **6** 章

选取数据值

本章涵盖：

- 操作字符串
- 从不同的结构中选取值分组
- 条件式选取值
- 替换特定的值
- 以一种更好的方式操作 data.frame——dplyr

现在我们已经介绍了如何将值分组到一起成为较大型的结构，而获取那些较大型结构中的较小组成部分时常都是有用的，我们有可能需要从 data.frame 中获取一列、从矩阵中获取一行，或者获取一个字符串的一部分。从较大型的结构中提取数据既是我们将用 R 语言执行的其中一项最常见的操作，又是其中一项最危险的操作(因为 R 的各种怪异模式)。明白危险之所在并且为其做好准备而非在面对它们时感到惊讶是一项防御性策略，理解所发生的事情也是有价值的。当然，R 是一种可扩展的语言，这意味着用更加合理的代码来替换"有缺陷"的代码这项任务不需要花费过多精力——并且可以肯定的是，这就是我们的方向。

6.1　文本处理

将各个文本片段连接到一起仅是我们可以与字符串交互的其中一种方式。通常我们需要提取字符串的某些部分或者将其中一个部分替换成其他内容。当数据并非我们所需要的格式或者是以一种古怪方式格式化的时候，我们常常需要进行这样的处理。能够识别出文本中的特定模式也意味着我们可以对其中出现这些模式的任何信息进行替换。一旦开始一次性处理数千个字符串，我们就会庆幸不必手动处理这些工作。

6.1.1　文本匹配

由于字符串都被存储为字符集合，因此我们可以用这种方式来看待它们，并且在字符分组和特定字母或模式之间执行比较(3.4 节中介绍过)。关于字符串的其中一个最简单的问题是"它是否以……开始"。我们使用 base 函数 startsWith()来检查一下：

```
startsWith(x = "banana", prefix = "b")
#> [1] TRUE
```

还有一个检查字符串结尾的补充函数：

```
endsWith(x = "apple", suffix = "e")
#> [1] TRUE
```

注意，这个函数不会尝试进行像忽略空白处这样的智能化处理。如果一个字符串以一个空格作为开头，那么它就会以空格作为开头，而非字母。

```
startsWith(" banana", "b")  ◄─────┐ 一旦熟悉其顺序，就可以省略参数名称
#> [1] FALSE
```

大写和小写字母也会被区别对待。

```
startsWith("Apple", "a")
#> [1] FALSE
```

所检查的前缀或后缀可以是任意长度——不需要是单个字母。

```
startsWith("carpet", "car")
#> [1] TRUE
```

搜索字符串的开头和结尾只是字符串检索的两种特殊情况，你可能希望进行更为通用的检索：搜索字符串中的任意位置。在这种情况下，我们需要一种更为高级的工具。如果你已经熟悉了 Unix/Linux 命令行工具，那么可能认识 grep()函数，它会查找匹配某种模式的文本。只要提供一种模式、一个文本字符串以及 value = TRUE 这个参数，grep()就会返回包含该模式的任意文本字符串(整个字符串)。

```
grep(
  pattern = "nan",
  x       = "banana",
  value   = TRUE
)
#> [1] "banana"
```

如果 value = TRUE，则返回匹配的字符串；
否则会返回包含该模式的字符串向量索引

类似于 startsWith() 和 endsWith() 函数，我们可以生成一个逻辑值结果，它会表明使用 grepl()(l 表示逻辑性)函数是否可以在字符串中找到指定的模式。

```
grepl("app", "apple")
#> [1] TRUE
```

值得一提的是，之前所有的函数都是向量化的，因此可以同时比较和处理整个字符串向量。

```
grepl(pattern = "meow", x = c("meowing", "meowed", "homeowner"))
#> [1] TRUE TRUE TRUE
```

在这些例子中，使用 value = TRUE 参数，grep() 仅会返回包含指定模式的字符串。

```
grep("car", c("cradle", "cartoon", "carpet"), value = TRUE)
#> [1] "cartoon" "carpet"
```

如果不使用这个参数(或者使用默认的 value = FALSE)，则会返回对应于包含该模式的字符串的索引(对于单个字符串而言，则会在匹配时返回 1，在不匹配时返回 integer(0))。

```
grep("car", c("cradle", "scary", "carpet", "Carroll"))
#> [1] 2 3
```

这些模式都过于简单，你很少会用到它们。后面当我们进一步阐述如何才能将这些模式构造得更为通用的时候，这些函数会变得极为有用。

一种更好的方式

正如你可能会猜到的，有更为复杂精细的第三方方法可用于完成这些任务。stringr 包(Hadley Wickham 的另一个插件包)提供了简单工具来代替这一节中所介绍的大多数函数。

```
# install.packages("stringr")
library(stringr)
```

为了将字符串匹配到模式，str_detect() 函数实质上替换了 grepl()，而 str_view() 则在 RStudio Viewer 窗口内提供了一个非常整洁的可视化视图(参见图 6.1)，其中展现了哪些字符串已经匹配上(以及字符串的哪些部分被匹配上)。

```
# install.packages("htmlwidgets")
str_view(c("cradle", "scary", "carpet", "Carroll"), "car")
```

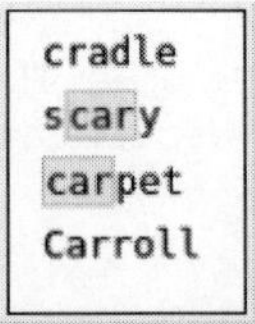

图 6.1　Viewer 窗口中 str_view()的示例

当一个字符串中存在多个匹配时，str_view()仅显示第一个匹配，而 str_view_all() 会显示所有的匹配。

注意：我在此处讲解的这个特别函数还需要 htmlwidgets 库及其依赖项，以便显示字符串匹配的 HTML 渲染。它并非 stringr 的官方依赖，因此不会被自动安装。要使用它，需要自行安装 htmlwidgets。

6.1.2　子字符串

到目前为止，所讨论的模式匹配函数都是用于判定哪些字符串包含了某种模式，但其中的字符串都是作为一个整体来使用的。如果我们希望隔离出字符串的一部分，那么有大量的选项可用于此目的。

substring()和 substr()第一眼看上去似乎是执行完全相同的处理：分离出一个子字符串。不过，它们存在着细微的差别，并且能够执行更多的处理。这两个函数都接受一个或多个字符串的向量，还有两个位置参数：要提取的子字符串的 start/first 索引和 stop/last 索引。这两个函数之间最明显的区别在于，对于 substring()而言，它具有默认设置 last = 1000000L，这意味着我们可以仅指定 first 参数，以便提取从该位置开始直到字符串结尾的文本。

例如，要提取一些字符串的首字母，可以使用以下命令：

```
substr(x = c("You", "Only", "Live", "Once"), start = 1, stop = 1)
#> [1] "Y" "O" "L" "O"
```

注意，这里同时将 start 和 stop 值指定为 1，因为我不希望提取该范围之外的值。如果希望提取单词的前三个字母，则可以使用下列命令：

```
substr("carpet", 1, 3)
#> [1] "car"
```

如果希望提取最后三个字母，则可以节省一小部分编写命令的精力，只要使用 substring()函数(借助其默认的 last 参数值)即可。

```
substring("carpet", 4)
#> [1] "pet"
```

这些示例仅在你已经知晓要提取子字符串需要哪些索引时才有用。通常情况并非如此，因此我们来看一下更为高级的函数。

提示：同样，stringr 包也提供了更好的方式来提取子字符串。一个选择是 str_extract()函数。不过，在我们有更好的工具来处理模式匹配之前，我们所能做的是提取已经知道的部分：模式。

6.1.3　文本替换

替换一个子字符串是一项常见的任务，有许多方式可以完成它。最简单的方式是 sub()函数。其结构类似于 grep()函数，不过它还有一个 replacement 参数。可以用其他一些文本来替换某种模式(这些文本无须是相同数量的字符)：

```
sub(pattern = "pet", replacement = "tography", x = "carpet")
#> [1] "cartography"
```

这对于插入一些缺失或者格式化不正确的内容而言是尤为有用的。

```
sub(" l", " L", "the Tower of london is located on the bank of the Thames.")
#> [1] "the Tower of London is located on the bank of the Thames."
```

在模式(" l")中包含一个空格只会匹配一个句子中间的起始单词

注意，虽然 london 和 located 也是匹配的，但 sub()仅会替换指定模式的首次匹配。要替换所有的匹配，需要使用 gsub()函数。

```
gsub("mrs", "Mrs", "mrs smith, mrs jones, and mrs martin.")
#> [1] "Mrs smith, Mrs jones, and Mrs martin."
```

如果你还记得参数字符串内的转义控制字符(或者使用其他字符)，那么这对于修改不想要的格式而言是很有用的。

```
gsub("\'", "\"", "He said 'Hello'")
#> [1] "He said \"Hello\""
```

提示：stringr 包提供了 str_replace()和 str_replace_all()分别用于单个和多个替换场景。

这也是 2.1.1 节中提过的处理"数字中的逗号"这一问题的方法——使用空(一个空字符串"")来替换逗号。

```
str_replace_all("1,200,000", ",", "")
#> [1] "1200000"
```

6.1.4　正则表达式

到目前为止，我们所使用的字符串模式本身就是简单的字符串，但很有可能我们需要替换某些具有特定特征的字母、数字或符号的分组。为此，我们必须能够使用文本来描述这些分组，这就需要使用正则表达式(regular expressions 或 regex)。

定义： 正则表达式指的是通过(可能转义过的)字符的体系来指定一种模式，以便捕获文本匹配。

这一主题目前而言可能有些难度，但只要你能够认识到需要正则表达式的场景，那就足够有用了，这里将介绍一些简单的示例。如果知道所查找的数字是什么，我们就可以非常容易地提取字符串中的任意一个数字，或者使用单独的替换来替换字符串中的任意一个数字：

```
sub(pattern = "3", replacement = "z", x = "xy3")
#> [1] "xyz"
```

但如果有一种更为通用的场景，其中数字可以为 0, 1, ..., 9 中的任意一个呢？在这种情况下，可以使用正则表达式来匹配任意数字。有几种方式可以进行指定：使用\d(一个转义的 d，这在 2.1.2 节中探讨过，其中反斜杠本身需要被转义)，或者使用数字分组[0123456789](正则表达式中的方括号意味着"其中任何一个")，也可以使用该分组的缩写符号[0-9]，或者使用命名数字类[[:digit:]]。即使并不完全清楚需要替换哪个数字，以下命令仍旧可以正常运行：

```
sub(pattern = "\\d", replacement = "z", x = "xy8")    ◄── 此处，反斜杠本身需要被转义
#> [1] "xyz"
```

?regex 的帮助菜单中提供了正则表达式选择器的详尽说明，表 6.1 中显示了一些常见示例的简要列表。

表 6.1　常见的正则表达式选择器

要选择……	使用……	使用字符串"xY8 ."作为示例
一个特定字母/数字	该字母/数字本身，如 x	匹配 x
数字	\\d、[0-9]、[[:digit:]]	匹配 8
大写	[A-Z]、[[:upper:]]	匹配 Y
小写	[a-z]、[[:lower:]]	匹配 x
空格	\\s、[[:space:]]	匹配 8 和.之间的空格

可以将这些与我们已知的匹配部分交织在一起来构建一个全面的正则表达式，这个正则表达式可以在像 grep()和 sub()这样的函数中使用。例如，要选取后面跟着 ar 的 c 或 C(从字符串中的任意位置开始)，则可以使用正则表达式"[Cc]ar"：

```
grep("[Cc]ar", c("cradle", "scary", "carpet", "Carroll"), value = TRUE)
#> [1] "scary"   "carpet"  "Carroll"
```

[Cc]会选取 C 或 c

也有方法可以选取字符串的开头(^)和结尾($)、单词和空格之间的分界(\\b)，或者任何字符(.)。最重要的是，可以在模式中使用数量词来选取该模式出现在有效匹配中的次数。表 6.2 中简要概述了这些方式。

表 6.2　用于选取多次模式匹配的常见正则表达式量词

要选择的模式匹配次数	使用……	示例
0 或 1 次	?	\\d?匹配 xyz 和 xy8z
0 或多次	*	\\d*匹配 xyz、xy8z 和 xy89z
1 或多次	+	\\d+匹配 xy8z 和 xy89z
n 次	{n}	\\d{3}匹配 xy789z

可以在之前使用的函数中使用所有这些方法，从而构建非常特定的表达式。

```
grep("[Cc]ar{2}", c("cradle", "scary", "carpet", "Carroll"), value = TRUE)
#> [1] "Carroll"
```

r{2}会选取两个 r。注意必须匹配整个表达式

要指定一个正则表达式还有许多选项可用，并且如果能够有效利用，它们将会带来巨大的好处。不过，它们带来灵活性的同时，也带来了复杂性，因此可以理解的是，通常我们并没有用到其全部能力。

要减轻为匹配指定正确正则表达式的困难性，可以借助几款工具的帮助。第一款工具是 stringr 的函数 str_view()，之前提到过，它会在 RStudio Viewer 窗口中提供匹配项的可视化视图。对于多个匹配，可以使用 str_view_all()函数。这对于测试正则表达式而言是非常方便的。例如，可以使用以下命令来实现两个数字的匹配。

```
str_view_all("xy23yx878xyx9yxy", "\\d{2}")
```
匹配一行中的两个数字

图 6.2 中显示了其结果。

xy23yx878xyx9yxy

图 6.2　使用 str_view()匹配一行中的两个数字，将显示在 Viewer 窗口中

rex 包提供了一些使用更多 R 风格语法的快捷方式，它们有助于构建正则表达式。

```
# install.packages("rex")
library(rex)
#
#> Attaching package: 'rex'
# The following object is masked from 'package:stringr':
#>
#>     regex
```

这使得复杂正则表达式的构建更为清晰并且更易于阅读。要选取字符串起始位后

跟着任意不区分大小写的三个字母、一个数字，外加任意数量的小写字母的模式，可
以像下列这样构建：

```
matching_regex <- rex(
  start,
  n_times(letter, 3),
  n_times(digit, 1),
  any_lowers
)
matching_regex
#> ^(?:[[:alpha:]]){3}(?:[[:digit:]]){1}[[:lower:]]*
```

每个组成部分的(?:)包装器具有额外的功能，此处并不会用到，但这是 rex 包构
建正则表达式的方式。可以使用 str_view()找出一些字符串的匹配：

```
possible_strings <- c("xyzabc9?AB", "JDC8xyzabc", "SC?0abcxyz")
str_view(possible_strings, matching_regex)
```

图 6.3 中显示了其结果。

```
xyzabc9?AB
JDC8xyzabc
SC?0abcxyz
```

图 6.3　使用 rex 包构建一个可用在 str_view()中的正则表达式

一旦开始熟悉正则表达式，就会在处理文本时发现它们变得极其强大。不过，到
目前为止，我们一直都在从一个或几个字符串中选取字符串的各个部分。为了能够处
理通用化的数据，我们需要能够对所创建的数据结构进行类似的处理。

6.2　从结构中选取组成部分

不同的结构需要不同的命令来提取特定组成部分，出于各种原因，根据使用方式
的不同，这些命令也会表现得不同。其中许多命令都源自让结构处理变得更容易的
想法，但往往都是基于某人尝试完成某项任务的猜测，这就不可避免地影响到结构
一致性。

6.2.1　向量

如果有一个值向量并且希望仅提取其中一些值，则可以通过其索引来选取它们，也
就是其在向量中的位置。例如，假设有下列这个向量：

```
vec <- c(21, 23, 25, 27, 29)
```

　　如果仅需要提取第二个元素，则可以在方括号运算符——一个底层函数，尽管 R 要求同时提供对应的]，但通常我们仅使用[来指代它——中使用期望的索引。

```
vec[2]
#> [1] 23
```

　　注意：你可能听到过，其他编程语言(如 C 和 Python)从 0 开始对元素计数[1]。但 R 并非如此，它的计数方式与 Fortran(一种至少比 C 早出现十年的语言)相同，是用类似于日常交谈的方式来开始计数的：第一个元素是数字 1，第二个是数字 2，以此类推。

　　这个运算符本身可以接受一个值向量，因此可以一次性选取多个值：

```
vec[c(2, 5)]
#> [1] 23 29
```

　　一个序列就是一个向量，因此可以一次性提取全部的一连串的值：

```
vec[2:4]
#> [1] 23 25 27
```

　　要提取除某个索引之外的所有值，可以使用一个减号附加到该索引之前：

```
vec[-2]
#> [1] 21 25 27 29
```

　　或者排除一个向量或索引：

```
vec[-c(2, 3)]
#> [1] 21 27 29
```

　　如果没有提供索引，则会得到整个向量：

```
vec[]
#> [1] 21 23 25 27 29
```

　　不过这等同于直接请求向量 vec。

　　要使用这个运算符，向量不必保存在变量中；我们可以从刚定义的向量中提取值：

```
c(32, 34, 36, 38)[c(2, 3)]
#> [1] 34 36
```

　　这个运算符还有一种名为[[的格式。要取子集的对象后面紧跟着[[，然后是取子集的详情，之后是]]，不过这一组合通常都是通过其函数名称[[来引用的。R 知道，需要提供对应的关闭]]才能让表达式正常生效。这仅可以从向量中选取单个元素。尝试选取多个元素会产生错误：

　　1　这样就可以使用偏移量来引用内存中的元素；第一个元素的偏移量为 0，第二个的偏移量为 1，以此类推。

```
vec[[c(1, 2)]]
#> Error: attempt to select more than one element in vectorIndex
```

不过，这个运算符的一个优势在于，它会移除向量中的名称。假设有一个命名向量：

```
named_vec <- c(x = 21, y = 23, z = 25)
```

我们可以使用下面的命令提取单个元素及其名称：

```
named_vec[2]
#> y
#> 23
```

或者去掉其名称：

```
named_vec[[2]]
#> [1] 23
```

我们偶尔需要以这种方式从向量中提取单个元素，但对于更为复杂的对象而言，情况则完全不同。

基于元素位置(索引)来标识要提取的元素往往是不可靠的，通常应该避免这样的做法；其顺序可能会发生变化、元素会被添加或移除等，因此依赖这些索引来进行提取处理是不可靠的(不过有时我们不得不这么做)。提取命名元素的一种更健壮的方式就是将[或[[与其名称结合使用。要从向量中提取一个命名元素，只要将元素名称传递到[或者[[中作为字符向量即可。

```
named_vec[c("x", "y")]
#> x y
#> 21 23
```

这里是另一个示例：

```
named_vec[["y"]]
#> [1] 23
```

同样，[[会丢弃名称并且仅返回单一元素。

非预期的选取

基于索引进行提取的一个意外特性是，使用非整数也是可行的。如果根据非整数值对内置的英语字母向量 letters 取子集

```
letters[c(1.3, 1.5, 1.7, 2.1)]
#> [1] "a" "a" "a" "b"
```

则会提取第一个元素三次，第二个元素一次。

在这些例子中，非整数索引会被截取为仅包含该数字的整数部分(2.3 节中探讨过)，也就是使用 as.integer()进行向 0 取整，然后才会执行该提取。这可能并不令人惊

讶；之前介绍的选取使用了非整数(严格来说)索引规范；例如，在 vec[c(2, 5)]中，我们并没有使用 2L 和 5L。

5.1 节中阐释过，在 R 中，索引是从 1 开始的。尝试选取 0 元素并不会产生错误或警告，但该元素必然是不存在的。

```
letters[0]
#> character(0)
```

相反，我们生成了一个字符类型的空结果(因为 letters 是一个字符向量)。尝试使用大于向量长度的索引来选取元素会产生 NA 值：

```
letters[99]
#> [1] NA
```

尝试使用索引 NA 提取元素会得到 NA(这并不意外)，不过(出人意料的是)，这样做并不会只产生一个 NA：

```
named_vec[NA]
#> <NA> <NA> <NA>
#>   NA   NA   NA
```

NA(非具体形式)实际上是一个逻辑值类型，后面将会介绍，我们可以使用逻辑运算符来选取元素。任何涉及 NA 的比较都会得到 NA，因此每个元素都会匹配这一准则。如果使用一个更为具体的缺失值，那么只会得到单个 NA，如 NA 的字符版本：

```
named_vec[NA_character_]
#> <NA>
#>   NA
```

花些时间实践一下这些提取技术，因为它们是后续进一步处理的基础。

6.2.2 列表

要从列表中提取一个元素，可以使用与向量提取相同的语法。给定一个具有几个元素的列表：

```
lst <- list(
  odd = c(1, 3, 5),
  even = c(2, 4, 6),
  every = 1:6
)
```

我们可以使用[运算符提取一个或多个元素，该运算符会保留其名称：

```
lst[c(1, 2)]
#> $odd
#> [1] 1 3 5
#>
#> $even
```

```
#> [1] 2 4 6
```

注意，这会返回第一个和第二个向量，但其结果仍旧是一个列表：

```
typeof(lst[c(1, 2)])
#> [1] "list"
```

要提取其中的元素，首先要指定需要从中提取元素的向量(仅选取一个元素)。使用[进行这样的尝试仍然会返回一个列表：

```
typeof(lst[c(1, 2)][2])
#> [1] "list"
```

回想一下，[[这个双运算符仅会返回单个元素，并且会丢弃其名称。它还会从列表中返回一个向量：

```
lst[[2]]
#> [1] 2 4 6

typeof(lst[[2]])
#> [1] "double"
```

我们可以轻易地从中提取元素，因为这是一个向量。

```
lst[[2]][2]
#> [1] 4
```

如果你发现嵌套列表(列表中包含列表)的处理很麻烦，那么可能需要在[[中指定多个值，以便指定一个嵌套元素。例如，以下嵌套列表是有效的，其中一个列表的第一个元素是一个列表：

```
nested_lst <- list(
  names = list(
    first = "Jonathan",
    last = "Carroll"
  ),
  fav_lang = "R"
)
nested_lst
#> $names
#> $names$first
#> [1] "Jonathan"
#>
#> $names$last
#> [1] "Carroll"
#>
#>
#> $fav_lang
#> [1] "R"
```

要从内层列表中提取第二个元素，可以使用以下命令：

```
nested_lst[[c(1, 2)]]
```

```
#> [1] "Carroll"
```

可以通过指定元素名称来提取命名元素：

```
lst[c("even", "odd")]
#> $even
#> [1] 2 4 6
#>
#> $odd
#> [1] 1 3 5
```

这里是另一个示例：

```
lst[["even"]]
#> [1] 2 4 6
```

这多少有助于嵌套列表的处理，因为持续跟踪位置索引会造成困扰。

```
nested_lst[[c("names", "last")]]
#> [1] "Carroll"
```

不过，除了在[[中使用名称之外，还可以使用名称来提取单个元素，具体做法是在列表名称和元素名称之间使用美元符号$：

```
lst$odd
#> [1] 1 3 5
```

注意，这并不适用于向量，虽然其元素也有名称。

```
named_vec$a
#> Error: $ operator is invalid for atomic vectors
```

对于这一特性要非常小心，因为 R 会在使用这一美元符号-名称语法时执行部分匹配，就像它对参数所执行的匹配一样(4.1.7 节中探讨过)。我们不一定非得提供要提取的元素的完整名称(虽然应该这样做)，只要足够唯一判别该元素即可。

```
lst$o
#> [1] 1 3 5
```

这样的处理不一定能正常运行。可能所使用的部分名称并不足以唯一判定元素：

```
lst$e
#> NULL
```

注意，就算列并不存在，其结果也是相同的。

```
lst$z
#> NULL
```

如果要在这一部分匹配发生时得到通知(以警告形式)，那么可在会话开头处通过执行以下命令来开启该选项：

```
options(warnPartialMatchDollar = TRUE)
```

这会生成：

```
lst$o
# Warning message:
# In lst$o: partial match of 'o' to 'odd'
#> [1] 1 3 5
```

对于更为健壮的名称-提取方法而言，并不会出现名称的部分匹配这种情况：

```
lst[["o"]]
#> NULL
```

除非使用 exact 参数明确要求进行部分匹配：

```
lst[["o", exact = FALSE]]
#> [1] 1 3 5
```

这个选项可以是 TRUE(仅允许精确匹配)、FALSE(静默允许部分匹配)或 NA(允许部分匹配，但在使用时提供警告)。最好的做法是，不要依赖一项不稳定的特性，并且在使用任一约定时都提供完整名称。

因为可以使用名称来指定[[提取，所以使得向量元素的访问看起来整洁许多。

```
lst$odd[2]
#> [1] 3
```

即使是嵌套列表也是如此。

```
nested_lst$names$last
#> [1] "Carroll"
```

Object of type 'closure' is not subsettable 错误

人们常常遇到的错误之一就是一条看似难以理解的错误描述，该描述表示有些对象无法取子集。这是与函数有关的——例如，下列这个函数会创建一个具有三个值的列表：

```
make_a_list <- function() {
  return(list(x = 11, y = 12, z = 13))
}
```

我们可以执行这个函数并且生成一个作为对象的列表：

```
new_list <- make_a_list()
```

你可能希望提取其中一个元素，这样一来就可以从这个新变量中进行提取：

```
new_list$y
#> [1] 12
```

或者也可以避免命名该对象的麻烦，并且直接从生成该对象的表达式中提取元素：

```
make_a_list()$y
```

```
#> [1] 12
```

这是有效的，因为在执行任何操作之前，R 会将其分解成相关的步骤；该函数也会被执行，然后将应用取子集运算符$。

不过如果忘记使用标识 make_a_list()函数调用的圆括号，那么 R 会将其处理为尝试对该函数取子集(这个函数被存储为对象)。但这是不被允许的，所以其执行会失败。

```
make_a_list$y
```

```
#> Error: object of type 'closure' is not subsettable
```

如果清楚闭包(closure)是函数对象的专有名词(它同时封闭了一系列表达式以及在其中创建该函数的环境)，那么这条错误消息就变得合理了。

6.2.3 矩阵

如果一个结构具有多个维度(如矩阵)，那么指定索引进行提取需要两个值：一个用于行，一个用于列。这仍然是由[运算符来处理的，不过现在它在行和列索引之间包含了一个逗号(,)。给定一个由英文字母表的前 12 个字母构成的矩阵(通过使用[对内置的 letters 向量取子集来构建)：

```
mat <- matrix(letters[1:12], nrow = 3)
mat
#>      [,1]  [,2]  [,3]  [,4]
#> [1,] "a"   "d"   "g"   "j"
#> [2,] "b"   "e"   "h"   "k"
#> [3,] "c"   "f"   "i"   "l"
```

我们可以通过使用 m[row, col]这一结构来指定行和列的索引，从而提取单个元素，因此以下命令可以提取出第三行和第二列中的元素：

```
mat[3, 2]
#> [1] "f"
```

可以通过为行或列位置(或者同时为这两者)提供一个向量来提取多个元素——例如，提取第一和第三行以及第二列：

```
mat[c(1, 3), 2]
#> [1] "d" "f"
```

注意，在前面的每个例子中，返回的都是向量。这同样是 R 的附加特性。[的其中一个参数是 drop，其默认值为 TRUE。其带来的影响就是，无论提取结果何时可以被转换成单一维度(一个向量)，它都会被转换。相较于返回单列或者单行矩阵，R 会返回一个向量。这可能是你真正希望使用的，不过这存在不一致性，会让编程工作变得困难。

警告：值得一提的是，在这些示例中，参数名称都被忽略了，仅仅通过位置来定位参数。[具有形参 i 和 j，从理论上讲，它们会选取矩阵的行(i)和列(j)元素。不过实际上，这些显式参数会被忽略，而选取处理是通过位置来执行的。尝试互换这两个参数的顺序，并且使用 mat[j = 2, i = 3]进行提取处理，将得到形如 mat[2, 3]的相同结果。

如果选取足够多的维度以至于其结果无法仅被生成为一个向量，那么会返回矩阵：

```
mat[c(1, 3), c(2, 4)]
#>      [,1] [,2]
#> [1,] "d"  "j"
#> [2,] "f"  "l"
```

提示： 此处可能会让人产生一些困惑，因为我们是在请求第一行和第三行，以及第二列和第四列，但所产生的矩阵其行和列的标签仅是 1 和 2。这些标签本身并非"名称"；它们仅是新矩阵的索引而已。由于这个新的矩阵具有两行两列，因此其索引仅会覆盖这一范围。

提取矩阵的一部分所产生的结果将永远都是一个矩形矩阵，其值位于所有的行和列中[1]；我们没有办法创建一个矩阵其余部分不是 NA 的"三角形"矩阵。这意味着所产生的对象(要么是矩阵，要么在 drop = TRUE 的情况下生成向量)将由所请求的行和列的交集所组成。我们不会生成一个具有空白元素的矩阵。不过可以通过省略该选取(逗号之前或之后的一个空格或者直接留空)来指定将所有元素放入一行或一列中。

要对所有的行取子集，可以省略行选取：

```
mat[ , c(2, 3)]          ◀——  逗号之前的空格并非强制
#>      [,1] [,2]              的，但它可以让选取命令更
#> [1,] "d"  "g"              为清晰
#> [2,] "e"  "h"
#> [3,] "f"  "i"
```

当一个矩阵具有名称时，例如下面这个：

```
colnames(mat) <- c("col1", "col2", "col3", "col4")
rownames(mat) <- c("row1", "row2", "row3")
mat
#>      col1   col2   col3   col4
#> row1 "a"    "d"    "g"    "j"
#> row2 "b"    "e"    "h"    "k"
#> row3 "c"    "f"    "i"    "l"
```

我们可以使用这些名称来执行提取：

```
mat[c("row1", "row3"), c("col2", "col4")]
#>      col2   col4
#> row1 "d"    "j"
#> row3 "f"    "l"
```

1　"方形"矩阵或者单个值都是"矩形"矩阵的特例。

也可以使用双[[语法，只要提取的是单个元素即可。

```
mat[["row2", "col2"]]
#> [1] "e"
```

使用引号或反引号来转义命名规则

每一次命名对象提取要么使用的是采用元素名称进行提取的显式中括号语法，要么使用的是不带有元素修饰名称的美元符号-名称($)快捷方式。

如果名称绕过了常用的规则并且有包含空格、以数字开头等情况，则其复杂性会显现出来。需要将这些名称放入引号或反引号之中，不过其运行机制是类似的。

```
c(x = 7, "y variable" = 8, z = 9)["y variable"]
#> y variable
#>          8

list(x = 7, ".2b" = 8, z = 9)$`.2b`
#> [1] 8
```

6.3　值的替换

如果希望隔离出某结构的一个组成部分，那么提取出该部分会是很好的做法，但有时我们需要修改某结构的一部分。这就需要选取出该部分来进行更新(使用之前介绍过的索引方法)。通常这涉及与使用赋值运算符(<-)相同的那些步骤。大部分的提取运算符都是以另一个函数的形式来提供这一附加功能。对于[而言，存在着一种替换运算符(其正式写法为：[<-)，当 R 遇到一个取子集的结果对象被赋值为一个新值时，它会将其转换为这一运算。

如果有一个向量 vec，并且不希望提取第二个元素，而是修改它，则可以使用以下命令来达成目的：

```
vec[2] <- 99
vec
#> [1] 21 99 25 27 29
```

注意，执行该赋值运算符仍旧不会在控制台中生成任何输出，因此如果希望监测其变化，则要记得 print()(或评估)该对象[1]。

这一新的附加功能可能会造成对象类型被强制转换：

```
vec[2] <- "99"
vec
#> [1] "21" "99" "25" "27" "29"
```

也可以用类似的处理来更新矩阵元素：

1　在此提醒，使用小括号将非打印表达式括起来会对其进行强制打印，如(no_print <-2)。

```
mat[3, 2] <- 99
mat
#>      col1 col2 col3 col4
#> row1 "a"  "d"  "g"  "j"
#> row2 "b"  "e"  "h"  "k"
#> row3 "c"  "99" "i"  "l"
```

这个新的元素是一个数值类型，但它将被强制转换成字符，因为字符类型是这两者中的最通用类型

替换项也可以是之前并不存在的新元素，不过要关注一下是如何生成它们的。给定一个长度为 5 的向量：

```
vec <- 1:5
vec
#> [1] 1 2 3 4 5
```

尽管这个值并没有被定义(因而它被设置为 NA)，我们也可以试着请求第 8 个值。

```
vec[8]
#> [1] NA
```

我们可以替换(创建)第 8 个元素，只要同时创建第 6 个和第 7 个元素即可。在这方面我们没有其他选择；它们会被自动创建并且被设置为 NA。

```
vec[8] <- 99
vec
#> [1] 1 2 3 4 5 NA NA 99
```

对于一个像下面这样的矩阵而言：

```
mat <- matrix(1:8, nrow = 2)
mat
#>      [,1] [,2] [,3] [,4]
#> [1,]   1    3    5    7
#> [2,]   2    4    6    8
```

以下操作是不允许的：

```
mat[8, 2] <- 99

#> Error: subscript out of bounds
```

可以使用更多的向量一次性替换几个值，只要仔细地匹配好要替换的元素长度及其替换项的长度即可。

```
vec <- 1:8
vec[2:3] <- c(98, 99)
vec
#> [1] 1 98 99 4 5 6 7 8
```

并且仍旧允许使用循环的场景。

```
vec[1:7] <- 0
vec
#> [1] 0 0 0 0 0 0 0 8
```

如果不希望永久地重写该向量, 则可以使用 base 包中的一个便利函数 replace()——顾名思义, 它会(在不对结果赋值的情况下)采用一个向量 x 并且使用 values 来替换 list 中指定位置的元素(如果需要, 则进行循环)。例如可以使用 9 来替换 1:6 的奇数位元素:

```
replace(x = 1:6, list = c(1, 3, 5), values = 9)
#> [1] 9 2 9 4 9 6
```

类似于矩阵, 我们可以一次性替换整个列:

```
mat[, 2] <- c(98, 99)
mat
#>      [,1]    [,2]    [,3]   [,4]
#> [1,]   1      98      5      7
#> [2,]   2      99      6      8
```

对于列表, 我们可以使用[[来请求第 2 个元素:

```
lst <- list(
  odd = c(1, 3, 5),
  even = c(2, 4, 6),
  every = 1:6
)
lst[[2]]
#> [1] 2 4 6
```

可以以与使用向量时相同的方式来更新该元素:

```
lst[[2]] <- c(8, 10)
lst
#> $odd
#> [1] 1 3 5
#>
#> $even
#> [1] 8 10
#>
#> $every
#> [1] 1 2 3 4 5 6
```

或者使用美元符号-名称语法:

```
lst$even <- c(10, 12)
lst
#> $odd
#> [1] 1 3 5
#>
#> $even
#> [1] 10 12
#>
#> $every
#> [1] 1 2 3 4 5 6
```

甚至可以更新那些等级内的单个元素:

```
lst$even[2] <- 100
```

```
lst
#> $odd
#> [1] 1 3 5
#>
#> $even
#> [1] 10 100
#>
#> $every
#> [1] 1 2 3 4 5 6
```

要从列表中移除元素，可以使用减号来取消选取它们：

```
lst <- lst[-2]
lst
#> $odd
#> [1] 1 3 5
#>
#> $every
#> [1] 1 2 3 4 5 6
```

或者将其值设置为 NULL：

```
lst$every <- NULL
lst
#> $odd
#> [1] 1 3 5
```

尝试添加额外元素的行为类似于向量。

```
lst[[4]] <- c("x", "y", "z")
lst
#> $odd
#> [1] 1 3 5
#>
#> [[2]]
#> NULL
#>
#> [[3]]
#> NULL
#>
#> [[4]]
#> [1] "x" "y" "z"
```

只不过不会自动创建占位符值；中间的元素会被赋予值 NULL。注意，新的未命名元素(以及自动创建的没有名称的元素)是由其在列表中的位置来指定的，而命名元素都具有其对应名称。

同样，我们可以使用美元符号-名称语法来添加更多元素，而无须担心该列表的现有长度。

```
lst$greek <- c("alpha", "beta", "gamma")
lst
#> $odd
#> [1] 1 3 5
```

```
#>
#> [[2]]
#> NULL
#>
#> [[3]]
#> NULL
#>
#> [[4]]
#> [1] "x" "y" "z"
#>
#> $greek
#> [1] "alpha" "beta" "gamma"
```

注意： 我们一开始就讲解过，R 并不会修改数据，不过前面许多示例表现得似乎都是在对数据进行修改。这里实际发生的处理是，R 制作了对象副本，对副本进行了修改，然后将其保存回原始的变量名。如果对象很大，那么这可能会消耗大量资源，因此如果在尝试更新一个 data.frame 列的第 1300 万个元素时耗时过长，请不要感到意外。如果确实需要更快速地执行，则可以通过 data.table 包来修改内存中的对象而不是制作对象副本。

6.4　data.frame 和 dplyr

在对 data.frame 执行选取、提取以及替换时，可以或多或少地以期望的方式对之前所探讨的机制进行扩展，但这会产生大量的警告并且可能会产生错误。可以使用$或[[来提取整个列(因为 data.frame 是一组向量)，或者可以像对矩阵所做的处理那样使用[来提取元素。不过，还有更好的方法可以使用。

通过一组一致的并且经过深思熟虑的函数动词(参见图 6.4)，Hadley Wickham 开发的 dplyr(读作 dee-ply-er)包使得 data.frame 的使用变得尽可能简单了。

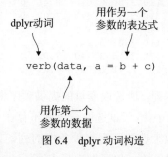

图 6.4　dplyr 动词构造

dplyr 在我的 R 附加插件包推荐列表中位于最前面。我启动每一个会话时都会加载它，因为我确信需要使用它。它提供了一个函数动词的一致性接口以便用于操作整齐的数据——以恰当的受管控的方式来格式化的数据，每个观测一行，每个数量一列。这就是 data.frame 的结构，也就是 dplyr 中的 d。这个插件包中的函数采用一个或多个

data.frame，并且会生成这些 data.frame 的修改后的副本，其中会以某种方式对行和/或列进行选取、添加、移除或修改。

为了能够使用 dplyr，我们需要安装、加载和附加这个插件包。这个插件包的安装耗时较长，因为其大部分都是用更节省内存的 C 代码来编写的，而这些代码是需要编译的。

```
# install.packages("dplyr")
library(dplyr)
```

现在这些函数变得可用了，接下来介绍其中一些最重要的函数。这些函数是 dplyr 包中最受关注的，并且它们在我创建的绝大多数分析中都极为重要。它们都是以函数的"正确"编写风格来构造的——其缩略名描述了该函数会使用一个动词(一个概述"做什么"的词)来执行什么操作并且返回一种可预测的对象类型。这些动词的另一个特性就是，它们都始终使用.data 作为其第一个参数，并且使用...作为另一个参数来捕获要处理的表达式。

6.4.1   dplyr 动词

值得你去熟悉的最重要的 dplyr 动词(它们会实现上面较小结构处理的同一目标)是下面这些。

- mutate——增加或修改列，由一些对已有列的计算或操作来定义。这相当于选取数据的一个子集并且对其赋予新的值，可以新生成一列或者对已有列进行赋值。

```
仅打印前六行
      head(
        mutate(mtcars, displ_l = disp / 61.0237)
      )
      #>    mpg cyl disp  hp drat    wt  qsec vs am gear carb  displ_l
      #> 1 21.0   6  160 110 3.90 2.620 16.46  0  1    4    4 2.621932
      #> 2 21.0   6  160 110 3.90 2.875 17.02  0  1    4    4 2.621932
      #> 3 22.8   4  108  93 3.85 2.320 18.61  1  1    4    1 1.769804
      #> 4 21.4   6  258 110 3.08 3.215 19.44  1  0    3    1 4.227866
      #> 5 18.7   8  360 175 3.15 3.440 17.02  0  0    3    2 5.899347
      #> 6 18.1   6  225 105 2.76 3.460 20.22  1  0    3    1 3.687092
```

- select——仅保留这些列。所选取变量的提供顺序将作为这些列的新顺序。这相当于获取列的命名子集。尝试选取一个并不存在于数据中的列将产生错误。也可以使用辅助函数来选取匹配某种条件的列，如 starts_with()、contains() 和 everything()。参见?select 以了解更多内容。

```
      head(
      select(mtcars, cyl, mpg)
      )
      #>                   cyl  mpg
      #> Mazda RX4           6 21.0
```

```
#> Mazda RX4 Wag      6 21.0
#> Datsun 710         4 22.8
#> Hornet 4 Drive     6 21.4
#> Hornet Sportabout  8 18.7
#> Valiant            6 18.1
```

- filter——仅保留匹配某种逻辑条件的行。这些条件可以被逐个传入，也可以用逻辑运算符(&或|)连接在一起来传入。这相当于获取行的命名子集。

```
filter(mtcars, cyl < 6, am == 1)
#>     mpg cyl  disp  hp drat    wt  qsec vs am gear carb
#> 1  22.8   4 108.0  93 3.85 2.320 18.61  1  1    4    1
#> 2  32.4   4  78.7  66 4.08 2.200 19.47  1  1    4    1
#> 3  30.4   4  75.7  52 4.93 1.615 18.52  1  1    4    2
#> 4  33.9   4  71.1  65 4.22 1.835 19.90  1  1    4    1
#> 5  27.3   4  79.0  66 4.08 1.935 18.90  1  1    4    1
#> 6  26.0   4 120.3  91 4.43 2.140 16.70  0  1    5    2
#> 7  30.4   4  95.1 113 3.77 1.513 16.90  1  1    5    2
#> 8  21.4   4 121.0 109 4.11 2.780 18.60  1  1    4    2

## or equivalently filter(mtcars, cyl < 6 & am == 1)
```

- summarize(也可以写作summarise)——将多个值聚集到一起并且将其提供给一个函数，从而返回单一结果。这一结果仍旧是一个 data.frame，因此如果仅想要得到一个值，那么可能需要进一步的处理。这相当于 stats 包的 aggregate() 函数，尤其是当输入是一个分组 tbl_df 的时候。

```
summarize(mtcars, mean(disp))  ◀─────────┐ 计算 disp 的平均值，其中会涉及划分数
#>   mean(disp)                           │ 据的所有分组的处理
#> 1   230.7219
```

- group_by——为要按照分组来执行的操作应用一个分组策略。这相当于 aggregate()的内部处理机制，它会在计算汇总函数之前根据一些分组变量来划分 data.frame。

```
by_cyl <- group_by(mtcars, cyl)  ◀────┐ 根据气缸数对 mtcars
head(by_cyl)                           │ 数据进行分组
#> # A tibble: 6 x 11
#> # Groups: cyl [3]
#>     mpg   cyl  disp    hp  drat    wt  qsec    vs    am  gear  carb
#>   <dbl> <dbl> <dbl> <dbl> <dbl> <dbl> <dbl> <dbl> <dbl> <dbl> <dbl>
#> 1  21.0  6.00   160 110   3.90  2.62  16.5     0  1.00  4.00  4.00
#> 2  21.0  6.00   160 110   3.90  2.88  17.0     0  1.00  4.00  4.00
#> 3  22.8  4.00   108  93.0 3.85  2.32  18.6  1.00  1.00  4.00  1.00
#> 4  21.4  6.00   258 110   3.08  3.22  19.4  1.00     0  3.00  1.00
#> 5  18.7  8.00   360 175   3.15  3.44  17.0     0     0  3.00  2.00
#> 6  18.1  6.00   225 105   2.76  3.46  20.2  1.00     0  3.00  1.00
```

注意，为 group_by 操作的结果所打印的输出看起来不太一样：data.frame 并不支持像这样的分组，因此这个结果是一个 tibble(5.7 节中介绍过)并且使用 print.tbl_df 进行打印。

　　　　分组会被留存下来并且可由其他动词来识别，因此可以 summarize() 一个分组对象以便生成一个分组汇总。

```
summarize(by_cyl, disp_bar = mean(disp), hp_bar = mean(hp))
#> # A tibble: 3 x 3
#>     cyl disp_bar hp_bar
#>   <dbl>    <dbl>  <dbl>
#> 1  4.00      105   82.6
#> 2  6.00      183    122
#> 3  8.00      353    209
```

对于每个分组，计算 disp 和 hp 列的平均值

　　　　dplyr 包提供了许多更为有用的函数，我建议读者自行研究。就目前而言，这些函数已经足够让我们以干净可靠的方式来创建丰富的数据分析。

　　　　注意：这些动词并不会修改原始的输入数据(也就是这些示例中的 mtcars 数据集)，而是会返回一份执行了相关操作的新副本。如果希望保留返回值，则需要将其赋予一个变量。

6.4.2　非标准计算

　　　　你可能已经注意到，在前面所有的 dplyr 动词中，我在提供参数(通常是列名称，如 mpg)时都没有明确声明我想要“mtcars 数据集的 mpg 列的数据”。这可能看起来有些神奇，并且实际上应该让你变得谨慎一些(但仍旧令人印象深刻)。

　　　　不要担心“非标准计算”这个名词——它只是意味着有些特殊处理会在后台处理，以便完成我们的任务。从内部机制看，这些函数会检查本地(函数调用内所定义的)作用域(第 4 章探讨过)以便查看是否存在具有该名称的列，如果存在，则会使用该数据作为计算处理中的值。当我们在控制台中进行处理或者逐行执行一个脚本时，这样的机制会为我们节省大量的精力，否则我们需要输入下面这样的内容：

```
head(mutate(mtcars, hp_per_cyl = mtcars$hp / mtcars$cyl))
#>    mpg cyl disp  hp drat    wt qsec vs am gear carb hp_per_cyl
#> 1 21.0   6  160 110 3.90 2.620 16.46  0  1    4    4   18.33333
#> 2 21.0   6  160 110 3.90 2.875 17.02  0  1    4    4   18.33333
#> 3 22.8   4  108  93 3.85 2.320 18.61  1  1    4    1   23.25000
#> 4 21.4   6  258 110 3.08 3.215 19.44  1  0    3    1   18.33333
#> 5 18.7   8  360 175 3.15 3.440 17.02  0  0    3    2   21.87500
#> 6 18.1   6  225 105 2.76 3.460 20.22  1  0    3    1   17.50000
```

使用数据的一个显式引用

我们可以确信，R 知道要查看 mtcars 数据以便找到这些列，所以可以写作：

使用非标准计算

```
head(mutate(mtcars, hp_per_cyl = hp / cyl))
#>    mpg cyl disp  hp drat    wt qsec vs am gear carb hp_per_cyl
#> 1 21.0   6  160 110 3.90 2.620 16.46  0  1    4    4   18.33333
#> 2 21.0   6  160 110 3.90 2.875 17.02  0  1    4    4   18.33333
```

```
#> 3 22.8    4 108    93 3.85 2.320 18.61  1  1    4     1    23.25000
#> 4 21.4    6 258   110 3.08 3.215 19.44  1  0    3     1    18.33333
#> 5 18.7    8 360   175 3.15 3.440 17.02  0  0    3     2    21.87500
#> 6 18.1    6 225   105 2.76 3.460 20.22  1  0    3     1    17.50000
```

这使得识别出当前计算正在做什么变得更为容易。如果希望以编程方式修改那些列，那么可能会出问题，因为我们不能在 dplyr 函数外部借助这一特性。我们无法编写像下面这样的命令(后续我们可能希望对值进行更新)：

```
column_to_divide <- cyl

#> Error: object 'cyl' not found
```

因为名称空间中没有 cyl 变量。相反，我们应该将列名称存储为字符：

```
column_to_divide <- "cyl"
```

你可能希望能够编写以下命令，但 mutate()会认为我们正尝试根据一个字符串来分隔一个数值列，因此这会出现错误：

```
head(mutate(mtcars, ratio = mpg / column_to_divide))
```

```
Evaluation error: non-numeric argument to binary operator.
```

相反，应该使用 rlang 包告知 R 去掉其引号，让其变回一个符号。这个插件包的细节很烦琐，但其理念是非常先进的，并且难以阐述，其中存在着一些更加难以阅读的代码，不过这确实是有效的。

```
# install.packages("rlang")                    sym 会将字符串转换成符号，而!!则会去
library(rlang)                                 掉引号，以便提取出引号中的存储值
head(mutate(mtcars, ratio = mpg / !!sym(column_to_divide)))  ◄
#>    mpg cyl disp  hp drat    wt  qsec vs am gear carb    ratio
#> 1 21.0   6 160 110 3.90 2.620 16.46  0  1    4    4 3.500000
#> 2 21.0   6 160 110 3.90 2.875 17.02  0  1    4    4 3.500000
#> 3 22.8   4 108  93 3.85 2.320 18.61  1  1    4    1 5.700000
#> 4 21.4   6 258 110 3.08 3.215 19.44  1  0    3    1 3.566667
#> 5 18.7   8 360 175 3.15 3.440 17.02  0  0    3    2 2.337500
#> 6 18.1   6 225 105 2.76 3.460 20.22  1  0    3    1 3.016667
```

我们将使用参数的半自动识别特性，不过最好要记得，这一机制对于变量的可能查找目标位置是存在着固有限制的。给定一个变量 carb，关注一下 R 将在何处查找它。

```
carb <- 1000
head(mutate(mtcars, double_carb = carb * 2))
#>    mpg cyl disp  hp drat    wt  qsec vs am gear carb double_carb
#> 1 21.0   6  160 110 3.90 2.620 16.46  0  1    4    4           8
#> 2 21.0   6  160 110 3.90 2.875 17.02  0  1    4    4           8
#> 3 22.8   4  108  93 3.85 2.320 18.61  1  1    4    1           2
#> 4 21.4   6  258 110 3.08 3.215 19.44  1  0    3    1           2
#> 5 18.7   8  360 175 3.15 3.440 17.02  0  0    3    2           4
#> 6 18.1   6  225 105 2.76 3.460 20.22  1  0    3    1           2
```

提示：变量命名要谨慎。

要重写这一特性，可以更为明确地指定 dplyr 应该在何处查找特定的变量(在所提供的数据中查找或是在环境中查找)。要显式使用前面示例中的 carb 列(这是默认的行为)，可以使用.data$carb 来引用它。

```
head(mutate(mtcars, double_carb = .data$carb * 2))
#>    mpg cyl disp  hp drat    wt  qsec vs am gear carb double_carb
#> 1 21.0   6  160 110 3.90 2.620 16.46  0  1    4    4           8
#> 2 21.0   6  160 110 3.90 2.875 17.02  0  1    4    4           8
#> 3 22.8   4  108  93 3.85 2.320 18.61  1  1    4    1           2
#> 4 21.4   6  258 110 3.08 3.215 19.44  1  0    3    1           2
#> 5 18.7   8  360 175 3.15 3.440 17.02  0  0    3    2           4
#> 6 18.1   6  225 105 2.76 3.460 20.22  1  0    3    1           2
```

不过如果要使用我们另外定义的 carb 变量，则可以使用.env$carb 来引用它。

```
head(mutate(mtcars, double_thousand = .env$carb * 2))
#>    mpg cyl disp  hp drat    wt  qsec vs am gear carb double_carb
#> 1 21.0   6  160 110 3.90 2.620 16.46  0  1    4    4        2000
#> 2 21.0   6  160 110 3.90 2.875 17.02  0  1    4    4        2000
#> 3 22.8   4  108  93 3.85 2.320 18.61  1  1    4    1        2000
#> 4 21.4   6  258 110 3.08 3.215 19.44  1  0    3    1        2000
#> 5 18.7   8  360 175 3.15 3.440 17.02  0  0    3    2        2000
#> 6 18.1   6  225 105 2.76 3.460 20.22  1  0    3    1        2000
```

再次借助反引号和引号

你可能觉得奇怪，这样的机制是如何处理特殊变量的，因为我们使用的是无修饰变量名称，而它们理论上可能包含空格。如果列名称具有任何非常规字符(空格、标点符号，或者以数字或句点-数字作为开头)，我们仍然可以将其放入反引号或引号中，而 dplyr 会像处理无修饰名称那样处理它：

```
d <- data.frame(
  x = 21,
  `y variable` = 22,
  `.2b` = 23,
  check.names = FALSE
)

select(d, `y variable`, `.2b`)
#>   y variable .2b
#> 1         22  23
```

6.4.3　管道

实际上.data 参数总是第一个参数，这使得进一步的扩展成为可能，尽管这看上去严重背离了到目前为止 R 的编写方式,但这会使得用户阅读和编写 R 代码变得更为容易。管道运算符%>%(一个后台函数)会采用其左侧的对象作为其右侧对象(另一个函数，要么写作函数名称(foo)，要么写作函数调用(foo()))第一个参数的输入。看起来就像下面这样：

```
x %>% y()
```

它可以被解读为"采用 x，然后应用函数 y()"。可以认为它等同于编写

```
y(x)
```

这是因为 x 现在已经被提供为 y() 的第一个(这个例子中也仅有一个参数)参数。如果右侧的函数接受更多参数，那么这等同于提供其余参数时，第一个参数已经存在。

这对于任意数据类型都是有效的，因此也可以执行简单的操作，例如这样：

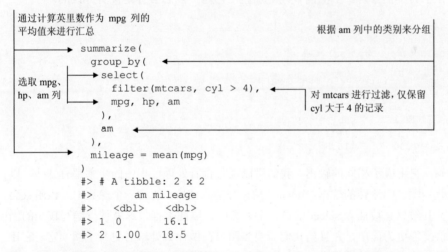

这看上去似乎不是什么了不起的计算，除非有大量的函数全都是彼此嵌套执行的，这样就需要在这些函数之间彼此传入复杂对象，就像下面这样：

```
通过计算英里数作为 mpg 列的
平均值来进行汇总
                                            根据 am 列中的类别来分组
    summarize(
      group_by(
        select(
          filter(mtcars, cyl > 4),
选取 mpg、                              对 mtcars 进行过滤，仅保留
hp、am 列   mpg, hp, am               cyl 大于 4 的记录
        ),
        am
      ),
      mileage = mean(mpg)
    )
#> # A tibble: 2 x 2
#>     am mileage
#>   <dbl>   <dbl>
#> 1  0      16.1
#> 2  1.00   18.5
```

上面的代码会计算 mtcars 数据集中气缸数大于 4(cyl > 4)的自动(am == 1)和手动(am == 0)变速箱汽车的英里数。不过，这些代码很难拆解开。summarize 命令看上去是与计算所需的参数分离开的；根据 am 进行分组的设置独自位于命令本身之外。这也是一段大量应用换行符来编写的代码，但通常计算代码会被编写为单行代码。

```
summarize(group_by(select(filter(mtcars, cyl > 4), mpg, hp, am), am), mileage
  = mean(mpg))
#> # A tibble: 2 x 2
#>      am    mileage
#>   <dbl>    <dbl>
```

```
#> 1   0           16.1
#> 2   1.00        18.5
```

这几乎无法阅读。

这一"由内而外"编写代码的模式是函数所应该具有的行为方式；参数都处于其正确的位置中，不过其编排(编写 f(g(x)))使得它难以阅读。R 执行这样的代码从来不会出问题，不过我们为什么要让计算机最易于执行，而让自己由于无法阅读这些代码变得情绪起伏不定？

一种解决方案是，将函数调用的组成部分划分成更多的变量，例如这个

```
mtcars_filtered <- filter(mtcars, cyl > 4)
```

以此类推。不过这会导致我们需要为下一个步骤创建大量变量，并且难以进行对象命名。

另一种(极具优势的)备选方案是管道：%>%。相较于从最内层的数据开始编写函数并且围绕它增加函数，我们可以使用该数据，对其应用一个函数，然后对于该函数生成的结果再应用一个函数，以此类推，因为所有这些函数的第一个参数都是数据(这是经过层层计算并及时返回的结果)。这样一来就会变得更易于阅读，尤其是函数的参数保留在了其小括号内。下面的代码更加整洁，这一点想必你是没有异议的。

```
mtcars %>%
  filter(cyl > 4) %>%
  select(mpg, hp, am) %>%
  group_by(am) %>%
  summarize(mileage = mean(mpg))
#> # A tibble: 2 x 2
#>       am       mileage
#>     <dbl>       <dbl>
#> 1   0           16.1
#> 2   1.00        18.5
```

的确，它生成了相同的输出。我们可以逐行查看处理过程中的步骤都有哪些，以及在这些步骤之间流转的数据。mtcars 数据被插入 filter 的第一个参数中，该函数会被执行，其结果会被插入 select 的第一个参数中，以此类推。这就使得编写较长的函数调用链变得更为简单，并且当我们需要弄明白在做什么处理时更易于阅读它。它还有助于避免将参数和数据混在一起，因为我们可以清晰地查看每一个步骤中正在进行的处理。

如果仅在这一次使用一个临时变量，那么这可能有助于构建我们思考此处正在进行什么处理的思维模型。如果将 mtcars 存储为变量.(仅是一个句点，它实际上是有效的，不过它不会出现在环境窗口中，因为它是以句点开头的)：

```
. <- mtcars
```

然后显式使用它作为 filter()的第一个参数，从而将结果存储回.中。

```
. <- filter(., cyl > 4)
```

之后显式使用该结果作为 select() 的第一个参数，再次将结果存储回.中。

```
. <- select(., mpg, hp, am)
```

以此类推，这样一来你就会明白，%>%运算符只是为我们执行了这一替换而已。实际上，这就是它所执行的处理，我们甚至可以在函数中使用.值来引用%>%的左侧对象，如每五行过滤出最后一行。

```
mtcars %>%
  (seq_len(nrow(.)) %% 5 == 0)
#>    mpg cyl  disp  hp drat    wt  qsec vs am gear carb
#> 1 18.7   8 360.0 175 3.15 3.440 17.02  0  0    3    2
#> 2 19.2   6 167.6 123 3.92 3.440 18.30  1  0    4    4
#> 3 10.4   8 472.0 205 2.93 5.250 17.98  0  0    3    4
#> 4 33.9   4  71.1  65 4.22 1.835 19.90  1  1    4    1
#> 5 19.2   8 400.0 175 3.08 3.845 17.05  0  0    3    2
#> 6 19.7   6 145.0 175 3.62 2.770 15.50  0  1    5    6
```

nrow(.)会返回.的行数，.在这个例子中指的是 mtcars。seq_len(x)会创建序列 1, ..., x。而 x %% y 会尽可能多次地计算 x 除以 y 的余数，它也被称为模，如果 x 正好是 y 的倍数，那么其结果会是 0。

管道还有其他许多高级特性，本书将不会讲解，不过对于这一功能的支持正在稳步增长，因为有许多开发人员正在编写新的插件包。如果加载 dplyr 包或者加载来自 tidyverse 的其他许多包，那么管道是自动可用的。不过它最初是位于另一个包中的：magrittr，该名称隐喻了 Magritte 的画作《这不是烟斗》，如图 6.5 所示。

图 6.5　Magritte 的《这不是烟斗》

6.4.4　以困难方式对 data.frame 取子集

dplyr 应该是处理 data.frame 和 tibble 的首选，不过我们最好也同时知晓如何使用与这些对象有关的 base 运算符。我们要以对矩阵进行提取的相同方式来对 data.frame 执行提取，希望这不会令你过于意外。相同的构造(和警告)也同样适用于此处。如果有下面这个 data.frame：

```
my_df <- data.frame(
  x = c(1, 2, 3, 4),
  y = c("a", "b"),
  z = c(2.1, 9.3, 7.6, 1.1),
  stringsAsFactors = FALSE
)
```

那么就可以使用[a,]来提取特定的行，其中逗号之后的空白项表明要返回所有的列：

```
my_df[3, ]
#>   x y z
#> 3 3 a 7.6
```

如同对矩阵所做的处理那样，这里也可以使用行名称，不过要重申一下，我不建议将行名称用于存储数据。但是 mtcars 数据具有这一特性，其行名称被存储为字符串。

```
mtcars["Porsche 914-2", ]
#>               mpg cyl disp hp drat   wt qsec vs am gear carb
#> Porsche 914-2  26   4 120.3 91 4.43 2.14 16.7  0  1    5    2
```

我们可以使用[, a]来提取特定的列，其中逗号之前的空白项表明要返回所有的行：

```
my_df[ , 3]
#> [1] 2.1 9.3 7.6 1.1
```

注意，后面这个示例的结果是一个向量，虽然它是从 data.frame 中提取出来的：

```
class(my_df[ , 3])
#> [1] "numeric"
```

这里发生了前面关于矩阵的探讨中提到的[的 drop = TRUE 问题，不过该问题仅会在选取单一列的时候出现。选取(每个列的)单一行仍旧会产生一个 data.frame：

```
class(my_df[3, ])
#> [1] "data.frame"
```

为了避免这种情况，可以显式请求避免使用 drop 为一个向量的操作：

```
my_df[ , 3, drop = FALSE]
#>     z
#> 1 2.1
#> 2 9.3
#> 3 7.6
#> 4 1.1
```

如果提取一个特定行并且希望结果被 drop 为较简单的结构(在这种情况下，保留跨不同类型的列所提取出的单一行的列表将会包含不同的类型)，那么这会让表达式看起来特别奇怪。

```
my_df[3, , drop = TRUE]
#> $x
```

```
#> [1] 3
#>
#> $y
#> [1] "a"
#>
#> $z
#> [1] 7.6
```

如果忘记额外的逗号，其结果会是提取一个列(可能是意外情况)并且出现一条警告：

```
my_df[3, drop = TRUE]
# Warning message:
# In `[.data.frame`(my_df, 3, drop = TRUE): 'drop' argument will be
#> ignored
#>     z
#> 1 2.1
#> 2 9.3
#> 3 7.6
#> 4 1.1
```

使用[、[[或$进行提取、名称的部分匹配、为缺失列返回 NULL 以及相关的问题都会出现在 data.frame 的处理结果中。

美元符号提取和替换方法的处理也是相同的，并且在数据的重新排序方面，它们要比使用定位索引更具稳健性。可以提取列。

```
my_df$x
#> [1] 1 2 3 4
```

或者使用它们来替换元素：

```
my_df$z[2] <- 99
my_df
#>   x y    z
#> 1 1 a  2.1
#> 2 2 b 99.0
#> 3 3 a  7.6
#> 4 4 b  1.1
```

并且可以使用名称来以相同方式完成任务：

```
my_df[1, "x"] <- 99
my_df
#>    x y    z
#> 1 99 a  2.1
#> 2  2 b 99.0
#> 3  3 a  7.6
#> 4  4 b  1.1
```

也可以添加新的列：

```
my_df$new_column <- c("red", "blue", "green", "white")
my_df
#>    x y    z new_column
```

```
#> 1 99   a  2.1       red
#> 2 2    b  99.0      blue
#> 3 3    a  7.6       green
#> 4 4    b  1.1       white
```

在控制台中进行处理时或者对于我清楚知道某个列具有某个名称的数据而言，我个人的确仍在使用美元符号-名称语法来提取 data.frame 中的单个列，因为它无疑是完成该任务的最快速方式。不过，在函数内部编程时，更安全的做法是使用方括号括起来的列选取工具。

6.5　替换 NA

一种频繁会用到的模式是使用一些值来替换 NA 值。可能这些值对于分析而言更有意义，如 0 值或者一些字符串。我们可以组合使用条件式选取和替换来达成目的，但要保持谨慎。

我们无法将数据与 NA 进行比较，因为与 NA 的比较将总是得到 NA。正如之前所介绍的，尝试对具有 NA 的向量取子集会生成一个 NA 值的向量。相反，可以使用 3.4 节中介绍过的 is.na() 函数：

```
x <- c(7, NA, 9, NA)
is.na(x)
#> [1] FALSE TRUE FALSE TRUE
```

由于这会产生一个逻辑值向量，因此可以使用它来对一些数据取子集，然后使用另外一些值来替换那些 NA 值。给定一个具有 NA 值的 data.frame：

```
d_NA <- data.frame(x, y = 1:4)
d_NA
#>    x  y
#> 1  7  1
#> 2 NA  2
#> 3  9  3
#> 4 NA  4
```

可以通过选取出 x 是 NA 的行以及 x 这一列来使用 0 替换 NA。

```
d_NA[is.na(d_NA$x), "x"] <- 0
d_NA
#>  x  y
#> 1 7 1
#> 2 0 2
#> 3 9 3
#> 4 0 4
```

is.na() 也具有一个 data.frame 方法(第 5 章中介绍过)，因此可以传入整个 d_NA 对象，这样就会返回一个逻辑 data.frame。

```
d_NA <- data.frame(x, y = 1:4)
is.na(d_NA)
#>         x       y
#> [1,] FALSE   FALSE
#> [2,] TRUE    FALSE
#> [3,] FALSE   FALSE
#> [4,] TRUE    FALSE
```

那意味着可以将这一条件用于替换：

```
d_NA <- data.frame(x, y = 1:4)
d_NA[is.na(d_NA)] <- 0
d_NA
#>   x y
#> 1 7 1
#> 2 0 2
#> 3 9 3
#> 4 0 4
```

有一个辅助函数可以执行相反的处理(将 NA 值插入向量中)。这个函数就是
is.na<-，其意味着我们可以以一种有些古怪的方式来使用它。

```
d_NA <- data.frame(x = 7:10, y = 1:4)
is.na(d_NA$x) <- c(1, 3)   ◄─────┐ 指定向量中要设置为 NA 的值
d_NA
#>    x  y
#> 1 NA  1
#> 2  8  2
#> 3 NA  3
#> 4 10  4
```

由于 is.na()会生成一个逻辑值向量，因此可以通过在它前面附加否定运算符!来反
向使用它，这样一来，请求非 NA 值看起来就会像下面这样：

```
y <- c(3, 4, NA, NA, 7)
y[!is.na(y)]
#> [1] 3 4 7
```

6.6　条件式选取

相较于指定行、列或元素进行提取，如果我们提供一种条件来判定要提取的内容，
那么我们已经探讨过的从结构中进行提取的所有方法将会继续有效。第 5 章关于向量
的探讨中介绍过，向量的自动循环可以让比较计算变得更加简洁。

```
test_nums <- c(6, 5, 4, 5, 7, 4)
test_nums > 5
#> [1] TRUE FALSE FALSE FALSE TRUE FALSE
```

相较于为[或[[提供要选取的索引，我们可以转而提供一个逻辑值向量，其长度要
与需要从中进行提取的行或列的长度相同，使用 TRUE 来表示希望提取的元素，而使

用 FALSE 来表示不希望提取的那些元素。

```
goodBad <- c("good", "bad", "good", "good", "bad")
goodBad[c(TRUE, FALSE, TRUE, TRUE, FALSE)]
#> [1] "good" "good" "good"
```

如果所提供的逻辑值向量长度不够，那么也会进行自动循环。

```
goodBad[c(TRUE, FALSE)]
#> [1] "good" "good" "bad"
```

如果向量长度并非对象长度的倍数，那么该向量将被部分循环。

由于向量本身就可以被用于生成这些逻辑值向量，例如

```
goodBad == "good"
#> [1] TRUE FALSE TRUE TRUE FALSE
```

因此我们不必亲自生成这个向量，而是仅依赖变量名称来生成。

```
goodBad[goodBad == "good"]
#> [1] "good" "good" "good"
```

如果使用 data.frame，那么情况会更复杂一些，因为我们需要用它来引用列。例如，要执行 mtcars 数据集中 cyl 的值是否等于 6 的验证，可以使用自动循环。

```
mtcars$cyl == 6
#>  [1]  TRUE  TRUE FALSE  TRUE FALSE  TRUE FALSE FALSE FALSE  TRUE  TRUE
#> [12] FALSE FALSE FALSE FALSE FALSE FALSE FALSE FALSE FALSE FALSE FALSE
#> [23] FALSE FALSE FALSE FALSE FALSE FALSE FALSE  TRUE FALSE FALSE
# equivalently mtcars[["cyl"]] == 6
```

可以遵循之前 goodBad 示例中使用的模式并且提取出满足这一条件的 mtcars$cyl 的元素，不过这并非很有用。相反，我们可以使用这一逻辑值向量仅提取出逻辑值向量是 TRUE 的那些行，如果使用[row, column]语法，则要记住将其中一个选项留空的做法会检索所有的行或列。

```
mtcars[mtcars$cyl == 6, ]
#>                mpg cyl  disp  hp drat    wt  qsec vs am gear carb
#> Mazda RX4      21.0   6 160.0 110 3.90 2.620 16.46  0  1    4    4
#> Mazda RX4 Wag  21.0   6 160.0 110 3.90 2.875 17.02  0  1    4    4
#> Hornet 4 Drive 21.4   6 258.0 110 3.08 3.215 19.44  1  0    3    1
#> Valiant        18.1   6 225.0 105 2.76 3.460 20.22  1  0    3    1
#> Merc 280       19.2   6 167.6 123 3.92 3.440 18.30  1  0    4    4
#> Merc 280C      17.8   6 167.6 123 3.92 3.440 18.90  1  0    4    4
#> Ferrari Dino   19.7   6 145.0 175 3.62 2.770 15.50  0  1    5    6
```

这是 mtcars 数据集的切片，其中 cyl 列的值都是 6。生成逻辑值向量的计算会很复杂，并且还会涉及其他的列。要对这一结果作进一步的限制以便仅生成 am == 1 的行，则可以这样做：

```
mtcars[mtcars$cyl == 6 & mtcars$am == 1, ]
```

```
#>                  mpg cyl  disp  hp drat    wt  qsec vs am gear carb
#> Mazda RX4       21.0   6 160.0 110 3.90 2.620 16.46  0  1    4    4
#> Mazda RX4 Wag   21.0   6 160.0 110 3.90 2.875 17.02  0  1    4    4
#> Ferrari Dino    19.7   6 145.0 175 3.62 2.770 15.50  0  1    5    6
```

构建这一逻辑值向量的计算无须涉及正在对其进行切片处理的数据集。它可以是能够生成一个逻辑值向量的任意计算，例如下面这个。

```
mtcars[1:8 > 7, ]
#>                    mpg cyl  disp  hp drat    wt  qsec vs am gear carb
#> Merc 240D         24.4   4 146.7  62 3.69 3.190 20.00  1  0    4    2
#> Lincoln Continental 10.4 8 460.0 215 3.00 5.424 17.82  0  0    3    4
#> Camaro Z28        13.3   8 350.0 245 3.73 3.840 15.41  0  0    3    4
#> Volvo 142E        21.4   4 121.0 109 4.11 2.780 18.60  1  1    4    2
```

它会每八行选取最后一行，因为前七个值都不大于 7 而最后一个值大于 7(所生成的向量会被循环补足)。

```
1:8 > 7
#> [1] FALSE FALSE FALSE FALSE FALSE FALSE FALSE TRUE
```

使用这一语法来选取列是有效的——不过正如之前所说，使用对象的位置索引不是太可靠，因此我不建议这样做。然而，我们可以像下面这样提取每两列的最后一列：

```
head(
  mtcars[, c(FALSE, TRUE)]
)
#>                 cyl  hp    wt vs gear
#> Mazda RX4         6 110 2.620  0    4
#> Mazda RX4 Wag     6 110 2.875  0    4
#> Datsun 710        4  93 2.320  1    4
#> Hornet 4 Drive    6 110 3.215  1    3
#> Hornet Sportabout 8 175 3.440  0    3
#> Valiant           6 105 3.460  1    3
```

如果需要更健壮一些，并且使用逻辑值向量来选取特定的列名称，则可以使用 colnames() 来返回一个向量。可以创建一个如期望般复杂的计算：

```
cn <- colnames(mtcars)
head(
  mtcars[, startsWith (cn ,"c") | endsWith(cn, "p")]
)
#>                 cyl disp  hp carb
#> Mazda RX4         6  160 110    4
#> Mazda RX4 Wag     6  160 110    4
#> Datsun 710        4  108  93    1
#> Hornet 4 Drive    6  258 110    1
#> Hornet Sportabout 8  360 175    2
#> Valiant           6  225 105    1
```

此处使用了 6.1.1 节中探讨文本匹配时介绍过的 base 函数 startsWith() 和 endsWith()，以便验证 mtcars 的 colnames()是否以一个特定字母作为开头/结束。|运算

符意味着，如果找到其中一种匹配，则结果将为真。

相较于完整的逻辑值向量，如果我们仅想要知道哪些值满足一种条件，则可以将向量传递给 which()函数来生成仅包含值为 TRUE 的索引的结果。例如，之前的示例搜索了 mtcars 列名称中以 c 开头的名称：

```
startsWith(colnames(mtcars), "c")
#> [1] FALSE TRUE FALSE FALSE FALSE FALSE FALSE FALSE FALSE FALSE TRUE
```

我们可以将其转换成匹配这一条件的列序号。

```
which(startsWith(colnames(mtcars), "c"))
#> [1] 2 11
```

使用[取子集可以保留完整的逻辑值向量或者仅保留索引,因此这两者都可以被用于提取出以 c 开头的列名。

```
colnames(mtcars)[which(startsWith(colnames(mtcars), "c"))]
#> [1] "cyl" "carb"
```

总而言之，dplyr 语法会让代码变得更为整洁，并且能够得出相同的结果(相当于包含行名称)。要选取名称以 c 开头的列，可以使用以下代码：

```
mtcars %>%
  select(starts_with("c")) %>%
  head()
#>                   cyl  carb
#> Mazda RX4           6     4
#> Mazda RX4 Wag       6     4
#> Datsun 710          4     1
#> Hornet 4 Drive      6     1
#> Hornet Sportabout   8     2
#> Valiant             6     1
```

或者,如果要选取名称以 c 开头或以 p 结尾的列,可以使用正则表达式和 matches() 辅助函数。

```
mtcars %>%
  select(matches("^c|p$")) %>%     ◀── 插入符号^会匹配一个字符串的开头，而美元符
  head()                                号$会匹配一个字符串的结尾
#>                   cyl disp  hp carb
#> Mazda RX4           6  160 110    4
#> Mazda RX4 Wag       6  160 110    4
#> Datsun 710          4  108  93    1
#> Hornet 4 Drive      6  258 110    1
#> Hornet Sportabout   8  360 175    2
#> Valiant             6  225 105    1
```

6.7 汇总值

一旦对数据取了子集，可能就会希望使用它来计算一些汇总值。完成此任务

的最简单的方式是 summary() 函数，它非常有用。它可以处理几乎所有结构的数据，并且提供一份特定于该结构的概要汇总。对于数值向量，它会显示以下五个数字的汇总：

```
summary(3:9)
#>    Min. 1st Qu.  Median    Mean 3rd Qu.    Max.
#>     3.0     4.5     6.0     6.0     7.5     9.0
```

这些信息详细列出了值的范围(最小值和最大值)、平均值和中位数，以及第一和第三四分位数[1]。这样就呈现出数据的分布方式。平均值并不总是等于中位数，尤其是在数据有偏向性的情况下。

```
set.seed(1)
summary(rlnorm(10))
#>    Min. 1st Qu.  Median    Mean 3rd Qu.    Max.
#>  0.4336  0.5851  1.2959  1.5166  1.7409  4.9297
```

当向量是字符时，summary() 仅会告知我们该向量的特征。

```
summary(letters)
#>   Length     Class      Mode
#>       26 character character
```

当数据是 factor 时会更有用一些，其中 summary() 会生成每个 factor 级别中值的计数。

```
summary(iris$Species)
#>     setosa versicolor  virginica
#>         50         50         50
```

对于矩阵或 data.frame 来说，summary() 函数会对列进行汇总，并且详细列出每一列的情况。对于数值列，它会像之前一样生成五个数字的汇总。对于 factor 列，它会详细列出每个值的计数(如果值不多的话)。

```
summary(iris[ , 3:5])
#>  Petal.Length    Petal.Width          Species
#>  Min.   :1.000   Min.   :0.100   setosa    :50
#>  1st Qu.:1.600   1st Qu.:0.300   versicolor:50
#>  Median :4.350   Median :1.300   virginica :50
#>  Mean   :3.758   Mean   :1.199
#>  3rd Qu.:5.100   3rd Qu.:1.800
#>  Max.   :6.900   Max.   :2.500
```

当值是数据中的缺失项时，这个函数也很有用，因为它会在每一列的汇总信息下面对这些缺失值计数。假设一个 data.frame 具有缺失值，它是 mtcars 数据的提取结果。

```
mtcars_NA <- mtcars[, 1:4]
```

1　如果数据被分类并且被划分成四个相等大小的分组，那么这两个值就是位于第一个和第三个内部边界上的值。第二个边界定义的是中位数。

```
mtcars_NA[1, 4] <- NA        使用 NA 替换个别值
mtcars_NA[2, 3] <- NA
mtcars_NA[3, 4] <- NA
mtcars_NA[4, 1] <- NA
mtcars_NA[4, 3] <- NA

head(mtcars_NA)
#>                     mpg cyl disp  hp
#> Mazda RX4          21.0   6  160  NA
#> Mazda RX4 Wag      21.0   6   NA 110
#> Datsun 710         22.8   4  108  NA
#> Hornet 4 Drive       NA   6   NA 110
#> Hornet Sportabout  18.7   8  360 175
#> Valiant            18.1   6  225 105
```

第一行涉及提取我们已经处理过的 mtcars 数据的前四列, 为了清晰起见, 将其保存到了另一个对象中。即使修改 mtcars 对象, 也仍然可以用 datasets::mtcars 来获取原始的对象。

对这个修改后的对象执行 summary()将让我们知道每一列中有多少个值是 NA。

```
summary(mtcars_NA)
#>      mpg             cyl            disp              hp
#> Min.   :10.40  Min.   :4.000  Min.   : 71.1   Min.   : 52.0
#> 1st Qu.:15.35  1st Qu.:4.000  1st Qu.:120.5   1st Qu.:99.0
#> Median :19.20  Median :6.000  Median :196.3   Median :136.5
#> Mean   :20.05  Mean   :6.188  Mean   :232.2   Mean   :149.7
#> 3rd Qu.:22.80  3rd Qu.:8.000  3rd Qu.:342.0   3rd Qu.:180.0
#> Max.   :33.90  Max.   :8.000  Max.   :472.0   Max.   :335.0
#> NA's   :1                     NA's   :2       NA's   :2
```

summary()还能处理更加复杂的结构——稍后将介绍这些结构。

要提炼数据, 需要另一个函数。内置的 stats 包中的 aggregate()函数是帮助 data.frame 完成此项处理的一种方式。它接受三个主要参数:

- x——要聚合的 data.frame
- by——分组元素的列表
- FUN——要用于计算汇总的函数

实际上, 要根据 Species 的不同值对 iris 数据集进行分组(不包括第五列——Species) 以便计算每一列的平均值, 其代码看起来会像下面这样:

```
aggregate(x = iris[, -5], by = list(Species = iris$Species), mean)
#>      Species Sepal.Length Sepal.Width Petal.Length Petal.Width
#> 1     setosa        5.006       3.428        1.462       0.246
#> 2 versicolor        5.936       2.770        4.260       1.326
#> 3  virginica        6.588       2.974        5.552       2.026
```

公式接口

还有另一种使用 aggregate 的方式: 运用一个公式。这看起来有些类似于左边一

个值、中间是波浪号(~)、右边一个值的等式，就像下面这样：

```
y ~ x
```

其读法是 "y 作为 x 的一个函数"。可以使用该等式替代列表来定义分组：

```
aggregate(formula = . ~ Species, data = iris, FUN = mean)
#>      Species Sepal.Length Sepal.Width Petal.Length Petal.Width
#> 1     setosa        5.006       3.428        1.462       0.246
#> 2 versicolor        5.936       2.770        4.260       1.326
#> 3  virginica        6.588       2.974        5.552       2.026
```

不管出于什么原因，我们都要牢记，现在参数的排序变得不同了，因此要么需要确保使用其名称，要么需要遵循相关的排序。

这一公式的左侧有一个句点(.)，它表示 "所有的列"，而 Species(注意并非 iris$Species)位于右侧，因此该分组会被定义为 "用作 Species 的一个函数的所有列"。

从内部机制看，公式的组成部分会被存储为列表，并且函数知道要查找相关结构中的数据，其查找方式与 6.4.2 节中所介绍的方式相同。

我并不是太喜欢使用这一函数；dplyr 的分组 summarize()是更为整洁的选项。

6.8 一个行之有效的示例：Excel 与 R 的对比

你最终将能够以一种有意义的方式来使用真实的数据。这需要时间，不过届时你学习的所有知识都会派上用场。

我们使用 mtcars 数据集并且提出一些你之前可能使用电子表格程序来解决过的问题。首先，这一数据中汽车的平均英里数(每加仑英里数，mpg)是多少？如果这些数据位于 Excel 中，那么假设 mpg 位于第二列，就可以计算=AVERAGE(B2:B33)。是否可以使用新的 R 技能来解答这同一个问题？创建并且保存一个新的脚本文件，编写一些生成这一结果的代码。mtcars 数据集在我们的会话中已经可用了。

R 中有很多方式可以完成此任务。一种简单方式就是，从数据中提取出相关列作为向量，并且计算该向量的 mean()。

```
mean(mtcars$mpg)
#> [1] 20.09062
```

或者可以使用 dplyr 包(此时用它似乎有些过分，但很快我们将变得想要使用它)。

```
library(dplyr)
summarize(mtcars, mileage = mean(mpg))
#>    mileage
#> 1 20.09062
```

还要注意，这样做会生成一个仅具有单一行和单一列的 data.frame。可以通过将

其传递给 as.numeric()来将它转换成数字:

```
as.numeric(summarize(mtcars, mileage = mean(mpg)))
#> [1] 20.09062
```

此处也可以使用管道:

```
library(dplyr)
mtcars %>%
  summarize(mileage = mean(mpg)) %>%
  as.numeric()
#> [1] 20.09062
```

使用 R 的结果应该与使用 Excel 所得到的结果相同。

现在提出另一个问题:自动变速箱汽车(am == 0)的每加仑汽油行驶英里数是多少? 在 Excel 中,可以使用一个筛选器来仅选出那些记录,而此时你可能会注意到这些方法之间的差异。通过应用筛选器,我们修改了数据的状态。当然(还)不是永久修改,但如果不撤销该筛选器,那么我们将不再能够将新的平均值与完整数据集的计算结果进行比较。

围绕这种问题通常有两种方式来解决:创建数据副本以便让这两种计算可以共存;或者在计算中的恰当位置更加明确地执行筛选过滤,如使用=AVERAGEIF (I2:I33, "=0", B2:B33)(如果第九列中的对应值是 0,则计算第二列的第 2 行到第 33 行中值的平均值)。第一种可选方式并不能让人满意,因为无法确保对原始数据的更新也会同时更新副本。我认为,第二种可选方式是一种编程式解决方案,它更适合于更具描述性的编程语言。在 R 中,我们可以添加这一计算而无须修改或保存不必要的数据副本,就像下面这样:

```
mtcars %>%
  filter(am == 0) %>%
  summarize(mileage = mean(mpg)) %>%
  as.numeric()
#> [1] 17.14737
```

可以注释掉 filter()步骤,以便在这两个结果之间快速切换:

```
mtcars %>%
#   filter(am == 0) %>%          ←————————  注意这一行不会被执行
  summarize(mileage = mean(mpg)) %>%
  as.numeric()
#> [1] 20.09062
```

可以确定的是,这就是在比较我们打算比较的对象。

如果这两者都存在于脚本文件中,那么对于输入数据的任何修改都会在计算中反映出来,因为我们是使用同一个变量名称来引用数据的(如示例中的 mtcars,但这可能是我们命名数据的任何名称)。我们可以随意提出并且解答许多复杂问题,将想要保留的结果存储在新变量中;并且通过在脚本中编写代码,可以保留生成那些值的步骤。

回到我们之前处理的最后一个 Excel 文件，并且思考一下"我做了什么计算"。该筛选器是否仍旧可用？是否能确认输入一个单元格之中的计算公式目前仍然能得出我们尝试生成的答案？是否可以将这一计算公式提供给其他人并且预期他们也能对相同问题得出相同答案？

电子表格程序非常适合于显示表格数据集，并且能够生成问题的答案，不过它们很少被用于可重现且稳定的使用方式之中。通过在可描述性编程语言中将分析脚本化并且使用固定不变的源数据[1]，可以创建可重现的流程用于解答问题。

6.9　亲自尝试

mtcars 数据集在我们的会话中是可用的。尝试一下同时使用 base 取子集函数以及 dplyr 的动词来回答以下问题。

- 自动挡(am == 1)汽车的最大(max())重量是多少？
- 手动挡(am == 0)汽车的最小(min())重量是多少？
- 六缸(cyl)汽车的平均排量(disp)是多大？
- 四缸(cyl)汽车的平均排量(disp)是多大？
- 按照气缸数量分组的汽车的平均排量是多大？

不要直接查看以下解决方案，而是应该借助本章的知识来确保我们熟练掌握完成这些任务的计算方式。

解决方案

以 base 方式和 dplyr 方式生成这些结果的方案如下：

- 自动挡(am == 1)汽车的最大(max())重量是多少？

```
max(mtcars[mtcars$am == 1, "wt"])
#> [1] 3.57

mtcars %>%
  filter(am == 1) %>%
  summarize(max(wt)) %>%
  as.numeric()
#> [1] 3.57
```

- 手动挡(am == 0)汽车的最小(min())重量是多少？

```
min(mtcars[mtcars$am == 0, "wt"])
#> [1] 2.465

mtcars %>%
```

1　值得一提的是，此时在 Excel 中有一种方式可完成这样的处理；VBA 是一种与 Excel 交互的编程语言。

```
  filter(am == 0) %>%
  summarize(min(wt)) %>%
  as.numeric()
#> [1] 2.465
```

- 六缸(cyl)汽车的平均排量(disp)是多大?

```
mean(mtcars[mtcars$cyl == 6, "disp"])
#> [1] 183.3143

mtcars %>%
  filter(cyl == 6) %>%
  summarize(mean(disp)) %>%
  as.numeric()
#> [1] 183.3143
```

- 四缸(cyl)汽车的平均排量(disp)是多大?

```
mean(mtcars[mtcars$cyl == 4, "disp"])
#> [1] 105.1364

mtcars %>%
filter(cyl == 4) %>%
  summarize(mean(disp)) %>%
  as.numeric()
#> [1] 105.1364
```

- 按照气缸数量分组的汽车的平均排量是多大?

```
aggregate(
  x = mtcars[ , "disp", drop = FALSE],
  by = list(cyl = mtcars$cyl),
  FUN = mean
)
#>   cyl    disp
#> 1 4  105.1364
#> 2 6  183.3143
#> 3 8  353.1000
```

这个问题有点麻烦,因为 x 仍然需要是一个 data.frame,以便在结果中保留列名称 disp,并且默认情况下 R 会尝试将这单一列的 data.frame 降格为向量。

```
mtcars %>%
  group_by(cyl) %>%
  summarize(mean_disp = mean(disp))
#> # A tibble: 3 x 2
#> cyl   mean_disp
#>  <dbl>    <dbl>
#> 1 4.00    105.
#> 2 6.00    183.
#> 3 8.00    353.
```

tibble 的 print()方法会尝试恰到好处地格式化数字,并且这个例子中也只显示了这么多的精度。不过,数据本身的值是正确的。

6.10　专业术语

- 正则表达式——指定文本内的抽象组成部分以便可以进行匹配的一种强大方式。
- 闭包——函数的专有名称，同时封闭了表达式和环境。
- dplyr 动词——动作词汇(run、eat、play)，通常用于根据函数所执行的操作(改变、选取、过滤)来对函数命名。
- 原子向量——R 的基本向量类型(例如逻辑值、数值字符)都是最简单的向量类型。从技术角度上看，列表也是向量，但它们并非原子的，而是可递归的。

6.11　本章小结

- 使用 stringr 包的函数对文本取子集是最容易的。
- 正则表达式让文本模式匹配变得更为容易。
- [和[[可被用于对大多数结构取子集，不过会出现许多极端情况。
- [[仅选取单个元素。
- 可以将$用于命名子集从而对子集进行提取，如提取 data.frame 的一个列。
- 对子集的赋值会替换该子集，如 vec[2] <- 99。
- dplyr 包让 data.frame 的处理变得更为容易。
- 非标准计算会改变许多函数中识别列的方式。
- 管道%>%让链式操作更易于阅读(和编写)。
- 可以使用逻辑值向量通过条件式选取来创建子集。
- 正则表达式(甚至不涉及特殊选择器的那些)都是大小写敏感的。
- 模式替换函数 sub()仅会执行操作一次；如果要在每次匹配时都执行它，则要使用 gsub()。
- 特殊字符(如\)需要被转义才能用于正则表达式中。
- 美元符号-名称选取默认情况下将对名称进行部分匹配，不过[[则不会。
- 当 data.frame 子集可以被转换成向量时，默认情况下它将会被转换(使用 drop = FALSE 可以避免此转换)。
- tibble 类 tbl_df 也是一个 data.frame，因此接受 data.frame 的函数应该也能接受 tibble。
- dplyr 动词的第一个参数是.data，但对于其他插件包中的其他函数而言却并非总是如此，所以管道(%>%)无法对每个函数开箱即用。

第 **7** 章

对大量数据进行处理

本章涵盖：

- 如何将来自不同源的数据读入 R 中
- 当数据位于 R 中时，如何对其进行检查
- 如何将 R 数据写入一个文件

使用示例数据集是很有用的；它们并不是那么复杂，而其特性有助于揭示我们一直在学习使用的工具。不过它们并不是我们自己的数据，那些数据才是我们真正想要使用的；因此我们要研究一下如何把这些数据放入工作区中，做好被操作/询问的准备，然后在完成处理时保存它以实现安全存储。

7.1　整洁数据原则

如果你曾经收到过来自其他人的数据，那么可能已经遇到过这些数据与你期望的并不一致的问题。即使是像值的一个表格这样简单的数据也是可以用许多不同方式来构造的，这取决于其创建者。

假设我们有一组人员的身高、体重和年龄[1]，那么可能会发现这些数据被存储为具有重复标签(每个人一个标签)的表格，其中的每个测量值(变量)都有一个描述性标签，还有一个对应于该变量的值。可以像下面这样输入这些数据：

```
long_df <- data.frame(
  id = c(
    "person1", "person2", "person3", "person1", "person2",
    "person3", "person1", "person2", "person3", "person1",
    "person2", "person3"
  ),
  variable = c(
    "height", "height", "height", "weight", "weight",
    "weight", "age", "age", "age", "male", "male", "male"
  ),
  value = c(151.8, 139.7, 136.5, 47.8, 36.5,
            31.9, 63, 63, 65, 1, 0, 0),
  stringsAsFactors = FALSE
)
long_df
#>        id variable  value
#> 1  person1   height  151.8
#> 2  person2   height  139.7
#> 3  person3   height  136.5
#> 4  person1   weight   47.8
#> 5  person2   weight   36.5
#> 6  person3   weight   31.9
#> 7  person1      age   63.0
#> 8  person2      age   63.0
#> 9  person3      age   65.0
#> 10 person1     male    1.0
#> 11 person2     male    0.0
#> 12 person3     male    0.0
```

这份长格式数据并不常见，并且对于读取变量和值的配对数据或者对某些变量或值取子集而言，它是很有用的。不过，还有一种更有用的结构化格式，需要应用整洁数据原则来得到，其中数据的存储方式是，每个主题一行，而每个观测值一列。在之前的示例中，这意味着一个人一行，每个测量值一列(身高、体重、年龄、男/女)。这样就能将之前的表格压缩成一种宽格式，并且可以在一行中比较多个值。

```
wide_df <- data.frame(
  id = c("person1", "person2", "person3"),
  height = c(152, 140, 137),
  weight = c(47.8, 36.5, 31.9),
  age = c(63, 63, 65),
  male = c(1, 0, 0),
  stringsAsFactors = FALSE
)
wide_df
#>        id height weight  age male
```

1　参见 http://mng.bz/We00 处的维基百科文章。这些数据是多比地区昆桑人的部分人口普查数据，根据 Nancy Howell 于 20 世纪 60 年代末所进行的采访内容编辑而成，可以从 http://mng.bz/JAKV 处获取这些数据。

```
#> 1    person1    152    47.8    63    1
#> 2    person2    140    36.5    63    0
#> 3    person3    137    31.9    65    0
```

我们仍然可以执行取子集操作，不过现在我们将拥有能够指定根据哪些变量来对值取子集的优势。这一结构的目的是在接收到数据之前或之后放入数据。后续当某些插件包函数期望以这一格式提供数据时，它也会派上用场。有一组广泛使用的插件包，当我们使用其大多数函数时，就需要采用这一整洁性原则，而这些共同形成了众所周知的 tidyverse。它们主要是由 dplyr 的作者 Hadley Wickham 所编写，不过 tidyverse 已经扩展为包含由许多作者和贡献者所编写的各种插件包的集合。

如果数据目前并非这一格式，也请不要担心——很快你就会知道如何在这两种选项之间进行选择。目前，只要知道其区别并且尝试将数据编排为其中一种格式(宽格式或长格式)即可。

7.1.1　工作目录

在启动一个 R 会话并且在工作区中将值赋予变量的时候，我们并没有具体指定计算机上的任何文件夹。R 工作区仅存在于计算机内存中，不过 R 会话将通过工作目录保有与目录结构的联系。默认情况下，这就是文件被读入和读出的位置，并且它也是 R 或 RStudio 创建临时文件或辅助文件的位置。

默认情况下，这是用户的主目录(Windows 上的 My Documents、Linux 上的/home/ <username>、Mac 上的/Users/<username>，可以使用跨平台的快捷方式~/来访问)。可以使用 getwd()(get working directory，获取工作目录)函数来询问 R 目前将哪个目录列示为工作目录，这个函数没有参数。

```
getwd()                           这个函数的执行结果将取决于
#> [1] "/home/user"              计算机的操作系统
```

要引用这个工作目录中的任何文件(如从中读取或者保存到其中)，可以根据文件名称来调用。

```
xyz_data <- read.csv("xyzdata.csv")        在这个例子中，xyzdata.csv 文件是
                                           当前工作目录中的一个文件：例如
                                           /home/user/xyzdata.csv
```

RStudio 甚至可以对子文件夹进行查看并且帮助我们自动完成其位置输入。我们仍旧可以使用文件的完整路径名称来引用这些文件，不过那需要我们提供绝对引用路径(以/、~/或 C:/等作为开头)。

如果需要与其他人(甚或在另一台计算机上)共享 R 代码，那么查看这些代码的人将会相当失望，因为他们会看到

```
important_data <- read.csv("D:/Path_to_my_files/important_data.csv")
```

而无法对这段代码做任何处理，除非他们修改所有的文件引用或者使用其自己的
D:/Path_to_my_files/目录。

如果正在处理一个 RStudio 项目(如 1.4 节中所探讨的)，那么 here 包将有助于管
理路径相对于该项目根目录的文件。

```
# install.packages("here")
library(here)
#> here() starts at /home/user/myProject
```

这巧妙地反映了项目的存储位置，并且允许我们相对于该目录来引用文件。我们
不必存储数据/文件的完整路径(可以在项目目录下存储所有信息)，因此如果与其他人
共享该项目(例如，如果该项目托管在 GitHub 上)，那么他们也将拥有所有的正确文件
引用，因为 here()总是会指向该项目的根目录。

如果与之共享代码的人有一份具有以下代码行的项目文件副本，那么他们就可以确
信，无论在何处保存该项目的副本，他们都会知晓在何处查找 important_data.csv。

```
library(here)
important_data <- read.csv(
  here("subdirectory_of_project", "important_data.csv") ◄
)
```
　　　　　　　　　　　　　　　　　子目录作为个体参数提供，不过这相当于
　　　　　　　　　　　　　　　　　subdirectory_of_project/important_data.csv

要手动修改这个工作目录——例如修改为一个特定文件夹来存储一项分析的所
有文件——则可以使用 setwd()函数(set working directory，设置工作目录)来达成目的，
该函数接受一个字符串，这个字符串描述了要设置为工作目录的文件夹位置：

```
setwd("/path/to/my/analysis/folder/")
```

RStudio 将通过自动补全特性来帮助创建这个字符串(在输入有效文件夹路径时按
Tab 键)。

警告：根据所用的操作系统的不同，我们需要关注文件夹路径的不同。在 Windows
系统上，文件夹之间的分隔符是反斜杠(\)；不过正如 2.1.2 节中所介绍的，R 会将其视
为特殊的字符转义码，因此需要使用两个反斜杠(用另一个反斜杠来转义该反斜杠)，如
C:\\Users\\username。或者，使用正斜杠(如 C:/Users/username)，这样也是有效的。

还有一种更直观的方式来设置工作目录：在 RStudio 中，单击 Session | Set Working
Directory 将提供几个选项，其中包括将工作目录设置为当前文件的位置或者我们选择
的任意其他文件夹。

警告：要明白，在启动新会话时，工作目录可能已经被恢复为默认路径。还要明
白的是，在与其他人共享一个脚本时，他们必定不会访问我们的计算机，因此设置工
作目录并且相对于该目录来引用数据意味着他们无法重现我们的结果。相反，一个更

好的解决方案是使用 RStudio Project(1.4.1 节中介绍过)，这样一来，就可以相对于项目根目录来引用所有的目录和文件，这会让 here 包的使用变得更加容易。

7.1.2　存储数据格式

如果过去一直在使用电子表格，那么你可能最熟悉的是数据位于与所用程序有关的文件格式中，如 Excel 的.xls 或.xlsx、OpenOffice 或 LibreOffice 的.ods，以及 Numbers 的.numbers。这些格式存储的不仅是数据——它们也会存储所使用的格式、绘图的位置、公式、颜色等。这曾经是将数据放入 R 中的一大障碍，不过最近几年这种情形已经改善了很多，这样的格式可以(不过需要满足各种条件，尤其是当数据是被简单构造的时候)被 R 处理了。不过，这些格式也有其自身的问题。首先，它们无法与版本控制系统(VCS，参见第 1 章以了解更多内容)很好地交互。

更适合版本控制的是纯文本文件。其简单之处在于，它们是一个文件中的文本(字母、数字和符号)行，其间具有一些特定的结构。VCS(如git)可以比较文件的两个版本，并且显示它们的差异(如果有)。其中一个最常见的纯文本数据文件结构是.csv(以逗号分隔的值)。这一格式中的数据会被存储为由逗号分隔的值。可以在文本编辑器中打开这些文件，这样一来我们就会看到像下面这样的一些信息：

```
id,height,weight,age,male
person1,152,47.8,63,1
person2,140,36.5,63,0
person3,137,31.9,65,0
```

注意，逗号两边都没有空格，数据值之间仅有一个逗号。空格在这种格式中是允许存在的[1]，不过如果任何文本值本身就包含逗号的话，则需要特别关注。如果数据正好是自然语言文本，则很可能会出现这种情况，如一本书的语句或者来自网络的内容。另一种可能的逗号来源是小数。有些国家使用句点(.)，而有些则使用逗号(,)来表示小数。

在使用逗号作为千位数分隔符来编写较大的数值时，也会出现类似问题。在这种情况下，最好是以一种稍微不同的格式来管理这些数据。

它的一种简单变体是使用另一种记录分隔符，如;、制表符、空格或者|。其中每一种都可以在 R 中使用，不过无论如何都会面临相同的约束：

- 字段(记录)中的值都位于一行中并且以一种分隔符分隔。
- 相同数量的字段(即使它们都是空白)位于一行中。
- 行以回车符(换行符)结尾。
- 分隔符不能用于记录中。

---

[1]　这里有一份 CSV 格式的恰当定义(https://tools.ietf.org/html/rfc4180)，不过这绝不能确保该定义会被遵循。

- 要注意转义字符(\)。
- 有一个可选的标题首行，它具有字段的名称。

在使用不同的分隔符时，其格式有时是通过名称来引用的，如用制表符分隔的值(TSV)。

```
Id   height   weight   age   male
person1 152    47.8     63    1
person2 140    36.5     63    0
person3 137    31.9     65    0
```

有一种更为通用的格式放弃了这种表格式结构，并且将每个记录放在文件的每一行上。这可能是一首诗的诗句、库存货物的名称或者由记录器所记录的测量记录。这些数据可以包含任意内容，不过我们仍然需要关注转义字符。

文本文件是谨慎存储数据的最常用的方式，不过它们远远不是唯一的方式。R 几乎可以处理文件中的任意数据类型，包括图片、GPS 记录器文件、通用电子地图文件、音频、视频、来自其他软件包的数据文件、数据库。

注意：这方面存在着一些限制；所制作的用于处理那些格式的插件包可能是由不再维护它们的人在很久之前编写的，它们可能无法明确处理我们文件所存在的细微差异，并且它们可能需要对系统进行特殊的配置。这可以说并非 R 及其插件包的错，这些插件包的作者在那些格式的构造机制方面没什么发言权，并且在许多情况下，那些格式都是由商业软件公司刻意制作的，本身就难以读取。

查看一下一些数据的文件类型，并且识别出其类型是什么。接下来，我们要致力于将 R 指向这类文件并且将其内容读取到内存中。

7.1.3　将数据读入 R 中

R 提供了许多不同的方式将存储文件中的数据读入内存中，大部分情况下，都有一个最适合于特定数据结构的函数。对于通用的表格式数据而言，read.table()函数提供了 25 个可配置选项来指定读入数据的方式。其中第一个选项 file 会告知 R 在何处查找文件及其名称(带有扩展名)。这些信息是作为字符串来提供的，要么具有完整的目录路径，要么是相对于工作目录的路径。如果执行成功，那么这个函数的返回值是一个代表该文件内容的 data.frame，并且默认情况下，它会被打印到控制台，除非我们将它保存到一个变量。

```
myTabularData <- read.table(file = "myFile.dat")
```

注意：这个函数不会建立与该文件内容的连接——它仅是打开文件，将值读入内存中，然后关闭该文件。在此之后，我们对该文件所做的任何变更都不会反映在包含其数据的变量中，反之亦然，除非再次显式进行读/写操作。

其余的选项都被设置为合理的默认设置，不过可能无法满足我们的特定需求。如果有 CSV 数据，则需要将 sep = ""(空白)选项修改为 sep = ","。幸好，对于几种常见格式都有对应的便利函数可用——read.csv()和 read.delim()。它们会在内部调用 read.table()，但具有更多的特定默认设置。

如果可行并且合理(单个表中的数据)，那么将一种专用格式(如.xlsx)转换成 CSV 可以让数据读入 R 中的处理变得简单得多。不过重要的是要记住，一旦制作了数据的副本，那么对于原始数据的链接就断了，因此我们对这两者之一所做的任何修改都不会在这两者之间进行同步。

这些函数并不局限于处理本地文件；在 read.table()的帮助文档中，关于 file 参数的说明中提到，数据源也可以是一个 URL(网页链接)，因此我们可以从远程站点拉入数据。

打印前六行以便预览

```
Howell_data <- "http://mng.bz/JAKV"
head(
  read.table(
    file = Howell_data,
    sep = ";",
    header = TRUE
  )
)
#>    height  weight   age male
#> 1 151.765 47.82561  63    1
#> 2 139.700 36.48581  63    0
#> 3 136.525 31.86484  65    0
#> 4 156.845 53.04191  41    1
#> 5 145.415 41.27687  51    0
#> 6 163.830 62.99259  35    1
```

使用变量 Howell_data 中存储的字符串作为 file 参数的值

这个文件使用;作为记录分隔符

第一行提供了列名称，因此要使用这个选项

出于几个原因，这会非常有用；我们可能希望数据的异地位置，并且在脚本中引用它以便提升可重现性(我们无须共享该数据，或者说其来源可能比来自电子邮件的数据文件更值得信赖)。我们可能正在处理由其他人更新和托管的数据，而对于分析而言，存储该数据可能并不是必需的。

例如，如果正在处理由当地城市气象局提供的降雨数据，并且希望生成某一年的日常降雨量图表，那么下载完整序列的每一天的值可能才能让我们满意，而不是尝试仅下载单独一天的值并且维护我们自己的数据集(这样就需要我们来确保数据可靠性，并且在任何情况下这都可能带来更多麻烦)。

警告：电子表格的列名称具有空格或标点符号或者以数字开头是很常见的——所有这些都是标准的 data.frame 列名称所不会具有(无须特殊处理)的内容。回顾一下 6.4 节，空格和标点符号将被转换为句点，而名称以数字(或句点-数字)开头的列将被重命名为以 X 开头。

如果值是一个简单表格并且存储在像 Excel 这样的电子表格程序中，并且我们是在 Windows 上使用 R(据我所知，在 Mac 或者 Linux 上集成这一特性并非好的做法)，那么就有一种简洁的方式可以将数据表或者数据的子集复制到 R 中，而无须将文件保存到一个新的持久文件中(如果无法找到与此有关的很多信息，请不要担心；这似乎是未公开记录的内容)。正如所介绍的，read.table()的 file 参数可以引用一个本地文件或者一个 URL，但它也可以使用"clipboard"关键字，这样一来就可以访问最近从电子表格或者类表格文本中"复制"的所有数据，并且会尝试将其读入内存中。例如，如果电子表格中有一些单元格，如图 7.1 中所示的那些，那么我们就可以选择它们并且将之复制到系统剪贴板(单击 File | Copy 或者按下 Ctrl+C，这取决于系统/程序)。

	A	B	C	D	E
1	height	weight	age	male	
2	151.765	47.82561	63	1	
3	139.7	36.48581	63	0	
4	136.525	31.86484	65	0	
5	156.845	53.04191	41	1	
6	145.415	41.27687	51	0	
7	163.83	62.99259	35	1	
8					
9					

图 7.1　电子表格中选取的单元格

现在可以使用 read.table()来读入这些复制的信息：

```
## NOTE this may only work on Windows
read.table("clipboard", header = TRUE)
#>     height   weight age male
#> 1 151.765 47.82561  63    1
#> 2 139.700 36.48581  63    0
#> 3 136.525 31.86484  65    0
#> 4 156.845 53.04191  41    1
#> 5 145.415 41.27687  51    0
#> 6 163.830 62.99259  35    1
```

提示：datapasta 这个包可以更为通用地自动化这一处理过程，并且提供了一种方式来粘贴创建一个对象的代码(CRAN 上提供了这个插件包)。它的确支持大部分平台，所以它也适用于 Mac 和 Linux。

当我们不希望保存 Excel 文件的另一个版本时，可能是因为它具有几个同属的工作表，那么可以使用一些选项来直接连接到.xls 和.xlsx 文件。过去几年里一些开发人员已经编写了几个插件包以便让这一处理更为容易，不过我最为推崇的是 rio 包。

```
# install.packages("rio")
library(rio)
```

它可以使用一种统一的语法导入三十多种不同的文件格式。import()能够读入各种文件格式。

```
excelContents <- import(file = "myExcelDocument.xls")
```

它也能选择性地选取一个特定 Excel 工作表，以便从中导入一个表格。

如果数据是一种不那么常见的格式，那么比较好的做法是，调研一下 R 是否已经能够读取它，或者找到能够提供这种格式支持的插件包。几乎所有的文件格式(除了那些不常见的使用其专有文件格式的实验室设备)都能在 R 中得到或多或少的支持。

就将数据导入 R 中而言，最让人烦恼的一点就是，其处理会假定所导入数据的类型。CSV 文件并不会将这一信息与其数据一起存储，所以像下面这样的一行数据

```
3,apple,7.4,2,banana
```

会被读入，并且会将所有的数字处理为数值类型(而非整数)。而由于 stringsAsFactors 的默认值是 TRUE，因此文本值会被读入为 factor 类型。我们需要关注这是否是我们想要的结果，并且在导入数据时，如果 stringsAsFactors 是 TRUE，则要设置 stringsAsFactors = FALSE。rio 包中的 import()函数会自动设置这个值。

如果数据由需要每次读入一行作为值的内容行构成，那么 readLines()函数可能会有所帮助。当为 con(连接)参数提供的值是一个字符串时，这个函数会打开该名称的文件(如果可以打开)并且将所请求数量的行(默认会读取所有的行)读入 R 会话中作为字符向量。例如，如果工作目录中有一个名为 **myFile.txt** 的文件，它具有以下内容：

```
line one
line two
line three
```

那么可以使用以下命令将其读入 R 中：

```
readLines("myFile.txt")
#> [1] "line one"  "line two"  "line three"
```

警告：readLines()会将这些行作为字符向量来读入，无论其数据类型是什么。如果数据并非文本，则需要手动转换 readLines()的结果。

将 R 连接到数据源的方式还有许多，其中包括连接到数据库(如 MySQL、SQLite 或 Access)、读入特定文件类型(有许多插件包都提供了某种 read*()函数)，或者连接到远程源。这最后一个选项是值得进一步探讨的，因为它可以让我们接触到大量有用的数据源。

7.1.4　抓取数据

有时我们没有自己的数据源，而所要使用的数据是作为网页上的表格托管在其他地方的，并且我们希望将这些值用于分析。我们可以复制整个表格、对其格式化，并且将其保存到文件，不过这样做涉及大量的手动处理，如果数据发生变化或者我们希望重复执行分析，就不得不重复进行这些手动处理。

定义：网络抓取涉及从万维网抓取(复制、收集)内容，这需要借助软件来自动化提取来自网页源文件的数据，而不只是浏览它。

在这种情况下，可以考虑进行数据抓取[1]。如果允许进行抓取，那么我们就可以告知 R 在何处查看一个网页以便读入一些数据。rvest 包提供了一些有用的函数，它们可以从网页的 HTML 源码中提取信息。

```
# install.packages("rvest")
library(rvest)
# Loading required package: xml2
```

定义：超文本标记语言(HTML)是网页构造的方式，其中使用标签来修改不同元素的外观和布局。如果完全不熟悉 HTML 而又需要执行网络抓取，那么一种好的做法就是仔细研读一下 HTML。

研究一个示例可能会让这一点变得更清晰；我们从维基百科上抓取一下 R 版本发布的里程碑表格，其源数据位于 https://en.wikipedia.org/wiki/R_(programming_language) 处。这个表格本身就是由浏览器渲染的，如图 7.2 所示。

Milestones [edit]

A list of changes in R releases is maintained in various "news" files at CRAN.[48] Some highlights are listed below for several major releases.

Release	Date	Description
0.16		This is the last alpha version developed primarily by Ihaka and Gentleman. Much of the basic functionality from the "White Book" (see S history) was implemented. The mailing lists commenced on April 1, 1997.
0.49	1997-04-23	This is the oldest source release which is currently available on CRAN.[46] CRAN is started on this date, with 3 mirrors that initially hosted 12 packages.[47] Alpha versions of R for Microsoft Windows and the classic Mac OS are made available shortly after this version.[citation needed]
0.60	1997-12-05	R becomes an official part of the GNU Project. The code is hosted and maintained on CVS.
0.65.1	1999-10-07	First versions of update.packages and install.packages functions for downloading and installing packages from CRAN.[48]
1.0	2000-02-29	Considered by its developers stable enough for production use.
1.4	2001-12-19	S4 methods are introduced and the first version for Mac OS X is made available soon after.
2.0	2004-10-04	Introduced lazy loading, which enables fast loading of data with minimal expense of system memory.
2.1	2005-04-18	Support for UTF-8 encoding, and the beginnings of internationalization and localization for different languages.
2.11	2010-04-22	Support for Windows 64 bit systems.
2.13	2011-04-14	Adding a new compiler function that allows speeding up functions by converting them to byte-code.
2.14	2011-10-31	Added mandatory namespaces for packages. Added a new parallel package.
2.15	2012-03-30	New load balancing functions. Improved serialization speed for long vectors.
3.0	2013-04-03	Support for numeric index values 2^{31} and larger on 64 bit systems.
3.4	2017-04-21	Just-in-time compilation (JIT) of functions and loops to byte-code enabled by default.
3.5	2018-04-23	Packages byte-compiled on installation by default. Compact internal representation of integer sequences. Added a new serialization format to support compact internal representations.

图 7.2   截至 2018 年 9 月的 R 版本发布的里程碑表格

我们可以将维基百科页面的 URL 保存为一个字符串，以避免重复输入它。

```
r_lang_URL <- "https://en.wikipedia.org/wiki/R_(programming_language)"
```

可以使用 rvest 的 read_html()函数将该页面的 HTML 内容提取到一个特殊对象中：

```
r_html <- read_html(r_lang_URL)
```

这样做可打开一个通向维基百科服务器的连接，并且提取出浏览器会解释和呈现

---

1   并非所有的站点都允许这样做，非常明智的做法是，在尝试抓取之前检查一下站点的使用条款。

在页面上的源代码。其内容看起来似乎并没有太大意义，但我们要对其进行一些处理并且得到想要的信息。如果在任何时候得到一条类似于"正在关闭未使用的连接"这样的警告，请不要担心——它仅表明 R 正在清理不再需要的连接。

我们来提取所有具有 table 这一 HTML 标签的元素。

```
html_nodes(r_html, "table")
#> {xml_nodeset (9)}
#> [1] <table class="infobox vevent" style="width:22em">\n<caption class="s ...
#> [2] <table class="wikitable">\n<tr>\n<th>Release</th>\n<th>Date</th>\n<t ...
#> [3] <table class="plainlinks metadata ambox ambox-content ambox-Weasel" ...
#> [4] <table class="plainlinks metadata ambox ambox-content ambox-peacock" ...
#> [5] <table class="nowraplinks collapsible autocollapse navbox-inner" sty ...
#> [6] <table class="nowraplinks collapsible autocollapse navbox-inner" sty ...
#> [7] <table class="nowraplinks hlist collapsible collapsed navbox-inner" ...
#> [8] <table class="nowraplinks navbox-subgroup" style="border-spacing:0"> ...
#> [9] <table class="nowraplinks hlist navbox-inner" style="border-spacing: ...
```

提取的结构如下所示，其中.和#分别表示一个类和一个命名标签：

- x 用于选择一个标签元素(<x>，例如<table>)。
- y 用于选择 y 这个类(<x class="y">，例如<div class="foo">)。
- #z 用于选择一个命名标签(<x id="z">，例如<p id="foo">)。

在浏览器中查看该维基百科页面并选择 View Source，然后搜索 table，会发现该里程碑表是一个 wikitable 类的表：<table class="wikitable">。我们可以使用 html_node()选取源的这一部分(因为该页面上仅有一个 wikitable)。

```
release_html <- html_node(r_html, ".wikitable")
```

类的前面加一个句点是此处需要的选择器。html_node()所返回的对象可以被转换成一个 data.frame，这样就成功地将网页的表格读入一种可用的 R 结构中了。

```
release_table <- html_table(release_html)
```

打印前两列(排除掉描述信息)，验证一下是否已经正确提取了这个表(对照图 7.2 中的渲染结果)。

```
release_table[, 1:2]
#>    Release        Date
#> 1     0.16
#> 2     0.49  1997-04-23
#> 3     0.60  1997-12-05
#> 4   0.65.1  1999-10-07
#> 5      1.0  2000-02-29
#> 6      1.4  2001-12-19
#> 7      2.0  2004-10-04
#> 8      2.1  2005-04-18
#> 9     2.11  2010-04-22
#> 10    2.13  2011-04-14
#> 11    2.14  2011-10-31
#> 12    2.15  2012-03-30
```

```
#> 13    3.0    2013-04-03
#> 14    3.4    2017-04-21
#> 15    3.5    2018-04-23
```

也可以使用 toc 标记的节点来提取内容表(TOC)——回顾一下，#z 会选取名为 z 的标签。

```
tag_toc_html <- html_nodes(r_html, "#toc")
```

之后可以提取无序列表的链接(<ul>)，每个无序列表都有一个列表项(<li>)标签以及一个锚点(<a>)标签。

```
toplevel_toc_links <- html_nodes(tag_toc_html, "ul li a")
```

最后，我们可以从这些链接中提取文本并且查看结果。

```
toplevel_toc_text <- html_text(toplevel_toc_links)
toplevel_toc_text
#>  [1] "1 History"
#>  [2] "2 Statistical features"
#>  [3] "3 Programming features"
#>  [4] "4 Packages"
#>  [5] "5 Milestones"
#>  [6] "6 Interfaces"
#>  [7] "7 Implementations"
#>  [8] "8 R Communities"
#>  [9] "9 useR! Conferences"
#> [10] "10 R Journal"
#> [11] "11 Comparison with SAS, SPSS, and Stata"
#> [12] "12 Commercial support for R"
#> [13] "13 Examples"
#> [14] "13.1 Basic syntax"
#> [15] "13.2 Structure of a function"
#> [16] "13.3 Mandelbrot set"
#> [17] "14 See also"
#> [18] "15 References"
#> [19] "16 External links"
```

前面的处理过程涉及保存许多中间变量，而对于这些变量，我们很可能是不再需要的。正如之前所介绍的，还有一种更好的方式可以管理这一模式，也就是借助 magrittr(或 dplyr)包的%>%来进行链式调用。rvest 包也提供了%>%。

```
接受 URL
                                   读取 HTML 源
  r_lang_URL %>%
    read_html() %>%
    html_node(".wikitable") %>%         使用 wikitable 类提取节点
    html_table() %>%
    .[c(1, 2)]                          将表转换成 data.frame
#>   Release      Date
#> 1    0.16                             选取前两列
#> 2    0.49 1997-04-23
#> 3    0.60 1997-12-05
```

```
#> 4    0.65.1 1999-10-07
#> 5       1.0 2000-02-29
#> 6       1.4 2001-12-19
#> 7       2.0 2004-10-04
#> 8       2.1 2005-04-18
#> 9      2.11 2010-04-22
#> 10     2.13 2011-04-14
#> 11     2.14 2011-10-31
#> 12     2.15 2012-03-30
#> 13      3.0 2013-04-03
#> 14      3.4 2017-04-21
#> 15      3.5 2018-04-23
```

TOC 抓取步骤可以被提炼成以下代码：

```
r_lang_URL %>%
  read_html() %>%
  html_nodes("#toc") %>%              使用 id toc 提取节点
  html_nodes("ul li a") %>%           提取 ul、li 和 a 标签
  html_text                           提取链接文本
#> [1] "1 History"
#> [2] "2 Statistical features"
#> [3] "3 Programming features"
#> [4] "4 Packages"
#> [5] "5 Milestones"
#> [6] "6 Interfaces"
#> [7] "7 Implementations"
#> [8] "8 R Communities"
#> [9] "9 useR! conferences"
#> [10] "10 R Journal"
#> [11] "11 Comparison with SAS, SPSS, and Stata"
#> [12] "12 Commercial support for R"
#> [13] "13 Examples"
#> [14] "13.1 Basic syntax"
#> [15] "13.2 Structure of a function"
#> [16] "13.3 Mandelbrot set"
#> [17] "14 See also"
#> [18] "15 References"
#> [19] "16 External links"
```

显然，管道使得这些步骤更为简单和清晰，因此我强烈建议以这种方式来构建抓取管道。按照顺序添加每个步骤，检查其过程中是否是在生成我们期望的结构。

7.1.5　检查数据

前面已经介绍了 summary()函数，在使用连续数据时，它会提供对象的概览。这五个数字的汇总对于描绘出数据的分布方式是很有用的。不过，在使用离散数据时，情况则有些不同。如果一个列是字符值，就不会得到一个有用的汇总。当一个列是 factor 时，summary()会提供每个级别中值的计数。

能够生成适用于字符类型的汇总结果的另一种方式是 table()函数。在使用 factor 类型时，该函数会生成与 summary()相同的输出(只不过它会显示所有的级别，而非仅

显示前面几个级别)。

```
table(iris$Species)
#>
#>        setosa versicolor  virginica
#>            50         50         50
```

iris 数据集的 Species 列是 factor 类

对于字符类型，它会生成相同输出——每个唯一级别中值的计数。

```
table(as.character(iris$Species))
#>
#>        setosa versicolor  virginica
#>            50         50         50
```

注意，此处理会区分像大小写这样的差异，所以 **aBc** 和 **Abc** 会被分别计数。

```
table(c("aBc", "Abc", "aBc", "aBc", "Abc"))
#>
#> aBc  Abc
#>   3    2
```

在使用数值向量时，其结果会变得冗长，因为每个不同的值都会被视作其自己的级别。

```
table(mtcars$mpg)
#>
#> 10.4 13.3 14.3 14.7   15 15.2 15.5 15.8 16.4 17.3 17.8 18.1 18.7 19.2 19.7
#>    2    1    1    1    1    2    1    1    1    1    1    1    1    2    1
#>   21 21.4 21.5 22.8 24.4   26 27.3 30.4 32.4 33.9
#>    2    2    1    2    1    1    1    2    1    1
```

当仅有一些唯一值时，该函数仍旧非常便利。

```
table(mtcars$carb)
#>
#>  1  2  3  4  6  8
#>  7 10  3 10  1  1
```

有时直接查看顶部、底部或随机值以便观察正在进行什么处理的做法是很有用的。

head()函数(之前已经在前面几章中介绍过)会打印 data.frame 对象(或者类似对象，如 matrix、tibble、table)的前几行(默认是前六行)，这对于检查一些数据中的列名称而言是很方便的。其用处在于，可以检查那些行中是否存在我们期望看到的实际值(如并非所有都是 NA、并非所有都是 0、并非所有都是字符串)。例如：

```
head(iris)
#> Sepal.Length Sepal.Width Petal.Length Petal.Width Species
#> 1          5.1         3.5          1.4         0.2 setosa
#> 2          4.9         3.0          1.4         0.2 setosa
#> 3          4.7         3.2          1.3         0.2 setosa
#> 4          4.6         3.1          1.5         0.2 setosa
```

```
#> 5        5.0        3.6        1.4        0.2     setosa
#> 6        5.4        3.9        1.7        0.4     setosa
```

类似地，tail()函数会打印最后几行(默认是六行)。

```
tail(iris)
#>     Sepal.Length Sepal.Width Petal.Length Petal.Width    Species
#> 145          6.7         3.3          5.7         2.5  virginica
#> 146          6.7         3.0          5.2         2.3  virginica
#> 147          6.3         2.5          5.0         1.9  virginica
#> 148          6.5         3.0          5.2         2.0  virginica
#> 149          6.2         3.4          5.4         2.3  virginica
#> 150          5.9         3.0          5.1         1.8  virginica
```

如果需要打印更多行或者更少行，则可以使用 n 参数来控制要打印的行数。要查看更多数据的话，可以对行进行随机抽样并且打印这些抽样行。有一个 dplyr 函数会让这一处理变得容易。

设置 seed 值以确保得到这一相同的随机样本

```
set.seed(1)
dplyr::sample_n(mtcars, 6)
#>                  mpg cyl  disp  hp drat    wt  qsec vs am gear carb
#> Merc 230        22.8   4 140.8  95 3.92 3.150 22.90  1  0    4    2
#> Merc 450SE      16.4   8 275.8 180 3.07 4.070 17.40  0  0    3    3
#> Fiat 128        32.4   4  78.7  66 4.08 2.200 19.47  1  1    4    1
#> Porsche 914-2   26.0   4 120.3  91 4.43 2.140 16.70  0  1    5    2
#> Valiant         18.1   6 225.0 105 2.76 3.460 20.22  1  0    3    1
#> Pontiac Firebird 19.2  8 400.0 175 3.08 3.845 17.05  0  0    3    2
```

要全面查看一个对象，可以使用 View()函数(注意 View()中的 V 是大写的)，它非常便利。在传递一个数据参数时，它会打开一个包含该数据的数据查看器(在编辑器窗口中，因此它具有自己的类文件选项卡)，并且将数据转换成 data.frame(如果能够转换)。这同时适用于终端和 RStudio，不过后者能够更好地支持过滤、排序和显示。试试看，View(mtcars)应该显示出类似于图 7.3 的结果。

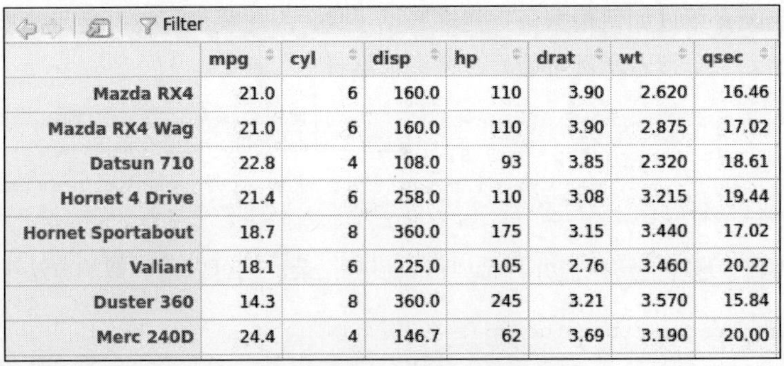

	mpg	cyl	disp	hp	drat	wt	qsec
Mazda RX4	21.0	6	160.0	110	3.90	2.620	16.46
Mazda RX4 Wag	21.0	6	160.0	110	3.90	2.875	17.02
Datsun 710	22.8	4	108.0	93	3.85	2.320	18.61
Hornet 4 Drive	21.4	6	258.0	110	3.08	3.215	19.44
Hornet Sportabout	18.7	8	360.0	175	3.15	3.440	17.02
Valiant	18.1	6	225.0	105	2.76	3.460	20.22
Duster 360	14.3	8	360.0	245	3.21	3.570	15.84
Merc 240D	24.4	4	146.7	62	3.69	3.190	20.00

图 7.3　使用 View()调用的数据查看器

7.1.6　处理数据中奇怪的值(警示值)

警示值，也称为标记值、跳闸值、异动值或信号值，它们被用于数据项中以突出特定的记录。也许一个不可能出现的高值或低值会被推到 99 或-99，或者一个缺失值可能会被编码为 0 或-1。

之前介绍过数据中的 NA 值，但这并非唯一需要关注的值。警示值通常会在数据的快捷输入中出现。由于它们不同于常规值，因此往往会吸引人的注意。在当地日常气温的记录中，我们可能会发现一些 999 这样的值，这并非表明测量站着火了，而可能是在其他地方记录的编码信息，如可能是表明设备故障或者不知何故测量失效了。出现这样的值并不要紧，只要会接触到该数据的每一个人都清楚那些值代表着什么，并且具有合适的密钥能够对这些编码进行解密即可。

只要提前知道这些值是什么，那么识别出它们就很容易。假设我们正在处理 mtcars 数据的质量控制，并且希望突出显示看上去值非常高的 Maserati Bora 的马力(hp)，而这个值要么是测量错误，要么出于某种原因是不可信的值。具有一个突显出来的占位符值通常并不罕见。在这个例子中，其处理过程可能会像下面这样：

使用警示值替换这一行的 hp 值　　　　　　　创建一份 mtcars 数据副本用于修改

检查 Maserati Bora 的 hp 列的值(回顾一下，可以用行名称来对行取子集)

```
mtcars_qc <- mtcars
mtcars_qc["Maserati Bora", "hp"]
#> [1] 335
```

tail()会打印最后六行(记住，head()会打印前六行)

```
mtcars_qc["Maserati Bora", "hp"] <- 999
tail(mtcars_qc)
#>                 mpg cyl  disp  hp drat    wt qsec vs am gear carb
#> Porsche 914-2   26.0   4 120.3  91 4.43 2.140 16.7  0  1    5    2
#> Lotus Europa    30.4   4  95.1 113 3.77 1.513 16.9  1  1    5    2
#> Ford Pantera L  15.8   8 351.0 264 4.22 3.170 14.5  0  1    5    4
#> Ferrari Dino    19.7   6 145.0 175 3.62 2.770 15.5  0  1    5    6
#> Maserati Bora   15.0   8 301.0 999 3.54 3.570 14.6  0  1    5    8
#> Volvo 142E      21.4   4 121.0 109 4.11 2.780 18.6  1  1    4    2
```

鉴于已经介绍过如何根据条件提取数据子集，因此我们可以特定地查找已知值并且选取它们。一个搜索示例可能看起来会像这样：

使用会保留行名称的 base 中括号方法，dplyr::filter()不会保留行名称

```
mtcars_qc[mtcars_qc$hp == 999, ]
#>                mpg cyl disp  hp drat   wt qsec vs am gear carb
#> Maserati Bora   15   8  301 999 3.54 3.57 14.6  0  1    5    8
```

如果找到了这样的一些值并且希望移除那些记录，则可以用类似的方法进行处理：

```
tail(mtcars_qc[mtcars_qc$hp != 999, ])
#>               mpg cyl  disp  hp drat    wt qsec vs am gear carb
#> Fiat X1-9     27.3   4  79.0  66 4.08 1.935 18.9  1  1    4    1
#> Porsche 914-2 26.0   4 120.3  91 4.43 2.140 16.7  0  1    5    2
#> Lotus Europa  30.4   4  95.1 113 3.77 1.513 16.9  1  1    5    2
```

```
#> Ford Pantera L   15.8  8 351.0 264 4.22 3.170 14.5  0  1   5    4
#> Ferrari Dino     19.7  6 145.0 175 3.62 2.770 15.5  0  1   5    6
#> Volvo 142E       21.4  4 121.0 109 4.11 2.780 18.6  1  1   4    2
```

在不确定数据中是否存在这类值的时候，就需要进行更多的处理，不过我们可以付出更多精力并且进行检查。一个好的警示值在其余的数据中应该是很明显的，因此一种检查这些值的方式是查看值的分布。之前已经介绍过如何使用 summary()函数来完成此处理。从汇总信息中，可以轻易地查看 Min.或 Max.值是否从其余的数据中突显出来。

仅检查第二列到第五列

```
summary(mtcars_qc[ , 2:5])
#>      cyl            disp              hp            drat
#> Min.  :4.000   Min.  : 71.1    Min.  : 52.0   Min.  :2.760
#> 1st Qu.:4.000   1st Qu.:120.8    1st Qu.: 96.5   1st Qu.:3.080
#> Median :6.000   Median :196.3    Median :123.0   Median :3.695
#> Mean  :6.188   Mean  :230.7    Mean  :167.4   Mean  :3.597
#> 3rd Qu.:8.000   3rd Qu.:326.0    3rd Qu.:180.0   3rd Qu.:3.920
#> Max.  :8.000   Max.  :472.0    Max.  :999.0   Max.  :4.930
```

注意，hp 的 Max.值远远大于 Mean 值。

NA 本身就是一个警示值，其中编码了缺失状态。其他可能的警示值还有无穷大(Inf 或-Inf)，在用一个数字除以 0 或者使用 NaN(它往往表示 0/0)时，它就会出现。这两者都可以用 is.finite()函数来捕获，该函数会为 NA、Inf、-Inf 和 NaN 返回 FALSE。如果将其与 any()函数(当传递给它的其中一个值是 TRUE 时，它会返回 TRUE)结合使用，则可以一次性验证所有这些值。

```
any(!is.finite(c(1, 2, 3, 4)))
#> [1] FALSE

any(!is.finite(c(1, 2, NA, 4)))
#> [1] TRUE

any(!is.finite(c(1, 2, NaN, 4)))
#> [1] TRUE

any(!is.finite(c(1, 2, Inf, 4)))
#> [1] TRUE
```

7.1.7　转换成整洁数据

一旦将数据读入 R 中，就可以对其进行处理。通常这些数据并非分析函数需要的结构。大多数 tidyverse 包都需要宽结构：每个观测一行，并且每个可观测/可测量量一列。如果数据是长格式并且需要变成宽格式，则可以使用 tidyr 包轻易地完成转换。

```
# install.packages("tidyr")
library(tidyr)
```

可以使用 spread()函数将数据展开为宽格式。我们使用本章开头的长格式数据开始进行处理。

```
long_df
#>      id   variable   value
#> 1  person1   height   151.8
#> 2  person2   height   139.7
#> 3  person3   height   136.5
#> 4  person1   weight    47.8
#> 5  person2   weight    36.5
#> 6  person3   weight    31.9
#> 7  person1     age    63.0
#> 8  person2     age    63.0
#> 9  person3     age    65.0
#> 10 person1    male     1.0
#> 11 person2    male     0.0
#> 12 person3    male     0.0
```

然后可以使用 spread()创建新的列，其中需要使用 variable 列作为新的列名称的键，其值来自 value 列。

```
wide_df <- spread(data = long_df, key = variable, value = value)
wide_df
#>        id age  height male weight
#> 1 person1  63   151.8    1   47.8
#> 2 person2  63   139.7    0   36.5
#> 3 person3  65   136.5    0   31.9
```

这样就得到了所需的宽格式。

如果确实需要进行反向处理，那么 tidyr 的 gather()函数可以对选取的列进行收卷并且生成长格式对象。

```
long_df_again <- gather(
  data = wide_df,
  key = "variable",        ← 要赋予变量列的名称
  value = "value",         ← 要赋予值列的名称
  -id                      ←
)
long_df_again
#>      id   variable   value    选取要收卷的列，在这个例子中是
#> 1  person1      age   63.0    除 id 列之外的所有列
#> 2  person2      age   63.0
#> 3  person3      age   65.0
#> 4  person1   height  151.8
#> 5  person2   height  139.7
#> 6  person3   height  136.5
#> 7  person1     male    1.0
#> 8  person2     male    0.0
#> 9  person3     male    0.0
#> 10 person1   weight   47.8
#> 11 person2   weight   36.5
#> 12 person3   weight   31.9
```

重新组织数据的 base 方法

一开始就以这种 tidyverse 包的方式来处理从长数据到宽数据的所有环节的操作是非常合理的，并且其中一个原因在于，以 base 方式进行这样的处理会让人困惑并且也会很困难。其内置的 stats 包确实提供了一个 reshape() 函数，不过它并不优雅。

```
reshape(
  long_df,
  idvar = "id",
  timevar = "variable",
  direction = "wide"
)
#>        id value.height value.weight value.age value.male
#> 1 person1        151.8         47.8        63          1
#> 2 person2        139.7         36.5        63          0
#> 3 person3        136.5         31.9        65          0
```

注意，列名称具有前缀 value.。这样的参数名称会很复杂并且难以记忆。reshape2 包会让这一情况大大缓解。这里加载这个插件包：

```
# install.packages("reshape2")
library(reshape2)
#
#> Attaching package: 'reshape2'
# The following object is masked from 'package:tidyr':
#>
#>    smiths
```

tidyr 和 reshape2 包都包含 smiths 数据集，前者将其编码为 tibble，后者将其编码为 data.frame。如果在控制台中输入 smiths，那么哪个版本可用就取决于 tidyr 包和 reshape2 包的加载和附加顺序。

可以使用 dcast() 函数，它会使用公式接口来执行相同任务。

```
dcast(long_df, id ~ variable)
#>        id age height male weight
#> 1 person1  63 151.8    1   47.8
#> 2 person2  63 139.7    0   36.5
#> 3 person3  65 136.5    0   31.9
```

tidyr 的构建是为了替代 reshape2，因此其运行很容易这一点并不令人奇怪。

还要检查的其他事项包括以下这些：

- 是否具有/想要字符或因子？是否应该使用 tibble 或设置 stringsAsFactors 参数？
- 列的级别/唯一值是什么？其数量是否多于或少于我们的预期？它们是否正确地表示出我们的数据？是否存在明显的打字错误？
- 是否具有任何缺失值？是否具有任何警示值？是否预期任何列中具有 NA？现有值的范围是什么？
- 是否具有重复行/观测值？

这些检查项中的最后一项——重复行——经常会出现。R 偶尔会在出现这种情况时发出警告，但并不是每次都发。要确定是否具有重复行，可以使用 base 包中的 duplicated()函数。假设有一个 data.frame，它具有重复的测量值，例如

```
rep_df <- data.frame(
  name = c("x", "y", "y", "z", "x"),
  val1 = c(3, 5, 5, 4, 8),
  val2 = c(9, 2, 2, 1, 1),
  val3 = c("q", "r", "r", "s", "t")
)
rep_df
#>   name val1   val2   val3
#> 1    x    3      9      q
#> 2    y    5      2      r
#> 3    y    5      2      r
#> 4    z    4      1      s
#> 5    x    8      1      t
```

可以使用以下命令来查看"哪些行是重复的"(多次出现)：

```
duplicated(rep_df)
#> [1] FALSE FALSE TRUE FALSE FALSE
```

这样会返回一个逻辑值向量，它能反映出哪些行已经出现过，其中会按照顺序从第 1 行开始读取。由于第 2 行之前没有出现过，因此它并非——在该函数执行时——重复的。不过，第 3 行的这些值已经出现过，因此它是重复的。第 1 行和第 5 行的 name 列中都有 x，不过其他的值会让这一行变成唯一的。如果反向执行搜索(从最后一行开始执行)，则会出现相同的情况，其中仅有一行是重复的。

```
duplicated(rep_df, fromLast = TRUE)
#> [1] FALSE TRUE FALSE FALSE FALSE
```

所以我们可以移除这个重复行，由于有了一个逻辑值向量，因此可以用否定方式来指定要保留哪些行。

```
rep_df[!duplicated(rep_df), ]
#>   name val1   val2   val3
#> 1    x    3      9      q
#> 2    y    5      2      r
#> 4    z    4      1      s
#> 5    x    8      1      t
```

或者，对于这个表达式而言，还有一种快捷方式。

```
unique(rep_df)
#>   name val1   val2   val3
#> 1    x    3      9      q
#> 2    y    5      2      r
#> 4    z    4      1      s
#> 5    x    8      1      t
```

这个函数也适用于向量，因此可以从中提取唯一值。

```
unique(rep_df$val2)
#> [1] 9 2 1
```

7.2　合并数据

单独的数据片段存储在单独的 data.frame 或者 tibble 中的做法使得每个数据片段都易于访问和处理，不过有时我们需要将其中两个对象合并在一起。这种情况通常出现在两个链接了每个记录的对象之间具有重叠部分的时候(如标识符列)。这两个单独的对象可能各自保持一致，并且代表着不同的内容(这是一种存储数据的较好方式)，不过要在两个属性之间进行比较，需要一种方法将这两个对象连接到一起。

这里是一个 tibble，它代表了一些国家及其首都(它可能包含一些特定于我们分析的数据)。

```
# install.packages("tibble")
library(tibble)
countries_capitals <- tribble(    ◄————————  逐行创建一
  ~Country,        ~Capital,                   个 tibble
  "Australia",     "Canberra",
  "France",        "Paris",
  "Malaysia",      "Kuala Lumpur",
  "India",         "New Delhi",                瑙鲁和瑞士没有官方认定
  "Nauru",         NA,          ◄————————      的首都
  "Russia",        "Moscow",
  "Switzerland",   NA,          ◄————————
  "Zimbabwe",      "Harare"
)
```

这里是另一个较长的 tibble，它代表了世界上各首都城市的人口，其信息源来自另外的地方(在这个例子中，其来源是 http://mng.bz/En5J，数据截至 2017 年末)。

```
cities_populations <- tribble(
        ~City,       ~Population,
  "New Delhi",       16787949L,
  "Moscow",          11541000L,
  "Paris",            2241346L,
  "Harare",           1487028L,
  "Kuala Lumpur",     1381830L,
  "Dublin",           1173179L,
  "Ottawa",            898150L,
  "Wellington",        405000L,
  "Canberra",          354644L
)
```

可以使用 dplyr 的其中一个 join 动词将这两者连接起来。这些语法借鉴了结构化查询语言(SQL)的语法(一种专为与数据库交互而构建的语言)并且会执行合并操作。

如果环境中还没有 dplyr 库，则要安装、加载并且附加它。

```
# install.packages("dplyr")
library(dplyr)
```

```
#
# The following objects are masked from 'package:stats':
#>
#>     filter, lag
# The following objects are masked from 'package:base':
#>
#>     intersect, setdiff, setequal, union
```

最直截了当的选项是执行这两个对象的全连接——采用第一个对象的所有记录并且用第二个对象的所有记录进行匹配，基于代表首都城市的列进行连接，从而确保这两者中的所有缺失记录都被保留下来。

```
full_join(                              第一个对象，其中包含国家及其首都
  countries_capitals,
  cities_populations,                   第二个对象，其中包含城市(首都)及其人口
  by = c("Capital" = "City")
)                                       表明具有共有信息的列是 Capital 和
#> # A tibble: 11 x 3                    City 列。我们要通过这一列来连接
#>    Country     Capital       Population 两个对象。如果这两个对象之间的
#>    <chr>       <chr>              <int> 列名称是共用的，那么就无须指定
#>  1 Australia   Canberra          354644 它；否则就要像这里这样拼写出该
#>  2 France      Paris            2241346 连接点
#>  3 Malaysia    Kuala Lumpur     1381830
#>  4 India       New Delhi       16787949
#>  5 Nauru       <NA>                  NA
#>  6 Russia      Moscow          11541000
#>  7 Switzerland <NA>                  NA
#>  8 Zimbabwe    Harare           1487028
#>  9 <NA>        Dublin           1173179
#> 10 <NA>        Ottawa            898150
#> 11 <NA>        Wellington        405000
```

注意，第一个和第二个对象中的每一行现在都呈现了出来；在没有要合并的信息的位置，其元素是 NA。瑙鲁和瑞士没有官方首都，因此其人口列仍旧是 NA。类似地，国家和首都的 tibble 并不包含加拿大、爱尔兰或新西兰，因此它们的首都(分别是渥太华、都柏林及惠灵顿)都以 NA 作为其国家。

有一点非常重要，在连接/合并两个对象时，只有在这两个对象之间包含共有值的行中找到的信息才会出现在结果对象中。共有值必须完全(根据 R 的规则)匹配这一条件才能生效。使用一些不完全匹配的共有值来尝试一下之前的示例。

```
dataA <- tribble(
  ~name, ~value,
  "x", 1,
  "y", 2,
  "z", 3
)
dataB <- tribble(
  ~name, ~other_value,
  "x", 4,
  "Y", 5,         注意，在这个对象中，第二个名称是大写的，而在第一个
  "z", 6          对象中，它是小写的。它们是不匹配的，因而在使用
)                 full_join()生成的对象中，y 和 Y 将具有各自的行
```

```
full_join(dataA, dataB)
#  Joining, by = "name"
#> # A tibble: 4 x 3
#>   name value other_value
#>   <chr> <dbl>     <dbl>
#> 1 x     1.00       4.00
#> 2 y     2.00       NA
#> 3 z     3.00       6.00
#> 4 Y     NA         5.00
```

使用一个文本字符串作为连接两个对象的共有值的做法非常普遍，不过要注意其唯一性。如果一个共有值出现多次，那么它也将重复出现在所产生的对象中。

```
dataA <- tribble(
  ~name, ~value,
  "x", 1.1,
  "x", 1.2,
  "y", 2,
  "z", 3
)
dataB <- tribble(
  ~name, ~other_value,
  "x", 4,
  "y", 5,
  "z", 6
)
full_join(dataA, dataB)
# Joining, by = "name"
#> # A tibble: 4 x 3
#>   name   value  other_value
#>   <chr>  <dbl>     <dbl>
#> 1 x      1.10      4.00
#> 2 x      1.20      4.00
#> 3 y      2.00      5.00
#> 4 z      3.00      6.00
```

警告：如果记得 R 处理数字的方式，则会发现，使用非唯一的共有值变得非常重要——2L 和 2 在环境上下文中是否相同？就 dplyr 而言，它们是相同的，因此理论上可以在两个列之间使用数值或整数值作为共有链接。务必留意那些值是否完全相同，并且在完成处理后要检查结果对象中的唯一性。

到目前为止，本章已经介绍了我们想要第一个对象的所有行以及第二个对象的所有行的情况。如果一个对象包含的信息多于我们所要求的信息又会如何呢？回到人口示例，如果仅想要原始对象中的首都人口，应该怎么办？

dplyr 还提供了 left_join()用于应对像这样的情况；其结果对象将包含第一个对象的所有行和列(在单行调用中，该对象位于左侧)，以及第二个对象中存在一个匹配的共有值的所有列。

```
left_join(
  countries_capitals,
```

```
  cities_populations,
  by = c("Capital" = "City")
)
#> # A tibble: 8 x 3
#>   Country      Capital        Population
#>   <chr>        <chr>               <int>
#> 1 Australia    Canberra           354644
#> 2 France       Paris             2241346
#> 3 Malaysia     Kuala Lumpur      1381830
#> 4 India        New Delhi        16787949
#> 5 Nauru        <NA>                   NA
#> 6 Russia       Moscow           11541000
#> 7 Switzerland  <NA>                   NA
#> 8 Zimbabwe     Harare            1487028
```

注意，此处这个新对象并不包含仅存在于 cities_populations 对象中的那些行，但包含 countries_capitals 的所有行(总共八行)。

这个函数的互补函数是 right_join()——结果对象将包含第二个对象的所有行和列，以及第一个对象中存在一个匹配的共有值的所有列。

```
right_join(
  countries_capitals,
  cities_populations,
  by = c("Capital" = "City")
)
#> # A tibble: 9 x 3
#>   Country      Capital        Population
#>   <chr>        <chr>               <int>
#> 1 India        New Delhi        16787949
#> 2 Russia       Moscow           11541000
#> 3 France       Paris             2241346
#> 4 Zimbabwe     Harare            1487028
#> 5 Malaysia     Kuala Lumpur      1381830
#> 6 <NA>         Dublin            1173179
#> 7 <NA>         Ottawa             898150
#> 8 <NA>         Wellington         405000
#> 9 Australia    Canberra           354644
```

这个新对象并不包含仅存在于countries_capitals 对象中的行，但包含 cities_populations 中的所有行(共九行)。

inner_join()会生成一个仅包含重叠行的对象(它不会增加缺失列的行)。当我们仅希望处理有值数据时，这会非常便利。

```
inner_join(
  countries_capitals,
  cities_populations,
  by = c("Capital" = "City")
)
#> # A tibble: 6 x 3
#>   Country      Capital        Population
#>   <chr>        <chr>               <int>
#> 1 Australia    Canberra           354644
```

```
#> 2 France      Paris          2241346
#> 3 Malaysia    Kuala Lumpur   1381830
#> 4 India       New Delhi     16787949
#> 5 Russia      Moscow        11541000
#> 6 Zimbabwe    Harare         1487028
```

最后，有一个函数可以仅使用出现在一个对象中但并不在另一个对象中的行来进行连接：anti_join()。这对于确定某个对象中缺失了哪些行而言是非常有用的。

```
anti_join(
  countries_capitals,
  cities_populations,
  by = c("Capital" = "City")
)
#> # A tibble: 2 x 2
#>   Country      Capital
#>   <chr>        <chr>
#> 1 Nauru        <NA>
#> 2 Switzerland  <NA>
```

前面的代码会生成一个对象，它具有来自 countries_capitals 但并不存在于 cities_populations 中的行；这些国家都没有 Capital 值，因此它们没有要匹配的 City 值。如果想要将其补充完整，可以交换前两个参数的位置并且重新排列 by 参数。

```
anti_join(
  cities_populations,
  countries_capitals,
  by = c("City" = "Capital")
)
#> # A tibble: 3 x 2
#>   City         Population
#>   <chr>          <int>
#> 1 Dublin        1173179
#> 2 Ottawa         898150
#> 3 Wellington     405000
```

这会生成一个对象，该对象的行是出现在 cities_populations 中但不存在于 countries_capitals 中的行。

合并数据的 base 方式

base R 也有一种合并 data.frame 的方式。merge() 函数的运行机制类似于 inner_join()(不过该函数有一些不太方便的怪异之处)。

```
merge(
  countries_capitals,       注意，由于 tibble 也有 data.frame 类，因此
  cities_populations,       其运行不会涉及任何额外的转换
  by.x = "Capital",
  by.y = "City"             merge()中的 by 参数的结构更为具体
)
#>     Capital      Country      Population
#> 1   Canberra     Australia    354644
#> 2   Harare       Zimbabwe     1487028
```

```
#> 3   Kuala Lumpur   Malaysia    1381830
#> 4   Moscow         Russia      11541000
#> 5   New Delhi      India       16787949
#> 6   Paris          France      2241346
```

要得到类似于 full_join() 处理后的结果, 需要指定 all 参数。

```
merge(
  countries_capitals,
  cities_populations,
  by.x = "Capital",
  by.y = "City",
  all = TRUE
)
#>      Capital      Country      Population
#> 1    Canberra     Australia    354644
#> 2    Dublin       <NA>         1173179
#> 3    Harare       Zimbabwe     1487028
#> 4    Kuala Lumpur Malaysia     1381830
#> 5    Moscow       Russia       11541000
#> 6    New Delhi    India        16787949
#> 7    Ottawa       <NA>         898150
#> 8    Paris        France       2241346
#> 9    Wellington   <NA>         405000
#> 10   <NA>         Nauru        NA
#> 11   <NA>         Switzerland  NA
```

要得到类似于 left_join() 处理后的结果, 只要指定 all.x 参数即可。

```
merge(
  countries_capitals,
  cities_populations,
  by.x = "Capital",
  by.y = "City",
  all.x = TRUE
)
#>      Capital      Country      Population
#> 1    Canberra     Australia    354644
#> 2    Harare       Zimbabwe     1487028
#> 3    Kuala Lumpur Malaysia     1381830
#> 4    Moscow       Russia       11541000
#> 5    New Delhi    India        16787949
#> 6    Paris        France       2241346
#> 7    <NA>         Nauru        NA
#> 8    <NA>         Switzerland  NA
```

相较于 base::merge(), dplyr 连接函数的最大优势在于, 它们会保留行顺序(merge() 往往会移动这些行)并且其运行速度可能会大大加快, 因为其底层是用 C 编写的。

7.3 写出 R 中的数据

在完成数据分析之后(甚或在处理过程中), 我们最终需要将修改后/清理后/汇总后的数据保存回硬盘。到目前为止，我们所处理的所有数据都仅存在于 R 会话的临时内存中。

有几种方式可以保存数据，并且就像将数据读入 R 中一样，要使用哪种方式在很大程度上取决于特定的用例。将 R 对象保存到硬盘的最简单的方式是使用 save()函数。这个函数可以接受(通过...参数)几个要保存的对象名称(无修饰名称或者字符串)或者通过 list 参数传入一个名称列表，以及一个文件名(file 参数，可以选择使用包含相对于工作目录的完整路径，通常以.RData 结尾)。可以在...或者 list 参数中指定多个对象，并且这些对象将全部被保存在一个.RData 文件中。

```
z <- 3
save(mtcars, z, iris, file = "example_data_YYMMDD.RData")
```

前面的代码会在工作目录(或者所指定的任意位置)中创建 example_data_YYMMDD.RData 文件。

注意：要记得为文件使用有意义的名称，这样在后续使用中我们就能知道它们代表着什么。例如，mydata.RData 这个名称就不具有太大的信息量。

这一保存数据的方法的主要好处在于，所保存的数据会保留 R 结构，而不是转换为文本或者被平铺成一个表格。如果有一个具有列表列的 tibble，并且使用 save()来保存它，那么将其读回 R 中就会恢复成原来的具体对象。说到读回 R，可以使用 load()函数将.RData 文件加载回一个新会话中，该函数接受一个文件名作为 file 参数的值。

```
load(file = "example_data_YYMMDD.RData")
```

如果前面的代码是在一个全新、干净的空 R 会话中执行，那么 Environment 窗口会显示变量 mtcars、z 和 iris。

也可以用这种方式来保存所有的变量。列出每一个所创建的对象将会非常烦琐，因此值得庆幸的是，有一个快捷函数可用于此处理：save.image()。如果觉得该函数很熟悉的话，那么可能是因为在第 1 章中，我建议过要关闭 Save Your Workspace Image 这一默认选项。这仍然是有效的；自动保存工作区并不是好的做法，不过我们必定会时不时想要有目的地进行这样的保存。

默认情况下，save.image()会将对象保存为一个位于工作目录中的名为.RData 的文件(以句点为开头的文件名意味着它在许多操作系统中都会被作为隐藏文件处理)，不过我们可以使用 file 参数将其命名为我们想要的任何名称。这个映像是使用 save()创建的，因此其加载处理就像加载其他的.RData 文件一样，使用 load()即可。

如果仅有单个对象要保存，则可以选择使用 saveRDS，其行为稍微有些不同。可以使用 object 参数来指定单个对象，还要使用一个文件名(通常以.rds 结尾并且可以选择包含相对路径)来指示在何处保存该文件。在这个例子中，我建议在文件名中使用对象名称，以帮助日后回忆保存的是什么，因为原始对象名并不会被保存。

```
fruits <- c("strawberries", "apples", "watermelon")
saveRDS(fruits, file = "red_fruits.rds")
```

这些文件相对于.Rdata 文件而言稍微有一些优势，因为它们是被压缩过的，所以它们占据的硬盘空间较少。

这些文件的加载方式稍有不同。这要用到 readRDS()函数，它会接受一个 file 参数，并且它不是将对象加载到工作区中，而是返回该对象。

```
readRDS(file = "red_fruits.rds")
#> [1] "strawberries" "apples"        "watermelon"
```

该函数本身仅会将对象打印到控制台，但更为有用的是，它可以被存储在变量中或者用于进一步的处理。

```
fruit_salad <- c("banana", "grapes", readRDS(file = "red_fruits.rds"))
fruit_salad
#> [1] "banana"       "grapes"        "strawberries"  "apples"       "watermelon"
```

正如我们所看到的，新变量的名称无须与保存对象时所用的变量名称(或者必须使用的变量名称)相同，这一点既是幸事(当需要将对象的多个副本保存到文件然后读入它们时)又是不幸(当无法正确对文件命名并且无法回想起该文件代表什么数据时)。

还有最后一种保留结构的保存机制：如果我们因为代码并未以预期方式运行而在 Stack Overflow 上提出一个问题(www.stackoverflow.com)，那么通常(也是合理的)会被要求提供一些数据以便让其他人重现我们所面临的问题。在这种情况下，我们会希望其他人能够使用其中一些数据、引用我们的代码并且探究哪里出了问题。如果他们没有得到正确的数据，我们就不能指望他们重现相同的问题。在这种情况下，共享一份保存后的文件会有点困难，因此可以借助另一种方式来输出一个结构化对象。

dput()函数会编写出一些 R 代码，这些代码会生成传递给该函数的对象。这里是一个 data.frame，它具有一些行以及不同类型的列。

使用这一格式化，序列将会是整数
```
    mixed_type_df <- data.frame(            使用这一格式化，序列将会是数值
      ints = 1:4,
      nums = 2.5:5.5,
      facts = factor(letters[23:26]),
      chars = state.abb[1:4],
      stringsAsFactors = FALSE            尽管 stringsAsFactors=FALSE，但是
    )                                     要得到一些 factor 列的话，只要显式
    mixed_type_df                         指定它们即可
    #>   ints nums facts chars
    #> 1    1  2.5     w    AL
    #> 2    2  3.5     x    AK
    #> 3    3  4.5     y    AZ
    #> 4    4  5.5     z    AR
```

state.abb 是一个美国各州名称缩写的内置数据集。
这些缩写依然是字符，因为 stringsAsFactors=FALSE

可以从其结构中发现，其中的列具有不同的类型，因此我们希望保留它们。

```
str(mixed_type_df)
#> 'data.frame':    4 obs. of 4 variables:
#> $ ints : int 1 2 3 4
#> $ nums : num 2.5 3.5 4.5 5.5
#> $ facts: Factor w/ 4 levels "w","x","y","z": 1 2 3 4
#> $ chars: chr "AL" "AK" "AZ" "AR"
```

对于简单示例而言，共享这段代码是最简单的做法，不过这仅是一段简单的代码，因为其中的处理依赖于序列。dput()函数编写了一些 R 代码以便生成这一结构。

```
dput(mixed_type_df)
#> structure(list(ints = 1:4, nums = c(2.5, 3.5, 4.5, 5.5), facts =
#>     structure(1:4, .Label = c("w",
#> "x", "y", "z"), class = "factor"), chars = c("AL", "AK", "AZ",
#> "AR")), .Names = c("ints", "nums", "facts", "chars"), row.names = c(NA,
#> -4L), class = "data.frame")
```

这看起来一团糟，不过它包含了 R 需要知道的与重建 mixed_type_df 有关的所有信息。如果其他人希望重新生成该对象，他们就可以将这段代码用于 mixed_type_df 并且明白他们是在使用同一份示例数据。将这些代码行分解为一些可阅读的行并且将结果存储在一个变量中，看起来会像下面这样：

```
mixed_type_df <- structure(
  list(ints = 1:4,
    nums = c(2.5, 3.5, 4.5, 5.5),
    facts = structure(
      1:4,
      .Label = c("w", "x", "y", "z"),
      class = "factor"
    ),
    chars = c("AL", "AK", "AZ", "AR")
  ),
  .Names = c("ints", "nums", "facts", "chars"),
  row.names = c(NA, -4L), class = "data.frame"
)
mixed_type_df
#>   ints nums  facts chars
#> 1    1  2.5      w    AL
#> 2    2  3.5      x    AK
#> 3    3  4.5      y    AZ
#> 4    4  5.5      z    AR
```

如果 dput()的输出看上去太长，那么这可能是示例数据过大的一个迹象。记住，如果我们正尝试突出强调所面临的特定问题，则可以试着将示例数据缩减为可能涉及该问题的那部分数据。分析中未涉及的另外 20 列只会妨碍我们解决所面临的问题。

在使用表格式数据并且可能希望/需要在电子表格程序(或者需要这类数据的其他软件)中打开它时，比较有用的做法就是将数据写回其原有格式。之前介绍过如何读入表格式数据(如.csv)文件，可以确定的是，有对应的函数可以进行处理：write.table()

和便利函数 write.csv()。

这两个函数接受单个数据对象作为输入并且会将相关文件写为 file 参数中指定的文件名(可以选择附加上相对路径)。这对于像 matrix 和 data.frame 这样的表格式结构而言是非常方便的。可以使用以下命令将 mtcars 数据集写入一个.csv 文件:

```
write.csv(mtcars, file = "mtcars.csv")
```

默认情况下,这个命令也会将 row.names 写入该文件。在 mtcars 的例子中,这样做是有好处的(因为其中存储了汽车的名称),不过一般而言这会有些麻烦,因此我通常会使用参数 row.names = FALSE 关闭这个默认选项。

还有其他更为复杂的方式可以保存数据;可以将数据写入 Excel 工作簿(.xls/.xlsx),不过这通常需要一些额外的处理。还有一些保存大型数据对象的最优方法(参见 https://blog.rstudio.org/2016/03/29/feather)。与数据库进行通信的方式也是有的——dplyr 能很好地进行这方面的处理,其中抽象了大部分数据库交互。当然还有许多方式可以将图片写入硬盘,在探讨绘图时将介绍那些方法。

7.4 亲自尝试

试试抓取 http://mng.bz/V7z5 处的澳大利亚城市人口表。注意:这个表有一个 wikitable 类,因此可以像前面的示例那样以相同方式选取它。

7.5 专业术语

- 工作目录——在读取/写入时,R 会在这个目录中查找文件。使用 setwd()函数进行设置并且使用 getwd()函数进行查询。
- (网络)抓取——收集来自在线源的数据,并且使用软件处理原始 HTML 源。
- 警示值——数据集中明显的错误值,被选中用于让人关注其他一些含义。
- 长数据——当单条观测被分解到几行之间,其中又涉及将观测测量值的名称作为条目的时候,我们就将之称为长数据。
- 宽数据——当单行对应单条观测,其值分布在表示测量数量的列中时,我们就将之称为宽数据,并且这遵循整洁原则。

7.6 本章小结

- 长数据和宽数据结构是存储相同数据的不同方式。
- R 有一个工作目录,它会在其中开始查找(或者尝试存储)文件。

- 大多数纯文本存储的数据都可以被 R 读入。
- R 可以从外部源中读取数据，如在线源。
- 可以使用 rvest 包直接将网页抓取到 R 对象中。
- summary()函数有助于揭示警示值的存在。
- 可以使用 dplyr 连接两个 data.frame 或 tibble。
- 不同连接函数的执行结果中会包含表之间的不同重叠部分。
- 可以在.RData 文件中存储多个对象。
- 单个对象可以被高效地存储在.rds 文件中。
- 可以使用 here 包指定相对于 RStudio Project 的文件位置，或者使用 setwd()自行设置工作目录。
- Windows 中的路径名称使用反斜杠；要确保在表示路径的字符串中对其进行转义或者使用正斜杠。
- 要注意纯文本数据文件中所使用的分隔符。
- duplicated()中的重复值仅会在其第二次出现时才显示出来。
- base 函数 merge()会以字母顺序对行进行排序，而 dplyr 的*_join()则会按其原有顺序排序。
- 在写为一个文件时，row.names=FALSE 将阻止 row.names 值的写入。
- 在保存对象时，save()会存储对象的名称和内容，并且可以使用 load()来取回它们。而使用 saveRDS()则不会保留名称，因此在使用 readRDS()进行取回之后需要对其进行赋值(如果需要)。

第 *8* 章

根据条件进行处理：控制结构

本章涵盖：

- 对代码段进行循环
- 根据条件执行代码
- 平衡速度和可读性的最佳实践

第 6 章中介绍过，可以根据条件从数据结构中选取元素，不过有时我们仅希望基于一些条件进行(或者不进行)某些处理，或者基于稍微不同的条件多次进行某些处理。我们希望根据条件来执行的处理步骤可能有许多，因此需要一种方法以便仅在某些时候(或者多次)进行处理。R 提供了几种达成此目的的方法，我们来看看其中最常用且最有用的，以及其他一些可以完成这些任务的方法。

8.1 循环

到目前为止，我们执行代码的方式都是非常线性的，在一系列步骤中逐行执行代码。只要每个步骤都是唯一的操作，那么这样做是没有问题的。不过通常，我们都会希望多次重复一项操作(可能重复几次，也可能大量地重复执行)。当我们希望对 data.frame 的每一行依次逐个执行一些操作时，通常就会面临这样的需求。这样的做法公然违背了 R 的向量化特性并且真的应该避免这样的做法。

本章仍旧会介绍如何以上述方式来构造代码，不过无论我们何时有多强烈的冲动想要编写执行循环的代码，如果都能思考一下"向量化"这方面的问题，那么我们将从中极大地受益。为了让这一概念回到我们的脑海中，我们回顾一下 5.2.2 节中所讲解的内容。

8.1.1　向量化

之前已经介绍过，由于 R 天生就会使用向量(运算符知道如何组合向量中的值并且将这些值循环为通用长度)，所以可以在两个向量之间使用运算符(即使其中一个向量只有单个元素)并且生成一个向量输出。这里是第 5 章中的示例：

```
c(6, 5, 4, 5, 7, 4) > 5
#> [1] TRUE FALSE FALSE FALSE TRUE FALSE
```

R 会将较小的向量(5)循环为与较长向量相同的长度(只要行得通，它就会这么做)，然后分别对每对元素执行所请求的运算(>，大于比较)。每次比较都会产生一个 TRUE 或 FALSE 值，这些值将一起被组合在一个新的向量中。

由于大部分此类向量化操作都是在 C 语言层面而非 R 语言层面执行的(记住，R 中的许多内部函数都是用 C 或 Fortran 代码来编译的)，因此它们通常都经过了极大的优化并且能够很快地完成执行。

如果一个特定向量中存储了下列这些值：

```
test_nums <- c(6, 5, 4, 5, 7, 4)
```

则可以(但不应)编写每一个元素子集和 5 这个值之间的每一个比较并且将结果存储在向量中。

```
is_test_nums_gt_5 <- c(
  test_nums[1] > 5,
  test_nums[2] > 5,
  test_nums[3] > 5,
  test_nums[4] > 5,
  test_nums[5] > 5,
  test_nums[6] > 5
)
is_test_nums_gt_5
#> [1] TRUE FALSE FALSE FALSE TRUE FALSE
```

无论何时发现代码看上去是在不断重复，通常这都是可以执行一些向量化处理的信号。不过，它常会被当作需要对重复部分进行循环的信号。可以通过将变动部分处理为一个序列(和/或一个向量)来压缩该重复部分，并且使用以下命令执行所有的比较：

```
test_nums[1:6] > 5
#> [1] TRUE FALSE FALSE FALSE TRUE FALSE
```

要利用运算符(函数>)向量化特性的全部优点，可以请求用下列方式比较整个向量：

```
test_nums > 5
#> [1] TRUE FALSE FALSE FALSE TRUE FALSE
```

这种显式的形式有一个小的优点，我们可以在其中修改这些比较的顺序。

回顾一下 4.1 节中的 areaCircle()示例，这一模式本身就易于抽象——使用任意占位符来替换值并且允许它被修改。这是 R 中对代码进行循环的基础，其中占位符值会被反复修改。

R 中有一种构造正好可以执行此处理("对于这些占位符值中的每一个，执行这一处理……")，不过我强烈建议你在使用这一构造(它会导致糟糕的实践并且让调试变成噩梦)之前学习一种更为复杂精细的处理方式。请牢记这一点，然后我们再来看看下列这个 purrr 包。

8.1.2　整洁的重复：使用 purrr 进行循环

purrr 包(注意其中有三个 r)是我在开始分析时几乎总是会加载的另一个插件包。相较于仅向量化单个操作，我们可以考虑将所有一切都当作要反复应用到元素上的一系列函数。

注意：为什么有三个 r? 据说是因为这个插件包的作者 Hadley Wickham 喜欢这个名称的"纯 r 性"，并且希望与 dplyr 和其他整洁风格包的名称有相同数量的字符(参见 https://github.com/tidyverse/purrr/issues/35)。我认为，R 越多越好。

如果已经使用 install.packages(purrr)安装了 purrr 包并且使用以下命令加载/附加了它：

```
# install.packages("purrr")
library(purrr)
```

那么曾经是长格式的数据以及复杂的重复代码现在就能很容易地编写了。

此处要关注的基础概念是 map()行为。在第 4 章中讲解过，函数构造接受一个参数并且会对该参数执行一项操作。map()的理念是类似的，不过目前我们要同时提供输入以及要向其传递这些输入的函数，一次传递一个输入。

map()所返回的对象会是一个列表，并且这个对象将总是一个列表[1]。这种情况的一个简单示例就是，使用一个现有函数(如 sqrt())，它会计算其输入的平方根。

1　在探讨 map()所替代的构造时，将介绍为何这一点很重要。

```
sqrt(9)
#> [1] 3
```

这是一个很简单的示例,因为正如我们所看到的,sqrt()可以接受一个向量作为其参数并且返回一个平方根的向量。现实情况并非总是如此;我们所使用的函数可以具有任意程度的复杂性并且不一定会如预期般处理向量参数。

要以一次一个的方式将一些值传递给这个函数(实际上是对一个值向量进行循环),可以使用 map()来完成此处理,只需要提供值的"列表"(一个实际列表或者一个向量)以及这些值应该被输入其中的函数。

```
map(c(4, 9, 16, 25), sqrt)
#> [[1]]
#> [1] 2
#>
#> [[2]]
#> [1] 3
#>
#> [[3]]
#> [1] 4
#>
#> [[4]]
#> [1] 5
```

图 8.1 中显示了这个函数的调用结构及其输入。

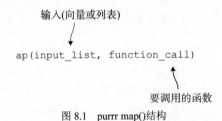

图 8.1 purrr map()结构

就像所有的"整洁"函数一样,这里所使用的数据必须是第一个参数(此处的正式名称为.x) [1]。还要提供函数参数(正式名称为.f),你可能会注意到,它并非位于引号之中。这意味着我们是将函数对象本身作为一个参数来传递(正如第 4 章中所介绍的那样,R 完全允许这样的处理)。同时可以使用…机制来提供该函数的额外参数(在调用时,除了.x 或.f 之外的所有参数都会被传递给该指定函数)。

现在,作为返回对象的 list 可能完全并非我们想要的(不过有时可能是)。作为一个额外的好处,会有更多特定的 map_*函数具有特定(一致)的返回类型。如果不想得到 list,而是希望返回一个数值向量,则可以使用 map_dbl()("映射为双精度类型")达成目的,该函数的调用方式与之前一样。

```
map_dbl(c(4, 9, 16, 25), sqrt)
```

---

1 这意味着管道运算符%>%也将适用于这个函数。

```
#> [1] 2 3 4 5
```

相反，如果希望返回字符向量，则要调用 map_chr()("映射为字符")。

```
map_chr(c(4, 9, 16, 25), sqrt)
#> [1] "2.000000" "3.000000" "4.000000" "5.000000"
```

注意在这最后一个示例中，其结果是一个字符向量，其创建过程为首先计算映射过来的值的平方根，然后将其(数值)结果转换成字符。

当函数被应用到每一个列表输入并且都返回一个 data.frame，而我们又希望整体的返回类型是单个 data.frame 时，前面的处理方式就变得非常有用。假设使用 dplyr 的 sample_n()函数从 mtcars 数据集中随机选取两行(使用一个指定的种子值，这样就能在你们各自的计算机上得到完全相同的结果)。

```
set.seed(2)
dplyr::sample_n(tbl = mtcars, size = 2)
#>                   mpg cyl disp  hp drat   wt  qsec vs am gear carb
#> Valiant          18.1   6  225 105 2.76 3.46 20.22  1  0    3    1
#> Dodge Challenger 15.5   8  318 150 2.76 3.52 16.87  0  0    3    2
```

要为三个值的 size 重复这一处理三次，则可以使用普通的 map()。

dplyr::sample_n()的 tbl 参数是通过…机制来提供的，
而 size 参数则会被循环

```
set.seed(2)
map(c(2, 3, 2), dplyr::sample_n, tbl = mtcars)
#> [[1]]
#>                   mpg cyl disp  hp drat   wt  qsec vs am gear carb
#> Valiant          18.1   6  225 105 2.76 3.46 20.22  1  0    3    1
#> Dodge Challenger 15.5   8  318 150 2.76 3.52 16.87  0  0    3    2
#>
#> [[2]]
#>                   mpg cyl disp  hp drat   wt  qsec vs am gear carb
#> Honda Civic      30.4   4 75.7  52 4.93 1.615 18.52  1  1    4    2
#> Valiant          18.1   6 225.0 105 2.76 3.460 20.22  1  0    3    1
#> Ford Pantera L   15.8   8 351.0 264 4.22 3.170 14.50  0  1    5    4
#>
#> [[3]]
#>                   mpg cyl disp  hp drat   wt  qsec vs am gear carb
#> Maserati Bora    15.0   8  301 335 3.54 3.57 14.60  0  1    5    8
#> Hornet Sportabout 18.7  8  360 175 3.15 3.44 17.02  0  0    3    2
```

如果仅希望将一个 data.frame 作为结果，则可以使用 map_df()将这些输出连接在一起，将它们的行首尾相接绑定。

```
set.seed(2)
map_df(c(2, 3, 2), dplyr::sample_n, tbl = mtcars)
#>    mpg cyl  disp  hp drat    wt  qsec vs am gear carb
#> 1 18.1   6 225.0 105 2.76 3.460 20.22  1  0    3    1
#> 2 15.5   8 318.0 150 2.76 3.520 16.87  0  0    3    2
#> 3 30.4   4  75.7  52 4.93 1.615 18.52  1  1    4    2
```

```
#> 4 18.1   6 225.0   105 2.76 3.460   20.22      1   0   3   1
#> 5 15.8   8 351.0   264 4.22 3.170   14.50      0   1   5   4
#> 6 15.0   8 301.0   335 3.54 3.570   14.60      0   1   5   8
#> 7 18.7   8 360.0   175 3.15 3.440   17.02      0   0   3   2
```

注意：这个 map_df()示例中并没有输出行名称。提醒一下，这种情况在 tidyverse 的各个包中并不罕见，不过如果这是我们所期望的结果，那么这会让人感到惊讶。使用行名称来存储数据的做法是极其不受推荐的，因为该做法会断开元数据与数据之间的联系。如果这些名称很重要，那么它们应该位于其自己的列中。如果希望对具有 row.names 的 data.frame 强制执行该规则，那么 tibble 包有几个函数可用于与这些行名称交互，如 rownames_to_column()。

与此稍有不同的版本是 walk()函数，当所映射的函数产生一个副作用而非返回一个结果的时候，这个函数会很有用。我们可能在生成一个绘图或者将某些内容打印到控制台，而不希望返回任何信息。例如，假设有一个函数应该仅打印一个结果。

```
print_value <- function(x) {
print(paste("The value of x is ", x))
}
```

要对其进行循环，则可以使用 map()。

```
ans_map <- map(1:3, print_value)
#> [1] "The value of x is 1"
#> [1] "The value of x is 2"
#> [1] "The value of x is 3"

ans_map
#> [[1]]
#> [1] "The value of x is 1"
#>
#> [[2]]
#> [1] "The value of x is 2"
#>
#> [[3]]
#> [1] "The value of x is 3"
```

不过这样会将结果返回到变量中。就算没有将其赋予一个变量，它也会进行 print()。相反，可以丢弃掉这一返回数据并使用 walk()。

```
walk(1:3, print_value)
#> [1] "The value of x is 1"
#> [1] "The value of x is 2"
#> [1] "The value of x is 3"
```

walk()会返回其输入，以防我们希望对该输入进行更多处理。

```
ans_walk <- walk(1:3, print_value)
#> [1] "The value of x is 1"
```

```
#> [1] "The value of x is 2"
#> [1] "The value of x is 3"

ans_walk
#> [1] 1 2 3
```

map()的函数参数(以及相关的函数)是非常灵活的；相较于已有函数，也可以提供一个描述未命名函数(匿名函数，有时也称为 lambda 函数)的公式。

定义：匿名函数指的是未被赋予变量名称的函数。在一些 R 函数中，这类函数可以具有一个简写公式符号，例如~ .x + 1 指的就是 function(x) x + 1。

如果要仅对输入列表加 1，那么对此并不需要创建一个 add_one()函数。

```
map_dbl(c(4, 5, 6), ~ .x + 1)  ◄───┤ 公式~ .x + 1 等同于 function(x) x + 1
#> [1] 5 6 7
```

我们可以编写自己的函数并且通过名称来引用它们。如果使用接受一个通用参数的函数来替换"将 test_nums 与 5 进行比较"这一运算，则需要具有单个参数(用于指定要将向量子集截取到哪个位置的元素的索引)的函数，因此可以编写以下代码：

函数名称应该使用一个动词来反映其操作。在这个例子中，要比较的值(5)是固定的，因此它被包含在名称中

参数名称(value)指的是要与 5 比较的值。这个名称可以随意指定

```
compare_to_five <- function(value) {  ◄
  return(value > 5)  ◄
}
```

对 return()的显式调用不是必要的，不过使用它也没什么坏处

这是一个相当简单的函数，不过以这样的方式进行思考是有很大好处的。为这个函数提供几个输入(test_nums 中所有的值)并且返回其结果的 一个逻辑值向量，这样的处理会很简单。

```
map_lgl(test_nums, compare_to_five)
#> [1]  TRUE FALSE FALSE FALSE TRUE FALSE
```

由于>运算符已经接受了向量输入，因此函数也会(相应地)接受。

```
compare_to_five(test_nums)
#> [1]  TRUE FALSE FALSE FALSE TRUE FALSE
```

重申一下，如果使用更复杂的输入和函数，那么情况就会有所不同。

---

apply 系列

在 base R 中，map 系列函数有更古老的前辈，也就是 apply 系列。其中包括 apply()、sapply()、lapply()以及其他一些。它们的用处与 map 系列相同，但是缺乏类型安全性，其中所返回的对象类型并不能确保与不同的输入保持一致，而这会导致一些意外的结果。尽管如此，这些函数通常会出现在发布代码中，所以最好能够识别出它们。

例如，sapply()函数接受一个向量和一个函数，并且(大部分时候)会返回结果的向量。

```
sapply(test_nums, compare_to_five)
#> [1] TRUE FALSE FALSE FALSE TRUE FALSE
```

由于 sapply()可以返回几种不同的对象类型，这取决于输入，因此会产生风险。base R 的确有一个类型安全的版本，也就是 vapply()，但它要求在每次希望使用它的时候都要指定类型。如果一直使用 map 系列，则不会出什么问题。

尽管我强烈建议你学习如何使用这些 purrr 函数，但还是会有出现更明确的循环的时候，因此接下来还将介绍循环的处理机制。

8.1.3 for 循环

在之前的示例中，我们显式创建了一个索引序列，它标识了要将哪些值与数字 5 进行比较。现在使用一个占位符来替换 1, 2, 3, ... 6 这个序列，如用 i 来表示索引。

```
test_nums[i] > 5
```

可以使用一个循环为 i = 1、i = 2、……、i = 6 中的每个值执行这一操作。最简单的循环类型被称为 for 循环，其含义是"对于 i 在(某些值)中的值，执行(某个表达式)"。下列所示是一个循环的语法：

```
for (i in values) {
  expressions
}
```

这一结构类似于编写一个函数时的结构；其中有标识符 for(类似于 function 标识符)、小括号中指示将哪些值用于 i 的语句(类似于函数参数)，以及使用大括号括起来的一组表达式(类似于函数体)。在执行这段代码时，R 会将第一个值赋予 i 并且计算表达式，然后将第二个值赋予 i 并再次计算表达式，以此类推直到将所有的值都赋予 i，而此时计算过程就结束了。

循环作用域

注意，在使用循环时并没有返回值；应用在循环操作期间的作用域规则与之前在函数外部所具有的作用域规则完全相同。循环会指示程序本身重复执行；它不会创建一个可以在其中创建临时值的新环境，所以没有环境可以接受返回，因而在完成时也没有返回值。

循环执行期间所发生的一切处理都是在调用该循环的环境中执行的。其中包括将值赋予要被循环的变量(在这个示例中是 i)——随着循环的执行，该变量将保留其值。

```
for (i in 1:3) {
  ## do nothing
}
print(i) ## after the loop
#> [1] 3
```

对于较早前比较 test_nums 的示例而言，可以将索引抽象到一个循环中。

```
for (i in 1:6) {
  print(test_nums[i] > 5)
}
#> [1] TRUE
#> [1] FALSE
#> [1] FALSE
#> [1] FALSE
#> [1] TRUE
#> [1] FALSE
```

注意，这并不会创建一个向量；它仅会将值打印到控制台。这是很重要的一点区别。如果转而要使用这些结果创建一个向量，则可以插入每一个结果(因为是对索引进行循环)——倘若该对象一开始就存在。

```
greater_than_5 <- c()    ◄────────        创建一个空容器，其中
  for (i in 1:6) {                         将存储结果
greater_than_5[i] <- test_nums[i] > 5
}
```

创建初始空对象的方式有几种，其中包括：

```
c()
#> NULL
```

它会创建一个空向量(不包含任何元素，因此会返回 NULL)，还包括：

```
vector(length = 6)
#> [1] FALSE FALSE FALSE FALSE FALSE FALSE
```

它会创建所需长度的(默认是逻辑值)向量。也可以尝试这样：

```
rep(NA, 6)    ◄────────        rep()会创建一个对象，其第一个参数会重复数次，
#> [1] NA NA NA NA NA NA          而重复的次数是由第二个参数指定的
```

上面这最后一项技术会创建一个具有所需长度的 NA 值的向量。上述每一种方法都可用于示例中，以便可以将值放入一个向量中。

关于初始对象

如果决定真的需要这样做，则要非常注意如何创建一个初始空向量以便在其中插入值。如果出于某个原因而无法插入一个值，那么默认的值会是什么？NA 或 FALSE 对于对象是否有意义？类型强制转换会不会成为一个问题？

另一种极其常见的模式是创建一个小的初始对象，并且按需对其进行扩容。例如：

```
some_values <- c()
for (i in 1:100) {
  some_values <- c(some_values, i)
}
```

在每次迭代时，some_values 向量都会被复制成增加了一个元素的向量

在这个例子中，向量 all_values 一开始是空的，而在每次迭代时它都会被复制成一个稍微大一点的向量。这需要消耗大量的计算资源，相较于创建一次向量以及更新每个索引上的值所需要的时间而言，即便是下列这个简单示例也要多花费数十万倍的时间。

```
all_values <- rep(NA, 100)
  for (i in 1:100) {
  all_values[i] <- i
}
```

尽管会生成相同的结果。

```
identical(all_values, some_values)
#> [1] TRUE
```

循环变量可以使用任何有效的名称，不过如果这个变量有意义，那么谨慎地对其命名仍然是一种好的做法。赋予正在循环处理的变量的值无须是这样一个简单的序列；任何向量(或列表)都可以遵循 in 标识符。我们可能希望对偶数值进行循环。

```
for (evens in c(2, 4, 6, 8)) {
  expression
}
```

或者可以循环某些字母，这次使用一个值的列表来遍历。

```
for (vowel in list("a", "e", "i", "o", "u")) {
  expression
}
```

也可以按需生成这些值，可以通过使用另一个表达式的结果来达成目的。

```
## 6 cylinder automatics in mtcars
for (auto_6cyl in row.names(mtcars[mtcars$cyl == 6 & mtcars$am == 1, ])) {
  print(auto_6cyl)
}
#> [1] "Mazda RX4"
#> [1] "Mazda RX4 Wag"
#> [1] "Ferrari Dino"
```

不言而喻，这是一种远远不如向量化语法的处理方式(不管是从可阅读性上看，还是从执行速度上看)。在某些情况下我们可能会希望使用这一结构，其中包括一项迭代依赖另一项迭代时，或者当我们真的需要停留在全局作用域中时。

8.2　更大或更小的循环作用域

你可能想要知道，在修改循环内部的循环变量时会产生什么样的影响。我们来试试看。

如果有一个会打印出循环变量的值的循环：

```
for (i in 1:3) {
  message("starting i = ", i)
}
#   starting i = 1
#   starting i = 2
#   starting i = 3
```

并且我们更新该循环中的 i，那么在每次迭代开始时，i 的值仍旧会是循环值。

```
for (i in 1:3) {
  message("starting i = ", i)
  i <- 7
}
#   starting i = 1
#   starting i = 2
#   starting i = 3
```

不过在循环处理期间，它会是新的值。

```
for (i in 1:3) {
  i <- 7
  message("ending i = ", i)
}
#   ending i = 7
#>  ending i = 7
#>  ending i = 7
```

在使用一个函数编写循环时(就像使用 purrr 的 map 时一样)，要记住，任何本地定义的变量(在该函数内部)都不会在循环之外留存。

不过，当我们在循环内部创建一个较小的作用域时，它们就可以留存下来，如创建另一个循环(或者一个函数)。如果我们(不管出于什么原因)希望循环处理一个矩阵的行和列，那么为了保持这些迭代处理的隔离，它们需要不同的名称。一种合乎逻辑的选择是根据其属性对其命名。如果有一个小矩阵：

```
m <- matrix(letters[1:6], nrow = 2, ncol = 3, byrow = TRUE)
m
#>      [,1]  [,2]  [,3]
#> [1,] "a"   "b"   "c"
#> [2,] "d"   "e"   "f"
```

那么同时对行和列进行循环会打印出一些信息，只要明白最内层的调用将可以访问最外部的作用域这一点，就可以嵌套使用循环，因为所有的迭代处理都将是有效的。

```
for (row in 1:2) {
  for (col in 1:3) {
    print(paste0("m[", row, ", ", col, "] = ", m[row, col]))
  }
}
#> [1] "m[1, 1] = a"
#> [1] "m[1, 2] = b"
#> [1] "m[1, 3] = c"
#> [1] "m[2, 1] = d"
#> [1] "m[2, 2] = e"
#> [1] "m[2, 3] = f"
```

关注一下匹配这些模式的示例，并且尝试以向量化格式来重写它们。

while 循环

另一种循环类型是 while 循环。相较于指定值的列表进行循环，它只要使用一个
条件即可；只要条件执行结果为 TRUE，该循环就将持续处理。在每次循环迭代开始
时会执行条件计算，并且如果它产生了 TRUE，就会执行循环体。当循环体执行完成
时，下一次迭代就会以该条件的另一个执行结果作为开始。

这需要通过循环体的执行来更新条件——否则会出现无限循环，并且 R 将持续执
行该循环，直到显式取消它(通过使用停止按钮或按下 Esc 键)。

计算结果总是为 TRUE
```
while (237 > 1) {
  print("all work and no play makes Jack a dull boy")
}
#> [1] "all work and no play makes Jack a dull boy"
#> [1] "all work and no play makes Jack a dull boy"
#> [1] "all work and no play makes Jack a dull boy"
#> [1] "all work and no play makes Jack a dull boy"
#> [1] "all work and no play makes Jack a dull boy"
#> [1] "all work and no play makes Jack a dull boy"
#> <truncated>
```

如果其条件绝不会执行为 TRUE，那么循环体也绝不会被执行。

```
while (1 == 2) {
  print("this line will not be printed")
}
```

while 语句中的条件必须是有效的，这意味着它依赖的所有变量都需要是已经存
在的。进行这一处理的一种方式是，通过在 while 语句外部初始化第一个值来明确它。
在循环体内部，变量可以(并且应该)被更新。这里是一个简单的 while 循环，它会在
每次迭代时打印 i 的当前值，然后对其加 1，直到 i 不再小于 3。

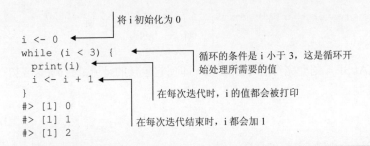

```
i <- 0
while (i < 3) {
  print(i)
  i <- i + 1
}
#> [1] 0
#> [1] 1
#> [1] 2
```

将 i 初始化为 0

循环的条件是 i 小于 3，这是循环开始处理所需要的值

在每次迭代时，i 的值都会被打印

在每次迭代结束时，i 都会加 1

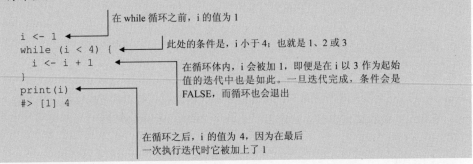

while 循环作用域

就像 for 循环构造一样，while 循环的操作也都是在全局作用域中执行的，这意味着，在循环完成时，产生的所有变量仍旧会存留在全局作用域中。在这种情况下，条件是这些变量已经预先存在，因为它们需要被计算，不过在循环执行结束时，它们会保持原值。

```
i <- 1
while (i < 4) {
  i <- i + 1
}
print(i)
#> [1] 4
```

在 while 循环之前，i 的值为 1

此处的条件是，i 小于 4；也就是 1、2 或 3

在循环体内，i 会被加 1，即便是在 i 以 3 作为起始值的迭代中也是如此。一旦迭代完成，条件会是 FALSE，而循环也会退出

在循环之后，i 的值为 4，因为在最后一次执行迭代时它被加上了 1

在对外部的变化数据重复执行一些操作(抓取一个内容会发生变化的网站或者监控一种外在环境)时，这一构造会非常有用。或者，我们可能希望仅在满足特定条件时执行某些操作。

8.3　条件式执行

不同于对值进行循环，可以对条件本身进行验证，并且在其执行结果为 TRUE 时执行一些代码。这是极其有用的，不过也需要极其小心。有几种方式可以指定条件式执行，这取决于我们试图得到什么样的结果。

8.3.1　if 条件

将一种条件执行引入代码中的最简单的方式是使用 if 构造。这里再次需要验证一项条件，并且如果该条件被评估为 TRUE，则会执行一条语句。

```
x <- 5
if (x > 3) {
```

将 x 的值设置为 5。这可以是一个目前还未知的值

验证 x 是否大于 3；如果是，则执行大括号之间的语句

```
  print("x is greater than 3")
}
#> [1] "x is greater than 3"
```
如果验证语句返回 TRUE, 则
会执行这一行代码

如果条件是 FALSE, 则会完全忽略该语句, 即使它包含的是无效代码(这要得益于 R 的延迟执行机制)。

```
x <- 5
if (x < 2) {
  print(object_that_doesnt_exist)
}
```

在验证缺失逻辑值时要当心。条件可以有效执行的仅有的值是 TRUE 和 FALSE。如果条件执行为 NA, 则会引发一条错误。

```
x <- NA
if (x > 3) {
  print("x is greater than 3")
}
```

```
#> Error: missing value where TRUE/FALSE needed
```
当条件依赖于进一步计算的结果但该结果却意外被计算为 NA 时,情况就会变得糟糕,不过这些情况并非我们所计划应对的,并且 R 并不清楚我们是否希望执行其中的语句。

条件无须是表达式本身;它也可以是一个 TRUE 或 FALSE 值。

```
x <- TRUE
if (x) {
  print("do all the things")
}
```

```
#> [1] "do all the things"
```

当一个值可以被强制转换成 TRUE 或 FALSE 时, 就会出现这类情况的一种分支。回顾一下, 这种强制转换适用于许多值, 如"TRUE"、"T"和 1 会被评估为 TRUE; 而"FALSE"、"F"和 0 会被评估为 FALSE。

如果验证中需要根据条件来执行的完整语句是单个语句, 那么从技术上讲就不需要大括号。

```
x <- 5
if (x > 3)
  print("x is greater than 3")
#> [1] "x is greater than 3"
```

不过这是非常危险的, 因为 "单个语句" 这一限制很容易会被遗忘并且产生错误。在以下代码中, 在出现某些变更时会向 if()构造添加另一行代码。

```
x <- 5
if (x > 3)
  print("x is greater than 3")
```
如果 if()后面仅有单个语句,那么忽略大括号的
使用是有效的, 不过这样做很危险

```
  print("this should only appear when x > 3")
```
← 较早前所拟定的这段 if()代码只有单个语句，不过之后引入了第二个语句。在满足条件时，这第二个语句也会被执行

```
x <- 2
if (x > 3)
  print("x is greater than 3")
  print("this should only appear when x > 3")
```
← 当条件不满足时，这一行不应被执行——但事实上它会被执行，因为它实际上并非 if()构造的一部分

执行第一部分并不会突显出任何问题；其条件是满足的，因此两个语句都会被打印。

```
x <- 5
if (x > 3)
  print("x is greater than 3")
  print("this should only appear when x > 3")
#> [1] "x is greater than 3"
#> [1] "this should only appear when x > 3"
```

不过，对于第二个构造：

```
x <- 2
if (x > 3)
  print("x is greater than 3")
  print("this should only appear when x > 3")
#> [1] "this should only appear when x > 3"
```

第二条消息会被打印(因为它并非 if()构造的一部分)，而这不是我们的目的。

有时我们希望在一个条件返回 FALSE 时执行其他一些计算。相较于必须执行该验证两次(同时用于判断 if(TRUE)和 if(FALSE))，我们可以将一个 else 语句添加到这一构造中。

```
x <- 5
if (x > 3) {
  print("x is greater than 3")
} else {
  print("x is less than 3")
}
#> [1] "x is greater than 3"
```

这个 else 需要紧跟在该构造 if 体的关闭大括号之后才能生效。如果这两个条件中的主体都是由单行命令或单行语句构成，那么也无需大括号本身。如果需要，可以将整个构造写成一行，不过如果代码体比较复杂，那么这会很快变得不可阅读。

```
x <- 5
if (x > 3) print("x is greater than 3") else print("x is less than 3")
#> [1] "x is greater than 3"
```

我们甚至可以通过为 else 增加另一个 if 语句来提供多层验证。

```
x <- 5
if (x > 6) {
  print("x is greater than 6")
} else if (x > 4) {
  print("x is greater than 4")
} else {
  print("x is less than 5")
}
#> [1] "x is greater than 4"
```

注意，只有"x is greater than 4"这一结果会被打印——一旦一项条件被验证并且其结果为 TRUE，那么执行过程就会完全退出 if()构造，而其他的条件也不会被执行。这意味着它们甚至不需要是有效的，因为它们会被延迟执行。

```
x <- 5
if (x > 3) {         ◄——┐  这一条件执行结果为 TRUE，因此
  print("x is greater than 3")  其语句将被执行
} else if (nonsense) {  ◄——
  print("how did I get here?")   nonsense 并非一个定义好的变量，不过
}                                在这个例子中也不会执行它。在通过修
#> [1] "x is greater than 3"     改 x 的值以及再次执行这块代码而执行
                                 该语句时，观察一下会发生什么
```

这些条件的验证顺序会遵循其编写顺序，并且当一个执行结果为 TRUE 时，该条件对应的代码会被执行并且该验证会结束。

关于重叠条件

即使某些条件是重叠的，验证也会按照顺序完成，并且要么不执行任何代码块，要么只执行其中一个代码块(不会执行多个代码块)。例如，如果验证 x = 3 是否大于 1 以及是否大于 2(同时为 TRUE)，那么执行这些验证的顺序仍旧会决定执行哪个代码块。

```
x <- 3
if (x > 2) {
  print("x is greater than 2")
} else if (x > 1) {
  print("x is greater than 1")
} else {
  print("x is smaller than 1 and 2")
}
#> [1] "x is greater than 2"
```

串联多少个else语句是没有任何限制的，不过其中仅有一个else或者没有任何else会引发其对应代码的执行。

可能会跟在 if 条件之后执行的代码块可以包含任何代码，例如赋值(到全局环境)、函数调用或者一长串计算等都行。if构造的一项更为有用的特性是，它本身可以被用于根据条件将一些值赋予一个变量。

```
x <- 5
y <- if (x < 3) "small" else "big"
y
#> [1] "big"
```

这等同于将赋值处理移动到该语句的主体之中，不过它需要两句单独的赋值代码。

```
x <- 5
if (x < 3) {
  y <- "small"
} else {
  y <- "big"
}
y
#> [1] "big"
```

if 构造旨在执行单项验证；也就是说，其条件应该返回单个 TRUE 或 FALSE 值。我们可以构建返回多个逻辑值的条件，不过这些条件不应被用于 if 构造条件中。这样做会产生一条警告。

```
if (c(1, 2, 3) > 2) { print("TRUE") }
# Warning message:
# In if (c(1, 2, 3) > 2) {:
#> the condition has length > 1 and only the
#> first element will be used
```

即使第一个元素可以被接受并且被用作验证的结果，这条警告信息也会出现。在 R 今后的版本中，这会是一个错误，因为多个值在这一构造中是没有任何用处的[1]。

要执行多个条件式比较，可以使用一种更为适用的构造。

8.3.2　ifelse 条件

if 构造的一项重要特性是其条件长度应该为 1，不过如果我们希望根据向量中每个向量是否满足一项条件而对这些元素中的每一个都执行一些处理，又该怎么办呢？ifelse() 函数正是用于这一情形的。

其参数结构类似于 if 和 else 标识符。指定一个要验证的条件(它可以返回多个值)并且指定当结果是 TRUE 或 FALSE 时的替换值，如下所示：

```
ifelse(test, yes, no)
```

test 是一个逻辑值向量或者一项计算，它会生成一个逻辑值向量(或者可以被强制转换成逻辑值向量)；而 yes(和 no)是值的向量，当 test 返回 TRUE(或 FALSE)时会使用它们。这两个结果无须是同一类型甚或同一长度，不过所返回的结果高度依赖于 test 的值。ifelse() 所生成的值仅是另一个值而已，并且可以被赋给一个变量。

1　在最近版本的 R 中，可以通过将环境变量 R_CHECK_LENGTH_1_CONDITION 设置为 true 来强制引发该错误。

注意：使用这个函数时要非常小心。其返回值的类型取决于 test 是否导致 yes 或 no 被评估。

在调用这个函数时，可以具有两个完全不同的返回选项。

```
ifelse(TRUE, "a string", 7L)
#> [1] "a string"

ifelse(FALSE, "a string", 7L)
#> [1] 7
```

还有第三个选项：验证可以生成 NA，这样一来，其结果也将是 NA。

```
ifelse(NA, "test was TRUE", "test was FALSE")
#> [1] NA
```

如果 test 的值发生变化，进而修改了返回值类型，那么这个选项会引发问题。

由于延迟执行，如果验证绝不会生成一个 yes 或 no，或者两者都不生成，那么 R 就绝不会尝试执行那些参数。这意味着，如果不需要未定义值的话，我们就不必担心它们。

```
ifelse(FALSE, undefined_variable, 8L)
#> [1] 8
```

ifelse() 的 test 参数可以是长度大于 1 的向量(可以将其与长度应该为 1，否则会生成一条警告的 if() 构造中的验证进行比较)，由此其结果将会是同一长度。这是合理的；每个元素都会被验证，并且会为每个结果评估 yes 或 no 参数或者 NA。不过，参数 yes 和 no 可以是任意长度(短于或长于 test 都行)，但仅有对应的值会被使用(否则其结果将会被循环)。

```
ifelse(TRUE, c(2, 3), "z")        ◄──┐ 此处的 yes 参数长度大于 test，因此仅会
#> [1] 2                              │ 使用第一个值

ifelse(c(TRUE, TRUE), 3, "z")     ◄──┐ 此处的 test 参数长度大于 yes，因此
#> [1] 3 3                            │ yes 会被循环
```

警告：如果需要 yes 或 no 的任何元素，那么整个向量都必须是有效的(包含已有变量)。当 test 是一个向量时，来自 yes 和 no 的对应元素也会被提取，不过那些向量需要在提取处理之前被执行计算。

例如，此处我们要提取 yes 的第一个值和 no 的第二个值(在这个示例中，这两个值都是 3)。

```
ifelse(c(TRUE, FALSE), c(3, 9), c(9, 3))   ◄──┐ 该 test 的第一个元素是 TRUE，因
#> [1] 3 3                                      │ 此它会返回 yes 的第一个元素。而
                                                │ 其第二个元素是 FALSE，因此它会
                                                │ 返回 no 的第二个元素
```

不过，当无法构造 yes 向量时(由于有个变量未被定义)，将会执行失败。

```
ifelse(c(TRUE, FALSE), c(3, not_a_var), c(9, 3))
#> Error: object 'not_a_var' not found
```

当我们希望根据指定值有条件地对一个向量执行一项操作时，这会变得尤为重要。如果一个向量同时具有正值和负值。

```
x <- -3:3
x
#> [1] -3 -2 -1 0 1 2 3
```

可以尝试计算其平方根：

```
sqrt(x)
# Warning message:
# In sqrt(x): NaNs produced
#> [1]      NaN      NaN      NaN 0.000000 1.000000 1.414214 1.732051
```

出现警告信息的原因是，我们无法计算负数的平方根，因此其结果包含 NaN。这看上去似乎是 ifelse() 的一个合适候选项。不过我们仅希望在 x 的值是非负数的时候计算其平方根。一个选项是，将 x >= 0(x 大于或等于 0)用作 test 并且将 sqrt(x)用作 yes 参数，因为其结果正是我们在验证为 TRUE 时所希望得到的。可以将 NA 用作 no 参数，这样就不会得到 NaN。在尝试这样做的时候，我们会得到预期的结果(sqrt(x) 用于非零 x，NA 用于另一个参数)，但仍然会生成关于 NaN 的警告。

```
ifelse(x >= 0, sqrt(x), NA)
# Warning message:
# In sqrt(x): NaNs produced
#> [1]      NA      NA      NA 0.000000 1.000000 1.414214 1.732051
```

其原因在于，仍旧会为所有元素执行 sqrt(x)；我们仅是保留了在结果中有意义的那些元素而已。完成此处理的一种更好的方式是，首先执行 ifelse()步骤仅将合理的值传递给 sqrt()。

```
sqrt(ifelse(x >= 0, x, NA))
#> [1]      NA      NA      NA 0.000000 1.000000 1.414214 1.732051
```

这是因为 sqrt(NA)并不会产生警告(它仅返回 NA)。

可以使用 dplyr 操作来组合使用这一 ifelse()构造，因为它是一个向量化操作。要在一个 data.frame 中创建一个新的列，而这个 data.frame 的值又有条件地依赖于其他某个列，则可以使用 mutate()和 ifelse()。

仅 print()前六行
```
  head(
    dplyr::mutate(
```

使用dplyr 修改mtcars data.frame

使用am(汽车是否具有自动挡变速箱)作为 test；1 表明 TRUE 并且是可被强制转换的。在 test 值为 TRUE 的数据行中，用 hp 除以 disp；否则返回 NA

```
  mtcars,
  hp_per_cc_auto = ifelse(am, hp / disp, NA)
  )
)
#>    mpg cyl disp  hp drat    wt  qsec vs am gear carb hp_per_cc_auto
#> 1 21.0   6  160 110 3.90 2.620 16.46  0  1    4    4      0.6875000
#> 2 21.0   6  160 110 3.90 2.875 17.02  0  1    4    4      0.6875000
#> 3 22.8   4  108  93 3.85 2.320 18.61  1  1    4    1      0.8611111
#> 4 21.4   6  258 110 3.08 3.215 19.44  1  0    3    1             NA
#> 5 18.7   8  360 175 3.15 3.440 17.02  0  0    3    2             NA
#> 6 18.1   6  225 105 2.76 3.460 20.22  1  0    3    1             NA
```

创建一个新的列 hp_per_cc_auto，使用非标准计算来引用 mtcars 的列

也可以传递其他对象(如列表或矩阵)，不过要注意的是，其结果与 test 是相同大小和形状这一条件将保持不变。

有一种便利的 dplyr 方式可以完成这项任务：case_when()函数可以让我们使用多个条件来生成不同的结果，并且可以在 mutate()调用的内部运行。就像下面这段代码所表明的，在 mutate()内部使用 case_when()时，可以使用列名称而无须将其 data.frame 的名称作为这些列名称的前缀。

用于条件的语法是一组以逗号分隔的写成一个公式的验证和结果：<test> ~ <result>

```
head(
  dplyr::mutate(
    mtcars,
    hp_per_cc_auto = dplyr::case_when(am == 1 ~ hp / disp,
                                      am == 0 ~ NA_real_)
  )
)
#>    mpg cyl disp  hp drat    wt  qsec vs am gear carb hp_per_cc_auto
#> 1 21.0   6  160 110 3.90 2.620 16.46  0  1    4    4      0.6875000
#> 2 21.0   6  160 110 3.90 2.875 17.02  0  1    4    4      0.6875000
#> 3 22.8   4  108  93 3.85 2.320 18.61  1  1    4    1      0.8611111
#> 4 21.4   6  258 110 3.08 3.215 19.44  1  0    3    1             NA
#> 5 18.7   8  360 175 3.15 3.440 17.02  0  0    3    2             NA
#> 6 18.1   6  225 105 2.76 3.460 20.22  1  0    3    1             NA
```

所有的结果都必须明确地是同一类型，因此相较于使用 NA，我们需要明确的 NA_real_

作为百搭选项，最后一个条件可以是 TRUE ~<result>

8.4　亲自尝试

我们一起来研究一个示例。假设具有来自 mtcars 对象中 cyl 的唯一值：

```
## find the unique values of cyl in mtcars and sort them numerically
## (by default they are in the order in which they first appear)
car_cyls <- sort(unique(mtcars$cyl))
```

我们希望生成关于每种气缸类别中能耗最少(根据每加仑汽油英里数计算)汽车的一些汇总输出。我们可以生成包含这些输出的一个对象(使用 dplyr)，不过还是编写一个函数来将汇总信息打印到屏幕上。通读以下函数以便确保理解其所做的处理：

```
## takes input num_cyls and prints a statement
## about mtcars rows with that number of cylinders
showcase <- function(num_cyls) {

  ## subset mtcars to the rows with num_cyls cylinders
  ## this uses [ instead of dplyr::filter since the latter
  ## drops row names

  cars_with_cyls <- mtcars[mtcars$cyl == num_cyls, ]
  ## identify the row with the highest mpg
  ## uses [ to preserve rownames
  ## which.max finds the index of the highest value
  most_efficient <- cars_with_cyls[which.max(cars_with_cyls$mpg), ]

  ## print a nice message to the console explaining the results
  cat(paste("There are", nrow(cars_with_cyls), "cars with", num_cyls,
            "cylinders.\nThe most fuel efficient of these is the",
            rownames(most_efficient), "\n\n"))
}
```

可以使用一个示例验证一下这个函数。

```
showcase(4)
#> There are 11 cars with 4 cylinders.
#> The most fuel efficient of these is the Toyota Corolla
```

现在，要为 car_cyls 中的每一个类别生成这一输出，你可能会考虑对那些值进行循环。不过，我们其实可以使用 purrr 对其进行迭代。

```
# install.packages("purrr")
library(purrr)
## walk is equivalent to map but doesn't return anything explicitly
##    (actually returns the input list, invisibly)
walk(car_cyls, showcase)
#> There are 11 cars with 4 cylinders.
#> The most fuel efficient of these is the Toyota Corolla
#>
#> There are 7 cars with 6 cylinders.
#> The most fuel efficient of these is the Hornet 4 Drive
#>
#> There are 14 cars with 8 cylinders.
#> The most fuel efficient of these is the Pontiac Firebird
```

8.5 专业术语

- 循环——一些代码的重复，通常是每次执行时都替换一个特定的值。

- 抽象——使用一种更为通用的占位符替换一个特定的值。
- 副作用——所发生的一些与涉及的数据并不直接相关的事情,如生成一个绘图、与外部系统交互或者将一些内容打印到控制台。
- 类型安全性——其概念是,一个函数的返回值将总是预期的类型。一些函数类型安全性的欠缺会让以编程方式处理数据变得复杂。

8.6   本章小结

- 向量化是循环遍历一种结构中所有元素的强有力方式。
- purrr 包的 map()函数(以及相关函数)会让重复处理变得整洁、安全和快速。
- 匿名函数可以避免不得不显式创建函数的举措。
- 在显式循环期间创建的变量会留存在当前作用域中。
- 可以使用 if()和 ifelse()来实现条件式执行。
- 通常可以使用更快、更简单的向量化来替代循环。
- 可以使用一个公式在 map 内部创建临时(匿名)函数:~ .x + 1 是 function(x) x + 1 的简写。
- 在循环执行完成之后,在循环内创建的变量仍旧存在于全局名称空间中。
- if()调用中所使用的条件应该仅是单个元素(长度为 1)。
- ifelse()调用的结果将具有与所验证的条件相同的大小和形状,并且具有来自 yes 或 no 参数的值。

第 *9* 章

数据可视化：绘图

本章涵盖：

- 准备用于可视化的数据
- 以整洁方式对数据进行绘图——ggplot2
- 将图形保存到文件

数据可视化有助于我们与其他人共享我们的结果，并且可以在其中获取关于数据中内在关系的见解。当具有许多数据点(即便只有几个)时，绘图(图形、图表或者其他某种图像)可以表达出大量的信息，而表格则不能。这并不是说绘图总是表达信息的最好方式，不过当的确需要绘图才能最好地表达信息时，我们需要通过工具来使用 R 轻易且高效地生成它们。

9.1 数据准备

到目前为止我们所使用的都是原始数据，对这些数据执行了一些操作(清洗、切片和切块)，并且准备好对其进行绘图以便查看这些数据能够表达出什么信息。不过，最适合用于将各信息片段连接在一起的数据编排可能并不适合用于为了可视化而对数据进行的切片重组。

需要为可视化专门生成另一个版本的数据集的做法并不罕见，不过用于可视化的数据集应该可以同时从最初的原始数据和所执行的任何后续转换过的数据中重新生成。当数据中具有各种分组时，在可视化中包含这一信息的一种有用方式就是可视化地分离这些分组——通过颜色、形状、线条类型或者物理距离划分。这意味着数据需要采用一种能够适应这类划分的格式。

9.1.1 再次介绍整洁数据

现在我们已经探讨过整洁数据几次，而可视化也提出了在数据中维持这些原则的合理理由。每个主题一行并且每个观测一列这一宽数据理念意味着，基于一些共用特征(例如所有的自动挡变速箱汽车)将观测值分组到一起将变得像筛选某一列的值那样简单。

如果数据为长数据格式(较少的列以及一个描述测量值指的是哪个观测的变量)，那么这一筛选会变得非常复杂。如果希望对观测进行分组，则需要同时筛选描述变量的列以及记录测量的列。这样很快就会变得难以处理。因此，整洁数据是一种更为适用于可视化的格式。

9.1.2 数据类型的重要性

之前介绍过不同的数据类型，可能现在你已经看到过一些示例，其中存储一列数据所使用的特定类型会改变对这些数据所执行的分析处理。在筛选值的时候，这会变得尤为重要，因为值的筛选是取子集和分组处理的主要组成部分。

接下来将介绍的许多可视化工具的用法都很简单，因为它们会自动化处理大量的常见任务。当数据类型具有连续性的时候(可以接受任意值，并非仅接受一些离散类别)，绘图将反映出这一特性。不过，在确实需要类别的时候，所产生的绘图的构造也将有所不同，会以反映这一特性的方式来构造。我们没有必要告知 R 为这些不同的类型使用不同的工具；这些工具也经过了抽象，所以允许基于所提供的数据类型来对数据进行一些不同的处理。这一行为可以被重写，稍后将进行介绍。

因而，在尝试可视化数据之前，我们应该着力确保数据处于正确的格式。我们希望用作分组变量的数量——定义了一项测量归属于哪个分组以便在绘图中以某种方式区分这些分组的数量——是与连续值(如数值)有关还是与离散值(因子)有关？从可视化角度看，这两者会产生不同的绘图。

9.2 ggplot2

R 有许多不同的可视化工具可用，不过其中一个最流行且最复杂精细的工具是

ggplot2。ggplot2 是 Hadley Wickham 所开发的"图形语法"绘图系统的另一个变体，它实现了 Leland Wilkinson 所编写的 *Grammar of Graphics*(Springer，2005)一书中的理念。

这个插件包所封装的通用概念是一种语法，也是一种显式语言，它会将数据(可视化中的首要特征)优雅地映射为我们在屏幕上看到的图表。在电子表格中，我们可能会选取一些值用在 x 轴和 y 轴上，生成一个绘图，然后调整颜色和设置以便得到我们想要的图表。在 ggplot2 中，这些设置是通过映射直接连接到数据的——例如，在绘制 mtcars 中的列时，通过汽车是否具有自动挡变速箱来确定数据点的颜色，也就是根据 am 列中对应的值来定义。ggplot2 的其他主要特征是我们希望绘制的特征类型(几何图形)以及一个分组或者某个方面的值之间的关系(刻度)。

这些明确的映射意味着，我们可以对图表的生成方式拥有更多的控制，不过对于其复杂性，我们可以借助一种语法来适应。

9.2.1　通用构造

之前提到的四种特征——数据、几何图形、美学映射以及刻度——都需要以特定的方式出现在 ggplot2 代码中。不管怎样，ggplot2 完全利用了之前 dplyr 中所介绍的非标准计算框架的优势，这意味着可以在 ggplot2 调用中独立引用 data.frame 或者 tibble 的列。

首先安装、加载和附加这个 ggplot2 包：

```
# install.packages("ggplot2")
library(ggplot2)
```

构造 ggplot2 可视化的首要组成部分是使用 ggplot()函数请求绘制一个图表：

```
ggplot()
```

在没有进一步信息的情况下，这样做会在 Plot 选项卡中生成一个空的图表，如图 9.1 所示。

图 9.1　一次空的 ggplot()调用——没有提供数据，因此没有绘制任何内容

不过要注意，绘图区域并不完全是空的；其中会显示一个灰色的背景。根据RStudio 中窗口的设置方式，这个区域的宽度和长度可能会跟此处所显示的有所不同。这是 ggplot() 的默认设置。我们来添加一些数据(参见图 9.2)。

图 9.2　添加了一些数据，但仍旧没有显示任何内容

看起来没什么变化。ggplot() 接收了这些数据，但它不清楚我们想要将数据映射到图表的意图。为此，要使用 aes()(aesthetic，意为美学)函数来指定映射。它接受无修饰列名称并且会生成相关的映射[1]。要在 y 轴上绘制每加仑汽油英里数(mpg)，在 x 轴上绘制气缸数(cyl)，则可以使用 aes() 函数将这些值提供为 mapping 参数(参见图 9.3)。

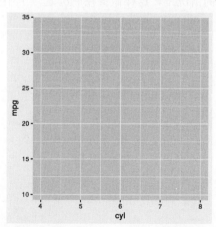

图 9.3　使用美学函数 aes() 添加一个映射——现在已经定义了两个轴，但还没有指定要绘制的内容

1　aes() 还会对所提供的值执行一些校验，如对可能的美学参数名称进行自动补全和自动纠错。

```
ggplot(data = mtcars, mapping = aes(x = cyl, y = mpg))
```

现在有些不同了：两个轴已经有了相关变量的名称作为标题，并且这两个轴本身已经根据 cyl 和 mpg 中的值进行了布局调整和标记。注意，由于 cyl 是按照其在 mtcars 对象中的格式来提供的(仅有值 4、6 和 8 的数值向量)，因此 x 轴的默认展现形式是允许这一范围中的任何值存在，并且会对主要和次要网格线的选取方式进行一些自动化处理。相反，如果希望将其处理为类别(它实际上就是类别)，则可以在恰当位置修改该美学处理(参见图 9.4)。

```
ggplot(data = mtcars, mapping = aes(x = factor(cyl), y = mpg))
```

现在，网格线会与仅有的三个可能值保持对齐。还要注意，x 轴的名称反映了我们在 aes()函数中所提供的内容。稍后将介绍如何重写它。

不过图表上仍旧没有任何配对值。这是因为我们还没有指定想要的几何图形。每一种几何图形都是以前缀 geom_ 作为开头的；可以使用 geom_point()来绘制数据点(参见图 9.5)。

```
ggplot(data = mtcars, mapping = aes(x = cyl, y = mpg)) + geom_point()
```

注意：要牢记的一点是，ggplot2 提供了一种构造图表的纸笔模式；首先可以使用一张空的画布，然后在其上一次添加一个或多个后续元素。这些元素都是使用+来添加的，ggplot2 扩展了它以便在遇到 ggplot2 的类系统(gg、ggplot 以及相关的类对象)时能够表现得恰到好处。图表的存储方式和其他内容一样，如对象。这意味着它们可以被保存(例如使用 saveRDS())、再次调用以及修改。不过，纸笔模式也带来了一项限制，也就是一旦对象被生成，就无法移除那些元素。当然，我们可以从代码中移除这些元素的添加处理，不过我们无法从一个已经生成的对象中(轻易地)移除它们。

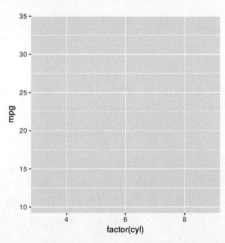

图 9.4　在美学处理中使用 factor()可以修改轴的构造方式

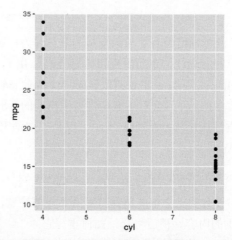

图 9.5　添加数据点作为几何图形——有了数据、映射和几何图形，最终就有了一些要绘制的数据

一旦熟悉其语法，就可以更加干净地丢掉所有不必要的变量名称并且以类似于管道的方式来封装调用，这样能生成与之前相同的结果。

```
ggplot(mtcars, aes(cyl, mpg)) +
geom_point()
```

ggplot()调用的通用构造通常会遵循图 9.6 中所示的模式。

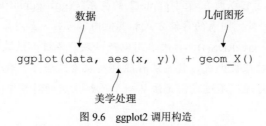

图 9.6　ggplot2 调用构造

9.2.2　添加数据点

我们已经使用简单的 geom_point()调用向图表中添加了一些数据点。这个函数利用了 ggplot()调用包含我们希望 geom_point()使用的数据和美学处理这一优势。或者，也可以在 geom_point()调用内指定它们(参见图 9.7)。

```
ggplot() + geom_point(data = mtcars, aes(cyl, mpg))
```

注意，我们已经显式指定了 data 参数，因为 geom_point()的参数的顺序先是mapping，然后才是 data。这意味着，如果没有提供任何参数名称，则表明我们是希望将数据用作美学处理。幸运的是，错误信息会适时地就这一点提醒我们。

```
ggplot() + geom_point(mtcars, aes(cyl, mpg))

#> Error: ggplot2 doesn't know how to deal with data of class uneval
```

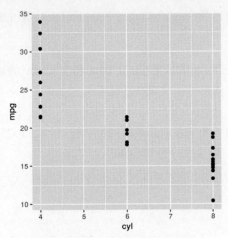

图 9.7　在 geom_point()中使用 aes()

在 ggplot()调用中使用 data 和 aes 参数有一个优势：后续的 geom_调用会继承这些值，因此可以使用所传递的相同参数来添加其中的几个值。不过所有的新参数对于该调用来说都仅存在于本地(参见图 9.8)。

生成较大的亮蓝色数据点

```
ggplot(mtcars, aes(cyl, mpg, shape = factor(am))) +
  geom_point(size = 8, col = "lightblue") +
  geom_point()
```

shape 美学处理将被所有的 geom_调用所继承，除非对其进行重写

注意，这里没有在 geom_调用中指定形状——这些都是继承的

在之前的数据点上生成默认的数据点

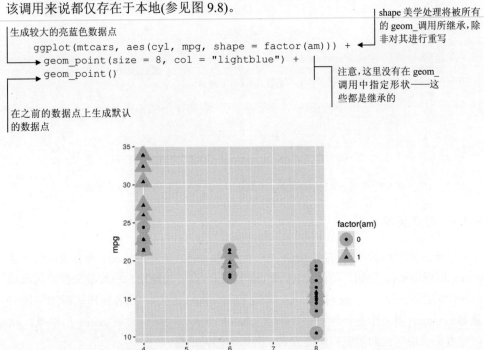

图 9.8　如果在 ggplot()调用中提供了美学处理，那么几何图形就可以继承它们

注意：本书中的许多图形都是具有颜色区分的。本书的电子书版本会显示这些彩色图形，因此读者在阅读本书时应该参考它们。要获取本书 PDF、ePub 和 Kindle 格

式的免费电子书，可以访问 www.manning.com/freebook 并且遵循其指示完成 pBook
注册。

由于 ggplot()遵循了绘图的纸笔模式，因此多个 geom_ 的请求顺序将决定其绘制
的顺序。如果希望某些图形特征出现在其他特征之上或之下，则可以适当地调整添加
这些特征的顺序。

可以绘制或者通过 pch 来表示的数据点形状被编号为 1~25，如图 9.9 所示。默认
的数据点形状是 16，它会生成一个实心圆。

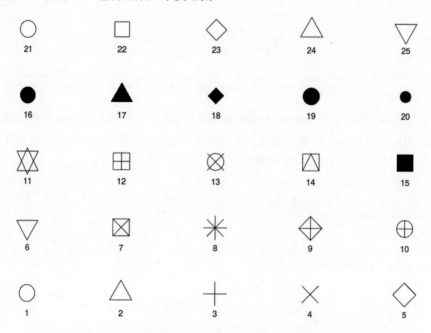

图 9.9　使用 pch 值绘制数据点。默认的数据点形状是编号为 16 的形状

9.2.3　样式美学

前面示例中的数据点符号 shape 是一个样式示例。可以为 geom_ 所有成员的单独
geom_ 调用添加样式(如之前的 size 和 col 样式)；或者为根据一些数量来分组的单独
geom_ 调用添加样式(在 aes()内添加，如之前的 shape 样式)；或者将样式添加到所有
兼容的 geom_ 调用作为一种美学处理(在 ggplot() aes()调用内，会被 geom_ 所继承)。这
就使得提供说明性的图表的构造方式具有很大的灵活性。

在根据 mtcars 数据集中 disp 的值来可视化 mpg 时，为了让手动挡和自动挡变速
箱汽车之间的区别变得更加清晰，我们可以加上颜色区分(根据变速箱列 am 的值进行
区分，参见图 9.10)。

```
ggplot(mtcars, aes(disp, mpg, col = factor(am))) + geom_point()
```

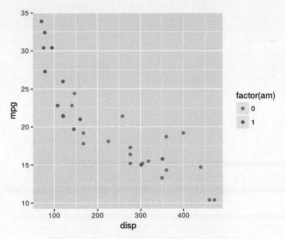

图 9.10　通过 aes()使用颜色作为美学处理

　　同样，我们使用 factor(am)来让 ggplot()知晓我们希望将这些值处理为类别——尽管它们目前还是数字。

　　分组中可以具有许多颜色：ggplot()将从预先定义的一组适用颜色中选取它们[1]。如果有三个分组，那么与之前相比，颜色会有所不同，如图 9.11 所示。

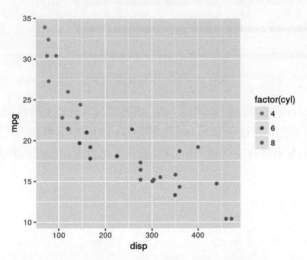

图 9.11　注意 cyl 与 disp 的对比关系变得明显了

```
ggplot(mtcars, aes(disp, mpg, col = factor(cyl))) + geom_point()
```

　　选择使用一种特定的颜色会十分麻烦，因为可供选择的已命名颜色太多了。可以使用 colors()(或 colours())获取已命名颜色的完整清单，这里显示了其中的一份样本(参见图 9.12)。

1　在目前的 ggplot2 版本中，这些颜色都是从色轮上等间距色调中选取出来的，从 15 度开始。

选择这个种子值是因为随机选择会
显示许多可用的颜色

```
set.seed(13)
sample(colors(), 10)
#> [1] "mediumpurple"    "gray9"          "green2"         "coral3"
#> [5] "thistle4"        "aquamarine"     "indianred2"     "olivedrab4"
#> [9] "saddlebrown"     "blue1"
```

sample()会从向量中选取一个随机选项并且不
用进行替换。如果希望使用替换进行随机选
择，可以设置 replace = TRUE

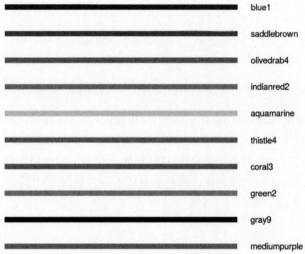

图 9.12　ggplot()可用的颜色示例

如果使用 rgb()指定颜色的 RGB 组合[1]，或者使用其他许多颜色规范来指定颜色，则可以使用任何颜色。通读一下?colors 是开始入门的一种好做法。

有一个非输出(不适合用在代码中)函数提供了可以应用的样式和美学处理的完整列表：

```
ggplot2:::.all_aesthetics
#>  [1] "adj"      "alpha"    "angle"    "bg"        "cex"
#>  [6] "col"      "color"    "color"    "fg"        "fill"
#> [11] "group"    "hjust"    "label"    "linetype"  "lower"
#> [16] "lty"      "lwd"      "max"      "middle"    "min"
#> [21] "pch"      "radius"   "sample"   "shape"     "size"
#> [26] "srt"      "upper"    "vjust"    "weight"    "width"
#> [31] "x"        "xend"     "xmax"     "xmin"      "xintercept"
#> [36] "y"        "yend"     "ymax"     "ymin"      "yintercept"
#> [41] "z"
```

其中许多都非常简单，我们足以猜测出其用途。并非每一个美学处理都适用于每一个 geom_，不过最常用的一些——修改颜色、线条类型、大小、填充色或者透明度

1　红色、绿色、蓝色，取值范围为 0~255。

(alpha)——都是可以通用的。

可以按需添加许多这类样式和美学处理来帮助表达数据中的信息，以便作为可视化的其他特征维度(参见图 9.13)。

```
ggplot(data = mtcars,
  mapping = aes(x = mpg,
                y = disp,
                col = factor(cyl),
                shape = factor(am),
                size = hp)
) +
  geom_point()
```

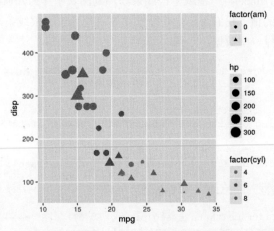

图 9.13　更多的维度(如美学处理)有助于区分数据的不同方面并且突显其间的关系

在通过 aes()添加分组时，在图表旁边会生成一个图例，它会表明哪种符号/形状/颜色代表了哪个分组。这些信息也可以被调整——例如，使用 guides()移除颜色图例(参见图 9.14)。

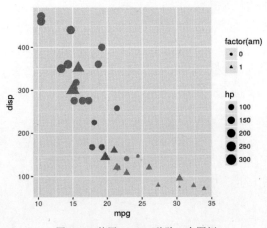

图 9.14　使用 guides()移除一个图例

```
ggplot(data = mtcars,
  mapping = aes(x = mpg,
                y = disp,
                col = factor(cyl),
                shape = factor(am),
                size = hp)
) +
  geom_point() +
  guides(color = FALSE)                不绘制颜色图例
```

9.2.4　添加线条

可以使用 geom_line()将一根或多根线条添加到图表中作为几何图形。对于这个示例，相较于 mtcars 的值，我们需要一些能够更容易地通过一根线条来表示的数据，因此可以创建下列这样一些数据：

```
# install.packages("dplyr")
library(dplyr)                         可以使用之前讲解过的 dplyr 来让这
#                                      一处理更简单一些
#> Attaching package: 'dplyr'
#  The following objects are masked from 'package:stats':
#>
#>    filter, lag
#  The following objects are masked from 'package:base':
#>
#>    intersect, setdiff, setequal, union
                                                从一个简单的包含一
                                                个角度(theta)的值的
sin_df <- data.frame(theta = seq(pi, 0, -0.5)) %>%   data.frame 开始处理
  mutate(x = cos(theta), y = sin(theta))

                                       利用 dplyr 的能力来重用数据，以便
                                       创建从 theta 中派生出来的两个新的
                                       列。x 和 y 值表示圆形上的点
```

这些数据可以被直接绘制为连接 x 和 y 配对值的线条，如图 9.15 所示。

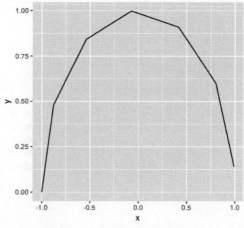

图 9.15　连接 x 和 y 配对值的线条

```
ggplot(sin_df, aes(x, y)) + geom_line()
```

或者可以明确地添加这些数据点(参见图 9.16)。

```
ggplot(sin_df, aes(x, y)) + geom_line() + geom_point()
```

如果想要构造一些数据以便绘制出更类似于一个圆形的图形，则会遇到一个问题，那就是 ggplot()会尝试以我们可能并不想要的方式来连接这些配对值(参见图 9.17)。

```
sin_df <- data.frame(theta = seq(0, 1.75*pi, 0.5)) %>%
  mutate(x = cos(theta), y = sin(theta))
ggplot(sin_df, aes(x, y)) + geom_line()
```

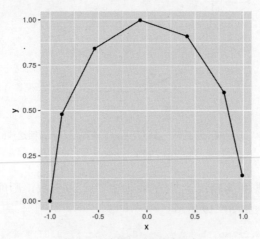

图 9.16　连接配对值的线和点

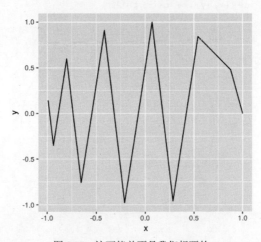

图 9.17　这可能并不是我们想要的

产生这一行为的原因是，数据点的连接似乎是基于这些点是沿着 x 轴按照顺序生成的这个前提，而这并非绘制圆形所需的条件。在这个例子中，可以使用一种替代方式：与 geom_line()相反，geom_path()会认为配对值都是按照值大小来排序的，如图 9.18 所示。

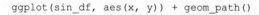

```
ggplot(sin_df, aes(x, y)) + geom_path()
```

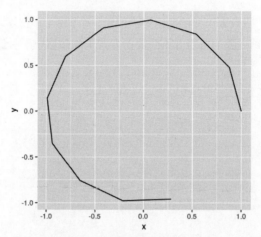

图 9.18　将数据点绘制为一条路径的假设前提是，会按照这些配对值
的大小顺序来绘制它们，而不是按照其 x 值的顺序

如果让这些数据更为精细一些(在 seq()中使用 by 参数)，则可以让该图表看起来是个更平滑的圆形，如图 9.19 所示。

```
sin_df <- data.frame(theta = seq(0, 1.75*pi, 0.01)) %>%
  mutate(x = cos(theta), y = sin(theta))
ggplot(sin_df, aes(x, y)) + geom_path()
```

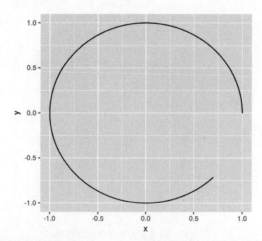

图 9.19　在通过线条连接数据点时，一个更为精细的数据对象将生成更为平滑的曲线

可以将一些有差异的美学处理应用到 path 命令中，如线条宽度(lwd)和颜色(col)，如图 9.20 所示。

```
ggplot(sin_df, aes(x, y)) + geom_path(aes(lwd = theta, col = theta))
```

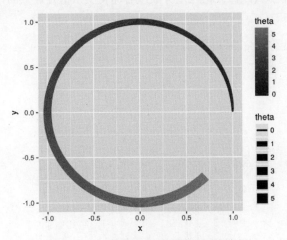

图 9.20　可以像数据点那样调整线条的样式

此处要注意，我们现在所做的处理是基于 theta 并非因子这一实际情况的，并且色标会从一种颜色平滑变换为另一种颜色。

9.2.5　添加柱状图

在具有像对象计数这样的分类数据时，常见的做法是将其绘制为一个柱状图。一个选择是手动计数，不过 ggplot2 足够智能，它可以为我们完成该处理。要绘制 mtcars 数据集中汽车数量的图表，其中具有 cyl 的特定值(气缸数量)，可以使用 geom_bar()，如图 9.21 所示。

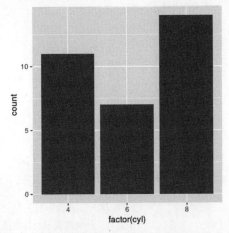

图 9.21　可以对类别的值进行计数并且将其绘制为柱状图

```
ggplot(mtcars) + geom_bar(aes(factor(cyl)))
```

即使变量值不那么能够被粗粒度分类或者即使变量值是连续的，这个函数也能适用，如图 9.22 所示。

```
ggplot(mtcars) + geom_bar(aes(hp))
```

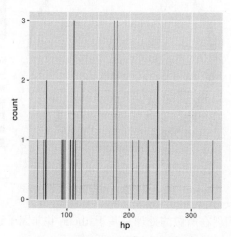

图 9.22　连续值在每一个唯一值中都会出现

此处，对于 hp 某个值出现次数的计数，已经根据这些值在 x 轴上的位置将其绘制成细的直线。注意，仅需要指定 x 参数；计数是在 geom_bar() 内生成的。或者，我们可以将这些计数看成具有一定宽度的独立分组。如果将这些 hp 值分组成 20 个单位宽的箱形，则可以生成一个直方图，如图 9.23 所示。

```
ggplot(mtcars, aes(hp)) + geom_histogram(binwidth = 20)
```

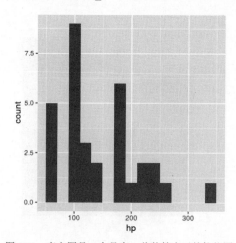

图 9.23　直方图是一个具有一些装箱表示的柱状图

这看起来类似于 geom_bar(aes(hp)) 图表，不过具有更宽(20 个单位)的柱形。相较于宽度，我们可以选取要在其中对值进行分组的箱形的数量，如图 9.24 所示。

```
ggplot(mtcars, aes(hp)) + geom_histogram(bins = 15)
```

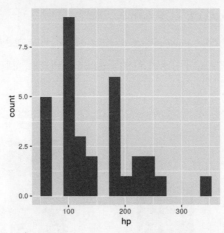

图 9.24　指定 15 个箱形，而不是指定箱形的宽度

bins 值的默认设置为 30(参见图 9.25)，而如果使用默认设置，则会产生一条消息：

```
ggplot(mtcars, aes(hp)) + geom_histogram()
# `stat_bin()` using `bins = 30`. Pick better value with `binwidth`.
```

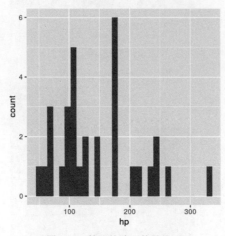

图 9.25　箱形的默认数量是 30

另一种常见的场景是指定柱形的高度。这里我们手动统计具有不同 cyl 气缸数的汽车数量(使用 dplyr)，以及各个分组的每加仑平均英里数(mpg)。

按照气缸数量(cyl)进行分组

```
average_mpg_by_cyl <- mtcars %>%
  group_by(cyl) %>%
    summarize(n_cars = n(),
          avg_mpg = mean(mpg)
    )
```

计算每个分组中的汽车数量，也就是 n_cars，可以使用辅助函数 n()，它会计算一个分组中记录的数量

计算每个分组的每加仑平均英里数 avg_mpg

通过将要针对这些数据运行的统计处理指定为 identity 转换(不进行转换)，就可以手动重现之前的 geom_bar()结果(参见图 9.26)。

```
ggplot(average_mpg_by_cyl, aes(cyl, n_cars)) + geom_bar(stat = "identity")
```

有一个有用的快捷方式可用于此目的。geom_col()会绘制一个具有指定高度的列(参见图 9.27)。

```
ggplot(average_mpg_by_cyl, aes(cyl, n_cars)) + geom_col()
```

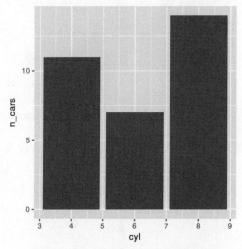

图 9.26　identity 统计表明无须计算计数

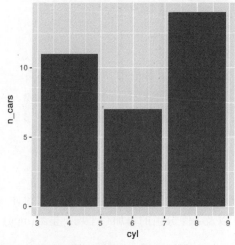

图 9.27　如果知道柱形的高度，则可以使用 geom_col()

这样一来，就可以根据为任意数量所计算的我们想要的柱形高度来绘制其图表(如图 9.28 所示)。

```
ggplot(average_mpg_by_cyl, aes(cyl, avg_mpg)) + geom_col()
```

也可以将 geom_col() 与其他的 geom_ 结合使用。如果希望柱形顶部有一个数据点，则可以使用所继承的 aes() 来添加该数据点(参见图 9.29)。

```
ggplot(average_mpg_by_cyl, aes(cyl, avg_mpg)) +
  geom_col() +
  geom_point(size = 8)
```

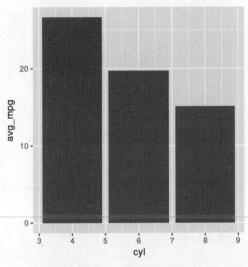

图 9.28　另一个 geom_col() 图表

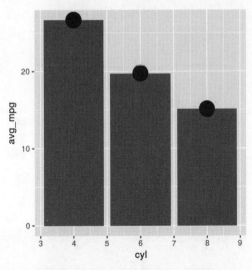

图 9.29　将数据点添加到 geom_col() 图表

同样，可以添加颜色以便更清楚地描绘类别。有两个选项可以完成此处理。尝试在之前的代码中使用 col 来改变 geom_col() 的线条颜色(参见图 9.30)。

```
ggplot(average_mpg_by_cyl, aes(cyl, avg_mpg, col = factor(cyl))) +
```

```
geom_col() +
geom_point(size = 8)
```

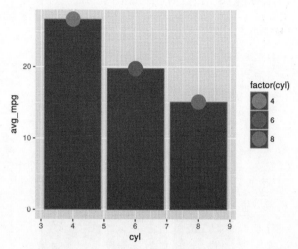

图 9.30　col 美学处理是继承而来的，并且这会改变 geom_col()的边框线条颜色

　　要修改填充色，可以使用 fill 美学处理。可以将其与 col 美学处理一起使用，以便生成一些突出样式(如图 9.31 所示)。

```
ggplot(average_mpg_by_cyl, aes(cyl, avg_mpg, fill = factor(cyl))) +
  geom_col(col = "grey50", lwd = 2) +
  geom_point(col = "grey30", size = 6)
```

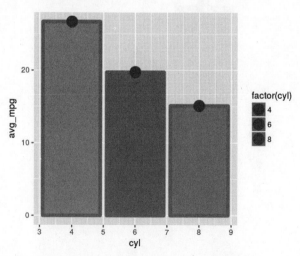

图 9.31　fill 美学处理会修改柱形的内部颜色

9.2.6　其他图表类型

　　如果尝试列出 ggplot2 及其扩展所提供的不同类型的可用图表，那么可能需要一

整本书来描述(目前市面上已经有几本这样的书籍)。相反，本书将仅讲解一些常见且有用的 geom_ 函数。

当绘制在一个分组中变动的数据时，显示出其变动范围将会很有用。对于这种情况，可以使用盒须图(一种盒形图，如图 9.32 所示)。

```
ggplot(mtcars, aes(cyl, mpg, col = factor(cyl))) +
geom_boxplot()
```

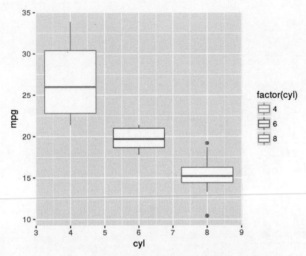

图 9.32　显示出一个类别中数据范围的盒形图

?geom_boxplot 中提供了盒形和须形边界的定义，不过其说明还是非常规范的。其中未(充分)显示的是其范围中数据点的分布。可以添加数据点(参见图 9.33)。

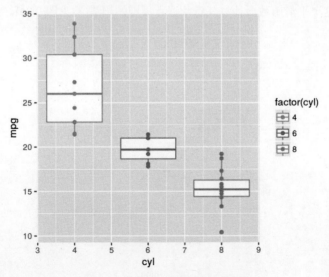

图 9.33　绘制了过多数据点的盒形图

```
ggplot(mtcars, aes(cyl, mpg, col = factor(cyl))) +
  geom_boxplot() +
  geom_point()
```

通过一种小提琴图来处理这个问题可能会更好(参见图 9.34)，它会揭示出数据点的密度。

```
ggplot(mtcars, aes(cyl, mpg, col = factor(cyl))) +
  geom_violin()
```

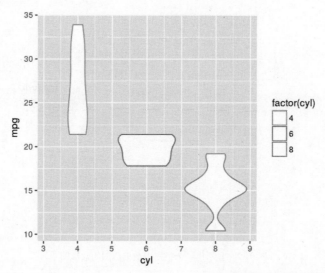

图 9.34　通过显示每个类别中图形的分布，小提琴图扩展了盒形图的概念

可以使用一个平滑函数来显示一些数据点的总趋势(可以带上或者不带上这些数据点本身)，这个平滑函数会计算任意数据点周围的趋势(参见图 9.35)。

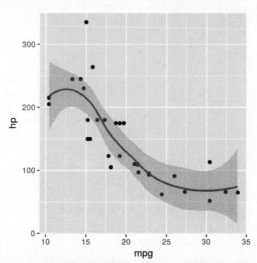

图 9.35　显示任意数据点周围趋势(带有置信度间距阴影)的平滑函数

```
ggplot(mtcars, aes(mpg, hp)) +
  geom_point() +
  geom_smooth()
# `geom_smooth()` using method = 'loess'
```

所产生的消息表明了使用的平滑类型以及假定要使用的公式，不过即便这通常就是我们想要的，也还是可以显式指定另一个平滑函数。呈现数据的方式有许多，而良好地传递出数据所蕴含的信息的部分方式是找到正确的呈现形式。

9.2.7　刻度

到目前为止，当我们要求 ggplot2 按照美学处理来处理数据值(例如，x = cyl 或者 col = factor(am))时，我们相信它能决定以何种方式完成此处理。x 轴的范围以及要使用的颜色都是根据默认的选取处理来选择的。不过，所得到的结果可能并不总是我们想要的。

要修改在其上呈现一些特征的范围，需要"图形语法"中的第四个要素：刻度，可以使用 scale_ 函数来与之交互。修改刻度的最简单的概念是 x 轴或 y 轴的刻度范围。可以使用 scale_x_continuous()或 scale_x_discrete()来完成该修改处理，不过使用哪个函数取决于数据到底是何种定义。你可能已经注意到，默认情况下，ggplot()会根据每个方向中的数据范围来大致调整坐标轴的范围。接下来这个图表(参见图 9.36)并不会从 x = 0 开始。

```
ggplot(mtcars, aes(mpg, disp)) + geom_point()
```

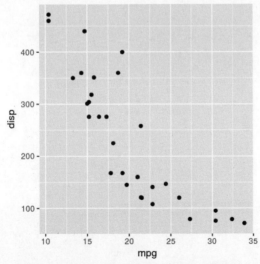

图 9.36　注意，这两个坐标轴并不会从 0 开始；它们已经被选择重点突出现有数据

要强制实现这一处理(鉴于 x 的值，mpg 是连续的)，可以使用一个向量来描述起始和结束限制，如图 9.37 所示。

```
ggplot(mtcars, aes(mpg, disp)) +
  geom_point() +
  scale_x_continuous(limits = c(0, 40))
```

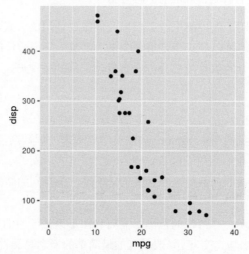

图 9.37   使用 scale_x_continuous 修改 x 轴的刻度，以便让其范围从 0 开始

也可以对 y 轴进行相同处理(disp，也是连续的)，如图 9.38 所示。

```
ggplot(mtcars, aes(mpg, disp)) +
  geom_point() +
  scale_x_continuous(limits = c(0, 40)) +
  scale_y_continuous(limits = c(0, 500))
```

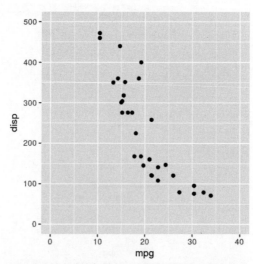

图 9.38   这两个坐标轴都可以根据需要进行刻度缩放

当数据是离散的时候，可以使用一个替代的 scale_ 函数。例如，如果将 cyl 作为因子，那么我们可能希望将刻度修改为包含可能的两气缸汽车(可能会额外增加关于

Fiat 500 的数据)。一开始数据中仅呈现三个因子级别(参见图 9.39)。

```
ggplot(mtcars, aes(factor(cyl), hp)) +
geom_point()
```

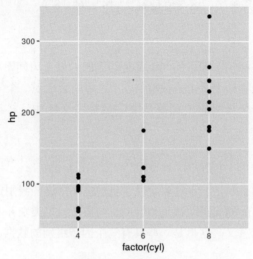

图 9.39　这个图表显示了 cyl 中的三个现有级别

不过可以对其进行扩展，如图 9.40 中所显示的图表一样。

```
ggplot(mtcars, aes(factor(cyl), hp)) +
  geom_point() +
  scale_x_discrete(limits = as.character(seq(2, 8, by = 2)))
```

在这个示例中，类别是 factor 级别，因此 limits 也需要是字符串

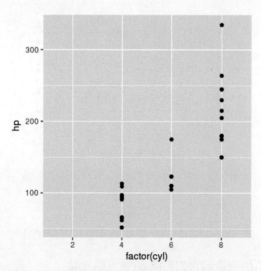

图 9.40　可以将该刻度扩展为还没有呈现的第四种级别

这一 limits 的用法与 scale_x_continuous()中的用法有所不同。scale_x_discrete()的帮助文件中做出了说明，limits 参数的含义是"定义了刻度可能值及其顺序的字符向量"。这正是之前所提供的——要在 x 轴上使用的值的字符向量(因为使用了 as.character())，还有其顺序。这些值是 c("2", "4", "6", "8")。

离散刻度

默认情况下，坐标轴上因子的间距都是均等的。以 2 为间距单位对 cyl 计数的示例意味着其图表在坐标轴上看上去很整洁，不过可能会出现一个间距不均等的因子级别。例如，如果第一个级别是"1"而不是"2"，就像图 9.41 中一样。

```
ggplot(mtcars, aes(factor(cyl), hp)) +
  geom_point() +
  scale_x_discrete(limits = as.character(c(1, 4, 6, 8)))
```

它看上去就不那么整洁。不过要记住，我们是在将这些级别定义为类别，而非数字，因此这些级别之间的间距应该是相等的。同样，如果类别并非数字，那么让它们的间距均等会更加有意义。这里是一些具有三个因子级别的数据。

```
gifts <- data.frame(
  gift = c("French\nHens", "Turtle\nDoves", "Calling\nBirds"),
  n_items = c(3, 2, 4)
)
```

记住，因子级别可以包含转义字符——看看 ggplot()对其进行了什么处理

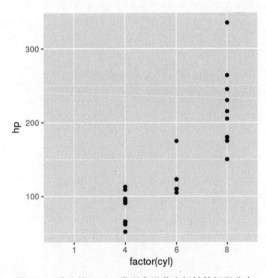

图 9.41　默认情况下，类别会沿着坐标轴等间距分布

可以使用默认范围来绘制它们的图表(参见图 9.42)。

```
ggplot(gifts, aes(gift, n_items)) +
geom_point()
```

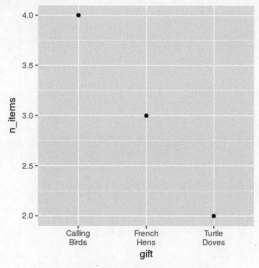

图 9.42　所绘制的三种类别(因子级别)

这些数据仅是最终的全部数据中的一个小子集。相较于在一个干净的数据集中创建空数据，我们可以指定，limits 需要通过提供一组完整的选项来扩展，从而生成图 9.43。

```
all_gifts <- c(
  "Partridge\nin\na\nPear\nTree",
  "Turtle\nDoves",
  "French\nHens",
  "Calling\nBirds",
  "Gold\nRings",
  "Geese\na-Laying",
  "Swans\na-Swimming",
  "Maids\na-Milking",
  "Ladies\nDancing",
  "Lords\na-Leaping",
  "Pipers\nPiping",
  "Drummers\nDrumming"
)

ggplot(gifts, aes(gift, n_items)) +
  geom_point() +
  scale_x_discrete(limits = all_gifts) +
  scale_y_continuous(limits = c(1, 12), breaks = 1:12)
```

使用 all_gifts 向量来
提供级别及其顺序

breaks 参数指定了不在 y 轴上使用
小数刻度标记

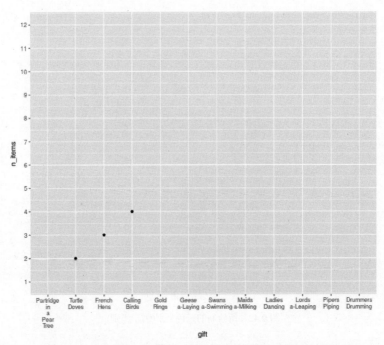

图 9.43　可以在刻度中提供更多的级别，即使它们在数据中还不存在

　　坐标轴并非我们可以处理的唯一刻度——我们可以操作任何可能具有刻度的美学处理。ggplot()使用的默认的一组颜色并非唯一的选项。回顾一下根据 cyl 级别来指定 col 的图表(参见图 9.44)。

```
ggplot(mtcars, aes(disp, mpg, col = factor(cyl))) +
geom_point()
```

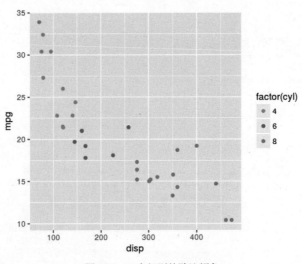

图 9.44　三个级别的默认颜色

如果想要呈现不同的颜色，则可以使用 scale_color_discrete()(或 scale_color_continuous())函数。可以通过指定起始角度(如 30°)，以便将另一个点作为起始点来请求从色轮上选出这三种颜色，从而得到图 9.45 中的图表。

```
ggplot(mtcars, aes(disp, mpg, col = factor(cyl))) +
  geom_point() +
  scale_color_discrete(h.start = 30)   ←── 默认的起始角度是 15°
```

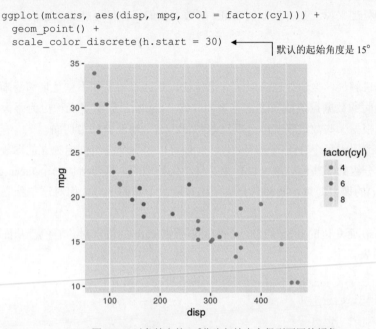

图 9.45　以色轮上的 30°作为起始点会得到不同的颜色

或者可以手动指定颜色，如图 9.46 所示。

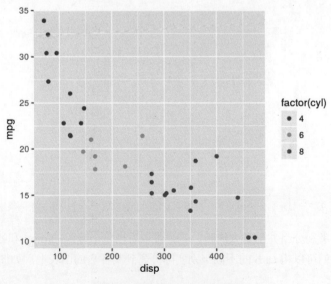

图 9.46　也可以手动选择颜色

```
ggplot(mtcars, aes(disp, mpg, col = factor(cyl))) +
  geom_point() +
  scale_color_manual(values = c("saddlebrown", "goldenrod", "forestgreen"))
```

有许多调色板可供使用，可以阅读一下?scale_color_manual 中的示例。对于大多数常见的美学处理来说，都有类似的 scale_ 函数，我们应该尽可能熟悉它们。

9.2.8　切面

之前已经讲解过，美学处理可以区分出特征，不过其结果并不总是足够清晰，尤其是在分组之间的数据点或线条过于重叠的时候。ggplot2 提供了一种更为强大的功能，可以用于根据一些数量来实际分离这些特征：这一功能被称为切面。

相较于修改用于每个分组的美学处理，我们可以为每个分组创建独立的图表，其中仅会绘制该分组的那些值。这一过程都是自动化处理的，只要增加一个 facet_grid() 或 facet_wrap() 的调用即可，具体选择哪个函数取决于我们希望如何对这些独立图表进行布局。

看看随 disp 而变化的 mpg 的值，我们可以根据 carb 的值来对其着色，从而得到图 9.47 中的图表。

```
ggplot(mtcars, aes(mpg, disp, col = factor(carb))) +
  geom_point()
```

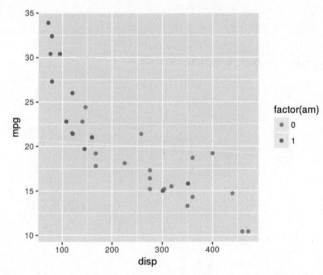

图 9.47　显示另一个维度的一种方式是使用颜色来区分一个分组的不同级别

不过这个类别分组并不是太清晰；其中难以看出每个分组的 mpg 和 disp 之间的关系。相反，我们可以将 carb 的不同级别实际分离到其各自的图表上，如图 9.48 所示。

```
ggplot(mtcars, aes(mpg, disp, col = factor(carb))) +
```

```
geom_point() +
facet_wrap(~ carb)
```

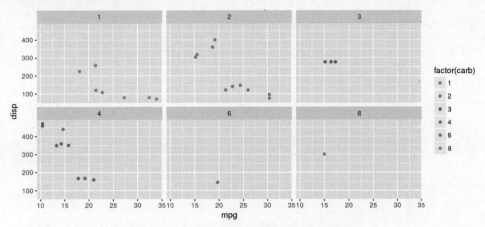

图 9.48　切面会将每个类别级别移动到其自己的图表上

切面的语法是一个公式。对于 facet_wrap()，单侧公式就能生成我们想要的效果。相应地，我们可以提供一个字符向量作为参数，因此 facet_wrap("carb") 会生成相同的结果。

注意，这一整版图表中的每个切面都是根据其相应分组的 carb 值(从 1 到 8 的值，中间缺失了 5 和 7)来标记的。分组内的个体关系现在变得更加清晰。

其中一些分组没有太多的值，因此能够修改刻度有时会很有用。不过，我们需要为每个切面对刻度进行不同的修改，因此可以选择将其作为 scales 参数来内建，该参数接受一个"free"值以便让刻度独立用于每个切面(如图 9.49 所示)。

```
ggplot(mtcars, aes(mpg, disp, col = factor(carb))) +
  geom_point() +
  facet_wrap(~ carb, scales = "free")
```

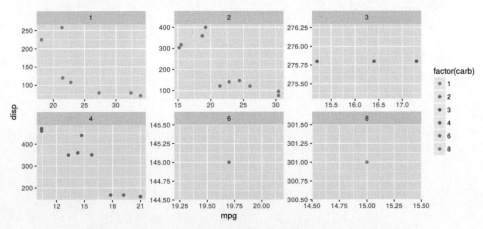

图 9.49　使用 scales = "free"意味着每个切面窗口中的刻度都是独立的

scales参数可用的选项有"fixed"(跨切面共用)、"free"(跨切面任意变换)，以及"free_x"或"free_y" (仅在一个维度中任意变换)。让 y 轴使用共用刻度而允许 x 轴使用另一种刻度的做法非常简单，如图 9.50 所示。

```
ggplot(mtcars, aes(mpg, disp, col = factor(carb))) +
  geom_point() +
  facet_wrap(~ carb, scales = "free_x")
```

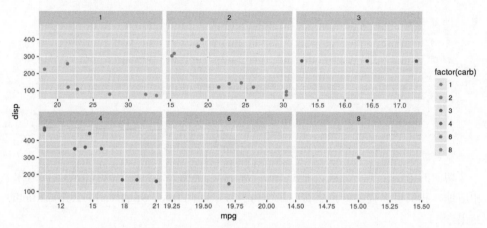

图 9.50   使用 scales = "free_x"可以仅保持一个坐标轴的刻度固定

另一个切面函数是 facet_grid()，它会将两个不同的特征组合为一个切面网格。例如，如果认为 mpg 和 disp 之间的关系可能根据 carb 和 am 的值而表现得有所不同，则可以探究一下并且生成图 9.51。

```
ggplot(mtcars, aes(mpg, disp, col = factor(carb))) +
  geom_point() +
  facet_grid(am ~ carb)
```

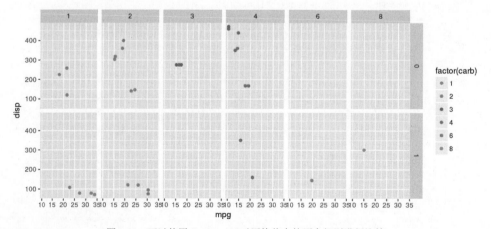

图 9.51   可以使用 facet_grid()对网格值中的两个级别进行比较

此处 carb 的值会在切面的一行上发生变化，而 am 的值会在切面的各个列之间发生变化。同样，要允许这些刻度变化，可以加入它们并生成图 9.52。

```
ggplot(mtcars, aes(mpg, disp, col = factor(carb))) +
  geom_point() +
  facet_grid(am ~ carb, scales = "free")
```

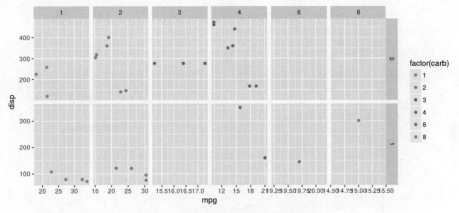

图 9.52　使用 scales 参数来让坐标轴独立

在以这种方式呈现切面时，就算位于 carb 和 am 有效值的交叉处的切面没有任何数据(例如，carb == 3 和 am == 1 就没有数据)，这些切面也会显示出来(图表布局永远都是一个网格)。

这是一个功能极其强大的工具，它可以让我们洞察到不那么明显的隐藏规律。在查看十几个数据集的重叠图表(根据其归属的数据集来着色)时，我们是无法梳理出任何规律的(参见图 9.53)。

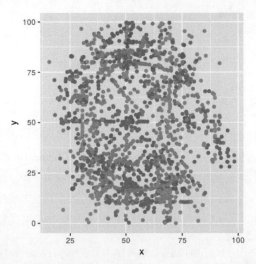

图 9.53　谁能发现这个图表中的规律？其中有 13 个不同的数据集

不过，如果根据分组来对数据切面，那就是另一种完全不同的局面了[1]。图 9.53 和图 9.54 绘制的都是相同的数据，不过切面有助于展示出其区别，而单使用颜色是无法进行区分的。

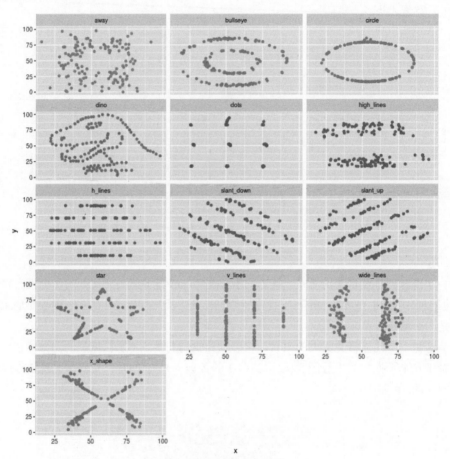

图 9.54　切面所揭示的数据集

9.2.9　额外的选项

到目前为止所生成的所有图表都具有相同的默认主题，以及带有网格线的灰色背景。不过这仅是默认设置，完全可以对其进行自定义。theme()函数可以接受各种参数，以便指定从背景到字体再到坐标轴标签显示方式等的所有一切。

由于没有太多的选项，因此存在各种 theme_函数来指定特定的组合。默认的函数是 theme_grey()。例如，我们之前开始处理的默认图表看起来类似于图 9.55。

1　这个数据集作为一个整体是 datasaurus dozen，并且是在 Steph Locke 和 Lucy D'Agostino McGowan 所编写的 datasauRus 包中获取的(https://cran.r-project.org/package=datasauRus)。每一个独立的数据分组都共用了 x 和 y 值的相同平均值和标准差，以及那些值之间的相同关系。

```
ggplot(mtcars, aes(cyl, mpg)) +
geom_point()
```

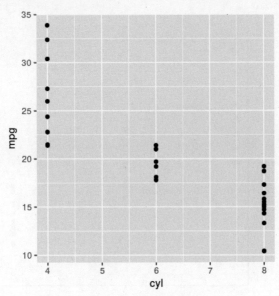

图 9.55 实际运行中 ggplot2 图表的默认主题

不过我们可以使用 theme_bw() 将主题变更为黑白版本，如图 9.56 所示。

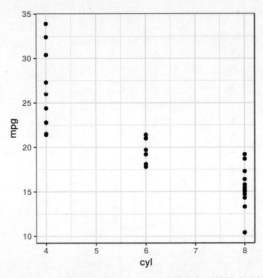

图 9.56 theme_bw() 更为清晰一些，并且比默认主题的样式更加简洁

```
ggplot(mtcars, aes(cyl, mpg)) +
  geom_point() +
  theme_bw()
```

可以使用 theme_classic() 移除除必要元素之外的所有样式(参见图 9.57)。

```
ggplot(mtcars, aes(cyl, mpg)) +
  geom_point() +
  theme_classic()
```

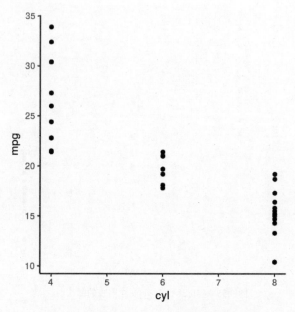

图 9.57　使用 theme_classic()仅保留必要元素

或者可以使用 theme_minimal()移除几乎所有的样式(参见图 9.58)。

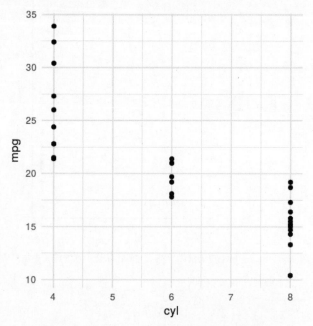

图 9.58　除了数据，这一最简图表包含的元素很少

```
ggplot(mtcars, aes(cyl, mpg)) +
  geom_point() +
  theme_minimal()
```

有许多插件包都提供了额外的 theme_ 函数以便扩展主题呈现的可能性。如果同时调用 theme()，那么我们总是可以指定特征，不过首先需要阅读?theme 来熟悉其语法才行。例如，将字体集修改为 serif 会得到图 9.59 中的图表。

```
ggplot(mtcars, aes(cyl, mpg)) +
  geom_point() +
  theme_minimal() +
  theme(text = element_text(family = "serif"))
```

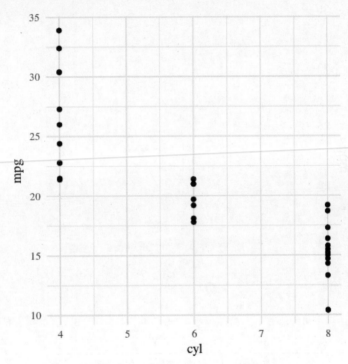

图 9.59　文本字体集的修改是通过 theme() 的参数来实现的

9.3　作为对象的图表

要牢记的一点是，ggplot() (以不可见方式) 返回的是一个对象，因此我们可以像存储一个值那样存储图表。然后可以对其进行修改 (具有一些限制) 或者对其增加内容。在对一个基础的常用图表添加不同特征时，这会变得非常便利。首先使用一个空图表 (具有定义好的美学处理/样式和切面)，并且将其保存到变量 p。

```
p <- ggplot(mtcars, aes(cyl, mpg, col = factor(cyl))) +
```

```
theme_minimal() +
facet_wrap(~ am)
```

注意，将该图表保存到 p 并不会在绘图窗口上输出任何信息，因为赋值操作不会返回任何(可见)信息。在对其 print()的时候，仅会生成该图表，这一情形默认情况下会出现在独立执行 ggplot()调用的时候。如果尝试打印 p(通过执行它)，则会得到图 9.60 所示的图表。

```
p
```

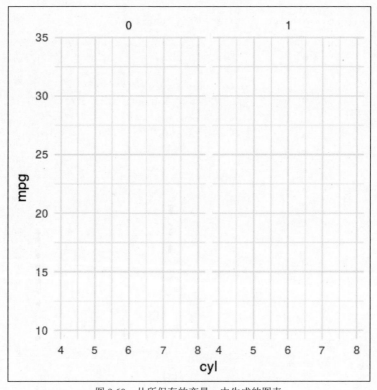

图 9.60　从所保存的变量 p 中生成的图表

可以使用+将其他函数添加到 p，就像编写之前的代码一样——如要添加数据点，如图 9.61 所示。

```
p + geom_point()
```

或者添加一个盒须图(参见图 9.62)。

```
p + geom_boxplot()
```

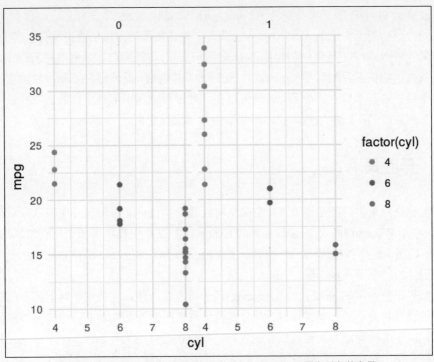

图 9.61　将 geom_point()调用添加到一个包含 ggplot2 图表对象的变量

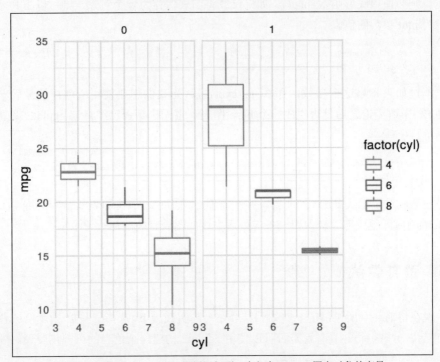

图 9.62　将 geom_boxplot()调用添加到一个包含 ggplot2 图表对象的变量

ggplot2 并非 R 的一项特别新的扩展；其历史可以回溯到十多年前。R(及其前身)提供的绘图功能至少比 ggplot2 还要早十多年，并且在那期间该功能也没有太多变化。还有另一种方式可以在 R 中创建图形(base 图形方法)。附录 C 中将对其进行介绍。

我自己的首选项绝对是 ggplot2；一旦熟悉了其语法，就能够在几秒钟内快速拼凑出对于数据的基本检查。基于此，就可以在处理过程中利用可自定义的选项并最终得到可发布质量的图形。当然，我们需要知道如何保存它们。

9.4 保存图表

无论决定采用何种绘图方式，在某个时候我们都很可能希望保存图表以备后续使用。在使用 RStudio 时，绘图窗口顶部的 Export 下拉菜单中提供了一个便利的 Save As Image 按钮。这个按钮提供了一些对于文件格式和大小的控制，不过它并非从分析中生成图片的一个可重现步骤。

如果正在使用 ggplot2，那么 ggsave()函数就非常方便，它提供了对于所生成图片的文件类型和大小的脚本式控制，并且提供了对于所输入文件名的一些较为智能化的处理，以便准确确定如何实现图表的保存。如果所选择的文件名以.jpg 或.jpeg 结尾，那么将会使用对应的底层函数 jpeg()来保存该图表。同样，如果所选择的文件名以.png 结尾，则会使用底层函数 png()。如果已经将图表保存为一个对象，则可以将其显式指定为 plot 参数的值。

```
p <- ggplot(mtcars, aes(cyl, mpg)) + gcom_point()
ggsave(plot = p)
```

显示保存存储在变量 p 中的图表，无论 p 有没有被打印到屏幕上

不过如果省略这个参数，那么 ggsave()将认为我们想要使用所创建的最后一个 ggplot2 图表(无论之后是否生成一个 base 图表，也无论是否已经将该 ggplot2 图表打印到屏幕上)。

```
p <- ggplot(mtcars, aes(cyl, mpg)) + geom_point()
ggsave()
```

隐式保存所生成的最后一个 ggplot2 图表

注意，对于隐式 ggsave()而言，并不需要在使用它之前将图表 p 打印到屏幕上；ggplot()的内部组成部分会保留一条与最后生成的图表有关的运行记录[1]。

9.5 亲自尝试

现在将前几章所讲解的一些知识结合在一起实践一下。选择一些数据(示例或者我们自己找一些都行)并且看看是否可以使用 ggplot2 构建一个恰当的可视化图表。哪种

---

1 可以手动使用 last_plot()提取最后生成的这个图表。

几何图形可以最好地表示这些数据？散点图(geom_point())？线形图(geom_line())？柱状图(geom_bar()或 geom_col())？自动选中的刻度(x、y、颜色)是否合适？使用另一种主题是否会让我们的可视化图表表达出更为清晰的信息？

在完成之后，将可视化图表保存到一个文件，如果愿意的话可以在 Twitter 上将其分享给我：@BSwR_book 或@carroll_jono。

9.6　专业术语

* 可视化——一些数据的视觉化表示形式，通常涉及两个坐标轴。
* 美学处理——可视化的特殊方面(颜色、形状、大小等)，它们有助于在可视化中纳入更多的维度特征。
* 几何图形——用于将数据添加到可视化图表的结构：线条、数据点、面积等。可以将多个几何图形添加到可视化图表(如果它们有助于表达出数据所蕴含的信息)。
* 图形语法——Leland Wilkinson 所提出的用于设计可视化图表的结构化系统，其中涉及几何形状、美学映射、刻度，以及将这些特征与数据关联起来的方式。
* 切面——数据的一个方面。在使用多个切面可视化数据时，可以实际地对数据进行分离以便在一个切面内更好地突出相似性。
* 主题——可视化图表的整体样式。这是用于可视化图表整体观感的样式集合。

9.7　本章小结

* 为了进行可视化处理，可能需要对数据进行重构。
* ggplot2 包为数据绘图提供了扩展框架。
* "图形语法"的特征是数据、几何图形、美学映射和刻度。
* 可以通过 geom_函数使用几何形状来添加数据点、线条等。
* 在调用的 ggplot()部分中提供美学处理时，它们会被几何图形所继承。
* ggplot2 图表可以被存储于变量中，并且可以对其添加内容或将其保存。
* R 图表允许纸笔模式；一旦将某个特征添加到图表，则无法移除它，并且添加元素的顺序决定着其叠加显示的顺序。
* 大部分选项都是灵活且可以被指定的，不过要找出其使用方式通常需要进行一些信息查阅工作。不要感觉糟糕，因为我们都在这样做。关于旋转 x 轴标签的问题是 Stack Overflow 上 R 标签下的其中一个最常被查阅的问题。它也是我常查阅的问题。

- 在绘图时，因子之间的间距是均等的，并且这是我们期望的行为。如果希望它们的间距非均等，则可以使用 scale_ 来完成此处理。
- 并非每个人都能以相同方式看到每一张图表中的颜色。有些人可能是在查看黑白背景的输出，另外一些人可能会因视觉方面的问题而难以区分某些颜色。要仔细处理可视化选项，以便所有人都能正常浏览。

第 10 章

借助扩展插件包对数据进行
更多的处理

本章涵盖：

- 编写自己的插件包
- 分析代码(基准检测/剖析)
- 让代码更高效
- 弄明白下一步要做什么
- 成果分享

如果一切正常，那么现在我们应该有了需要用来对数据执行命令处理并且以可重现、可阅读和可理解的方式从数据中提取见解的工具。不过，这并非学习 R 知识的终点。随着我们的经验越来越丰富，我们将发现可以改善提升的某些方面。可能我们的代码运行得太慢而无法满足使用，可能我们所编写的函数需要变得更加严谨，或者可能我们的一些成果非常棒并且我们希望与外部共享它。这一章将介绍(如果我们决定要完成上述任务)应该如何进行应对。要学的东西还很多，因此这里将介绍基础知识，希望能够为你提供足够好的开端，以此能够摸索出填补各自难题的解决方案。

10.1　编写自己的插件包

无论是具有单个函数还是一整个充满了大量包含各种函数的文件的目录，将这些函数固化到一个插件包中通常都是一种好的做法。这样不仅使得我们可以对函数进行一些标准形式的测试，还可以提供一种非常好的文档化机制，并且最终我们可以将一些成果更加容易地共享给其他人。

我将许多分析都写成了插件包，即便是非常小的分析也是如此。这样就能提供一种方式来包含数据、对所创建的函数执行测试，并且将其整个封装成一个整洁有序的框架以供共享或存储。

从其最简单的形式来看，一个最小化的 R 插件包目录(目录名称与插件包的名称相同)将包含以下组成部分：

- DESCRIPTION 文件
- NAMESPACE 文件
- 名为 R 的子目录

10.1.1　创建一个最小化的插件包

创建一个最小化插件包的最简单的方式是使用 devtools 包及其函数 create()，以字符串方式传入一个(空)插件包目录位置。这个函数会执行以下步骤：

- 创建一个具有有效默认值的 DESCRIPTION 文件。
- 创建一个具有包罗万象的默认设置的 NAMESPACE 文件。
- 添加一个空的 R 子目录。
- 创建一个项目文件 yourPackage.Rproj(1.4 节中介绍过)。
- 创建一个.gitignore 文件，已经设置为忽略某些文件。
- 创建.Rbuildignore，已经设置为忽略项目文件。

这个函数承担了让一个插件包变得可用所需的大部分工作。如果在 RStudio(File | Open Project)中打开 yourPackage.Rproj 文件(create()刚刚创建的那个)，那么其中一个窗口中会出现一个新的 Build 选项卡。它有一个名为 Build & Reload 的按钮(键盘快捷方式为：Ctrl+Shift+B)，该按钮会触发构建过程并且从上述的文件中创建插件包。

如果一切正常，则会出现像下面这样的信息：

```
No man pages found in package 'yourPackage'
* installing to library '/home/user/R/x86_64-pc-linux-gnu-library/3.4'
* installing *source* package 'yourPackage' ...
** help
*** installing help indices
** building package indices
** testing if installed package can be loaded
* DONE (yourPackage)
```

出现* DONE (yourPackage)这句话就表明一个插件包已经被成功安装，这里也是如此。现在可以运行 library(yourPackage)，它应该可以正常工作。

当然，它还没有太多用处，因为这个插件包不会执行任何处理。我们需要为这个插件包提供一些函数，以便它能提供反馈。如果现在在 R 目录中创建一个 example_function.R 文件，并且在其中编写一个函数，例如

```
makeMeSmile <- function() {
  message("I can develop packages now!")
}
```

然后重新编译这个插件包，控制台中将再次出现 library(yourPackage)这行信息。如果开始输入该函数的名称，它将有望自动完成。不使用任何输入执行它(它还没有使用任何输入参数)，则应该会出现以下信息：

```
makeMeSmile()
#  I can develop packages now!
```

可以返回该脚本并且改进它；我们让其变得更个性化一些。

为该函数增加一个参数——可能是一个采用我们自己的名字作为字符串的参数。现在更新该函数体，以便在消息中使用这一信息。

下面是一个可能的示例：

```
makeMeSmile <- function(me = "I") {
  message(me, " can develop packages now!")
}
```

提供一个默认参数通常是一种好的做法

message()接受任意数量的参数并且会在打印到控制台之前将它们连接在一起

保存到文件，并且重新编译这个插件包。现在在控制台中分别使用和不使用该参数来尝试执行函数。

```
makeMeSmile("You")
# You can develop packages now!
```

10.1.2　文档

应该将一些文档添加到这个函数，以便我们自己和其他使用该函数的人能够更好地理解它(即使其使用者只有我们自己)。就像其他任何函数一样，这些文档会被处理成一个帮助文件，因此能够使用?makeMeSmile 来访问它。R 的另一个扩展包是 roxygen2 框架。这个框架提供了一种机制，可以通过该机制将函数的文档添加到该函数附近，这有助于我们同时查看该函数本身及其文档。这就需要用到 roxygen2 包，我们需要安装它。

```
# install.packages("roxygen2")
```

　　实际上不需要使用 roxygen2 的任何函数，因此也无须使用 library()来附加这些函数；只要安装好这个插件包就行。

　　对所编写函数进行文档描述的最简单的方式是使用 RStudio。将鼠标指针放在函数定义内的任何位置，并且单击 Code | Insert Roxygen Skeleton。之后可能会安装最新的 roxygen 包，然后以下信息将自动出现在函数上方：

一个标题将出现在函数帮助文件的顶部

每个参数都需要被一个@param 标签、变量名称以及一个描述来表述。单击 Insert Roxygen Skeleton 按钮会使用现有参数名称自动填充这一信息

```
#' Title
#'
#' @param me
#'
#' @return
#' @export
#'
#' @examples
makeMeSmile <- function(me = "I") {
  message(me, " can develop packages now!")
}
```

描述函数将返回哪个对象(如果有)

如果希望在用户运行 library()之后可以使用该函数，则必须导出它，这样它就会出现在 NAMESPACE 文件中

　　这些内容行都是以#作为开头的，因此它们会被 R 解释器处理为注释，不过在#之后使用一个撇号作为下一个字符(')的时候，roxygen2 包会将它们处理为特殊的文档代码。roxygen2 使用了一个以@开头的标签系统来构建函数的帮助文件。默认情况下，roxygen 内容块的第一行会表明将被用在帮助文件中的标题。后面几行可以包含扩展描述，它们将作为 Description 部分出现在标题下方。

　　@param 被用于描述每一个参数并且在帮助文件中创建 Arguments 部分；函数中的每个参数都需要一个，全都以@param 作为开头。@param 之后的内容应该以参数名称作为起始(在这个示例中是 me)，然后要加上用户需要知道的与该参数有关的任何信息(默认值、接受的值的限制等)。要记住，如果修改函数参数，这些信息并不会被更新，不过将它们保留在函数体附近的位置有助于提醒我们保持这些信息的同步更新。

　　@return 描述了函数将返回的内容并且会在帮助文件中创建 Value 内容段。在这个例子中，函数不返回任何内容(NULL)，因此仅编写@return 即可。

　　@export 是一个标记，它表明了应该更新 NAMESPACE 文件以便显式包含该函数。导出一个函数意味着它对于用户显式可用(它将出现在自动完成中并且可以被轻易使用)。不包含这个标记则意味着，函数通常仅供内部使用(例如另一个函数需要使用它，而并非打算提供给用户使用)。不将函数标记为导出并不意味着用户无法使用它，而仅意味着用户需要重写名称空间搜索才能使用它(使用 yourPackage:::internalFunction——注意有三个冒号)。

　　@examples 是向用户显示如何使用函数的位置所在。这些内容会出现在帮助文件的底部，并且应该涵盖大部分常用参数和要注意的极端用例。经常会出现的情况是，

函数的示例过少或者示例无法正常运行，因此要对用户友好一些，并且向其表明要使用的函数有什么麻烦之处。

另一个要添加的有用标签是@details。它会将 Details 内容部分添加到帮助文件，并且它也是描述函数输入输出的地方。

这里是一个示例，它展示了用于示例函数的文档可能会具有的内容。

```
#' Reassure A User That They Are Doing Well
#'
#' Look at that, they're building a documented function already!
#'
#' @param me the user to reassure
#'
#' @return NULL (invisibly). Used for the side-effect of generating a
#'   \code{message}.
#' @export
#'
#' @examples
#' makeMeSmile("You")
makeMeSmile <- function(me = "I") {
  message(me, " can develop packages now!")
}
```

可以使用\code{}语法来指定代码(及其相应的样式)。

在一个真实的插件包中，一个简短但却可靠的示例是用于 tibble 包(版本 1.4.1)中 tribble()函数的 roxygen2 文档。

出现在帮助文件顶部的标题　　　　　　　　　　　　　　　　　　额外的详情区域

描述区域

```
#' Row-wise tibble creation
#'
#' Create [tibble]s using an easier to read row-by-row layout.
#' This is useful for small tables of data where readability is
#' important. Please see \link{tibble-package} for a general introduction.
#'
#' `frame_data()` is an older name for `tribble()`. It will eventually
#' be phased out.
#'
#' @param ... Arguments specifying the structure of a `tibble`.
#'   Variable names should be formulas, and may only appear before the data.
#' @return A [tibble].
#' @export
#' @examples
#' tribble(
#'   ~colA, ~colB,
#'   "a",    1,
#'   "b",    2,
#'   "c",    3
#' )
#'
#' # tribble will create a list column if the value in any cell is
#' # not a scalar
#' tribble(
```

该返回对象是由其类来描述的

这个函数被导出了，所以用户可以使用它

这个函数仅接受包罗万象的...参数，并且这些值将被记录

有助于用户理解如何使用该函数的有用示例

```
#'   ~x,  ~y,
#'   "a", 1:3,
#'   "b", 4:6
#' )
tribble <- function(...) {
  data <- extract_frame_data_from_dots(...)
  turn_frame_data_into_tibble(data$frame_names, data$frame_rest)
}
```

最后，在此处才提供了这一小段代码，文档的内容比代码内容还要多。记住，要对实际的文档倾注足够多的时间

这样就会生成帮助文件?tribble，它看起来就像图 10.1 一样。

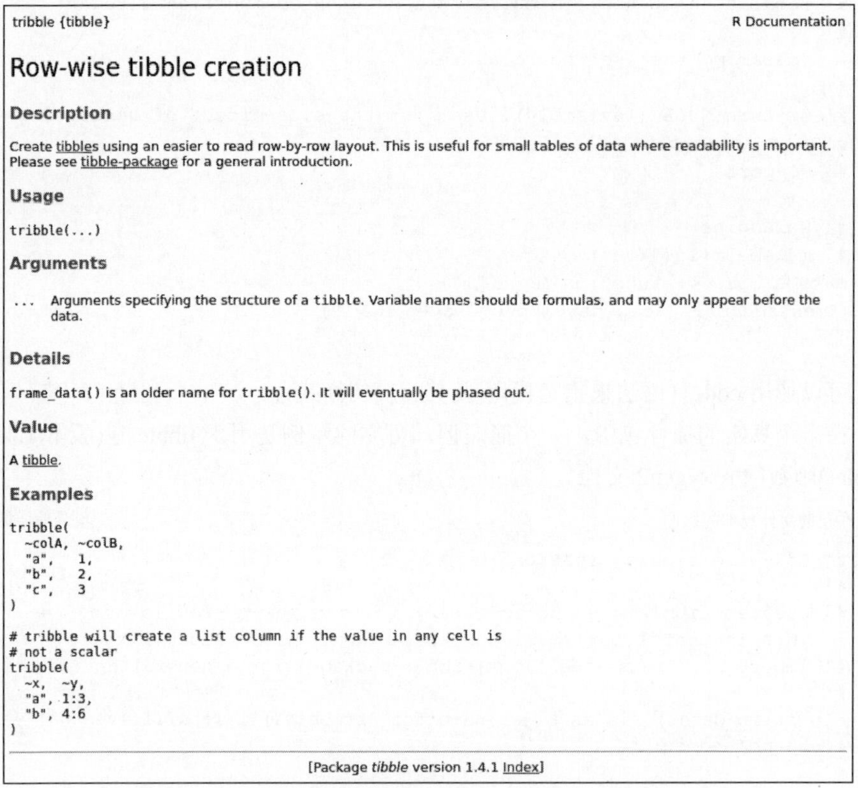

tribble {tibble}　　　　　　　　　　　　　　　　　　　　　　　　　　　　R Documentation

Row-wise tibble creation

Description

Create tibbles using an easier to read row-by-row layout. This is useful for small tables of data where readability is important. Please see tibble-package for a general introduction.

Usage

tribble(...)

Arguments

...　　Arguments specifying the structure of a tibble. Variable names should be formulas, and may only appear before the data.

Details

frame_data() is an older name for tribble(). It will eventually be phased out.

Value

A tibble.

Examples

```
tribble(
  ~colA, ~colB,
  "a",   1,
  "b",   2,
  "c",   3
)

# tribble will create a list column if the value in any cell is
# not a scalar
tribble(
  ~x,  ~y,
  "a", 1:3,
  "b", 4:6
)
```

[Package *tibble* version 1.4.1 Index]

图 10.1　通过之前的 roxygen2 代码生成的帮助文件?tribble

如果重新编译并且尝试执行?makeMeSmile，那么会出现令人气馁的信息：

```
No documentation for 'makeMeSmile' in specified packages and libraries:
you could try '??makeMeSmile'
```

不知何故，RStudio 的一些版本默认被设置成不为每次编译记录任何信息。可以在设置中修改这一点。Build | Configure Build Tools 中是一个 Generate Documentation with Roxygen 复选框。这个复选框应该被勾选。此外，单击 Configure 按钮将打开 Roxygen Options 菜单，该菜单中有一个 Automatically Roxygenize When Running 区域；在其中勾选 Build & Reload。单击 OK 按钮直到我们回到编辑器窗口。现在当重新编译的时

候，应该会出现：

```
Writing makeMeSmile.Rd
```

如果现在尝试执行?makeMeSmile，则应该会出现该函数的帮助页面，如图 10.2 所示。

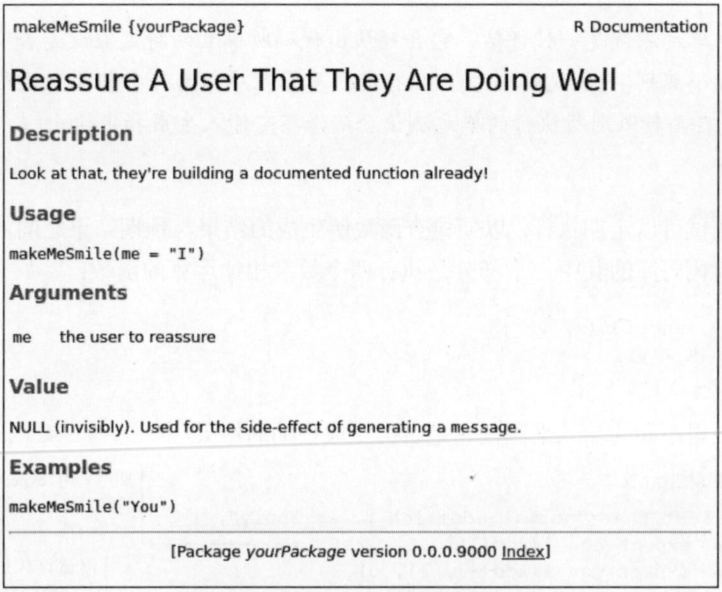

```
makeMeSmile {yourPackage}                                    R Documentation

Reassure A User That They Are Doing Well

Description

Look at that, they're building a documented function already!

Usage

makeMeSmile(me = "I")

Arguments

me     the user to reassure

Value

NULL (invisibly). Used for the side-effect of generating a message.

Examples

makeMeSmile("You")

                 [Package yourPackage version 0.0.0.9000 Index]
```

图 10.2　刚刚所创建的函数的帮助页面

这就是构建一个插件包的核心处理：编写和文档化函数，然后编译。可以不断反复这一标准处理。

10.2　对插件包进行分析

制作一个插件包仅是第一步，但是我们是否确定它能如预期般执行？其执行是否顺畅？R 语言由社区驱动这一特性的其中一个优势就在于，在这些插件包被更广泛的社区所采用之前，通常会对它们执行大量的测试。这样也就逐渐培养起我们的信心，例如我们可以相信，calculate_x 这个包会根据一些有效性来实际计算 x。让一个插件包变得可靠并且值得信赖的方式有好几种，此处将会简要介绍其中一些。

10.2.1　单元测试

我们是否确定函数将如预期般执行？是否对于任何输入都是如此？编程领域的一条古老准则是，永远不要相信用户总是使用合理的输入。

　　我们如何知道对函数所做的最新修改不会有损其运行方式？幸运的是，人们已经考虑到这一点，我们可以借助另一个扩展插件包来确保我们的假设保持有效。testthat 包提供了一种机制将单元测试添加到一个插件包。

```
# install.packages("testthat")
library(testthat)
```

　　定义：单元测试是一种评估，它会确认由代码所确立的特定假设是否有效。这是在可能的最小级别(一个代码单元)上执行的；尽管程序作为一个整体来运行可能是正常的，但是在函数级别所执行的单元测试会确保指定输入生成指定输出(或者错误、警告等)。

　　这些测试可以定期执行，以便检查函数所生成的结果与预期结果之间的假设是否相符。假定代码库的其中一小部分是执行两个数字相加运算的函数：

```
add <- function(x, y) {
return(x + y)
}
```

　　可以使用不同的输入来测试它是否会生成预期的结果。

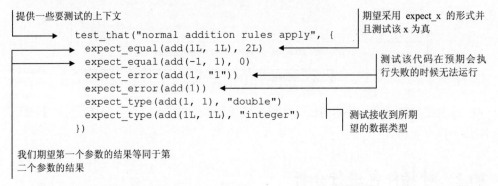

提供一些要测试的上下文

```
test_that("normal addition rules apply", {
  expect_equal(add(1L, 1L), 2L)
  expect_equal(add(-1, 1), 0)
  expect_error(add(1, "1"))
  expect_error(add(1))
  expect_type(add(1, 1), "double")
  expect_type(add(1L, 1L), "integer")
})
```

期望采用 expect_x 的形式并且测试该 x 为真

测试该代码在预期会执行失败的时候无法运行

测试接收到所期望的数据类型

我们期望第一个参数的结果等同于第二个参数的结果

　　调用 test_that()的结果应该无错误并且不可见，因此不要担心没有任何输出。当不为真的时候，我们会知道其中产生了错误。

```
test_that("adding two differently sized data.frames", {
expect_silent(add(mtcars, iris))
})

#> Error: Test failed: 'adding two differently sized data.frames'
* '+' only defined for equally-sized data frames
<traceback truncated>
```

　　单元测试是切实探究一个函数并且查看它是否会如预期般运行的一种绝佳方式。例如，如果用户提供了一个 data.frame 和一个数字，那么 add()函数会返回什么？基于一个假设来测试一下——它应该会悄无声息地完成执行。

```
test_that("adding a data.frame to a number", {
  expect_silent(add(mtcars, 1))
})
```

这段代码不会返回任何内容，因为其执行是正确的；add()(因为它就是+)可以很好地应对这一场景。

```
head(
  add(mtcars, 1)
)
#>                      mpg cyl disp  hp drat    wt  qsec vs am gear carb
#> Mazda RX4           22.0   7  161 111 4.90 3.620 17.46  1  2    5    5
#> Mazda RX4 Wag       22.0   7  161 111 4.90 3.875 18.02  1  2    5    5
#> Datsun 710          23.8   5  109  94 4.85 3.320 19.61  2  2    5    2
#> Hornet 4 Drive      22.4   7  259 111 4.08 4.215 20.44  2  1    4    2
#> Hornet Sportabout   19.7   9  361 176 4.15 4.440 18.02  1  1    4    3
#> Valiant             19.1   7  226 106 3.76 4.460 21.22  2  1    4    2
```

相较于其输入，每个值都加 1。

```
head(mtcars)
#>                      mpg cyl disp  hp drat    wt  qsec vs am gear carb
#> Mazda RX4           21.0   6  160 110 3.90 2.620 16.46  0  1    4    4
#> Mazda RX4 Wag       21.0   6  160 110 3.90 2.875 17.02  0  1    4    4
#> Datsun 710          22.8   4  108  93 3.85 2.320 18.61  1  1    4    1
#> Hornet 4 Drive      21.4   6  258 110 3.08 3.215 19.44  1  0    3    1
#> Hornet Sportabout   18.7   8  360 175 3.15 3.440 17.02  0  0    3    2
#> Valiant             18.1   6  225 105 2.76 3.460 20.22  1  0    3    1
```

如果使用两个兼容的 data.frame 呢？

```
test_that("adding two data.frames", {
  expect_silent(add(mtcars, mtcars))
})
```

同样，+可以对其进行处理。

```
head(
  add(mtcars, mtcars)
)
#>                      mpg cyl disp  hp drat    wt  qsec vs am gear carb
#> Mazda RX4           42.0  12  320 220 7.80 5.24 32.92  0  2    8    8
#> Mazda RX4 Wag       42.0  12  320 220 7.80 5.75 34.04  0  2    8    8
#> Datsun 710          45.6   8  216 186 7.70 4.64 37.22  2  2    8    2
#> Hornet 4 Drive      42.8  12  516 220 6.16 6.43 38.88  2  0    6    2
#> Hornet Sportabout   37.4  16  720 350 6.30 6.88 34.04  0  0    6    4
#> Valiant             36.2  12  450 210 5.52 6.92 40.44  2  0    6    2
```

可以将测试放入一个插件包中，这样就能在做出变更的时候定期执行它们。达成这一目标的最简单的方式是使用 devtools::use_testthat()。一条好的经验法则是，无论何时发现代码中存在缺陷(出现一些意外的不良情况——错误的计算、有问题的假设、较少使用的输入所产生的非预期结果)，我们都应该编写一个单元测试对其进行检查。为了真正掌握主动，我们甚至可以在编写实际的函数/实现之前先编写测试(只要清楚指定输入预期会产生什么输出即可，而不管具体实现)。

这本身就是一个范围很广的主题，因此我建议你阅读一下 testthat 包的作者 Hadley Wickham 所写的著作 *R Packages* (O'Reilly，2015)中的"Testing"一节，其中包含了更多此方面的信息(http://r-pkgs.had.co.nz/tests.html)。

10.2.2 剖析

一个插件包中的代码可能已经被测试过并且文档化，但这些代码还是可能会运行得非常缓慢。我们已经采取了最佳的做法以便让代码变得更清晰和高效(参阅 8.1.2 节)，不过如果一个函数确实需要很长时间才能执行完成，那么又该怎么办呢？

接下来介绍一下剖析，这是一种在 R 级别分析代码执行并且查看哪部分花费了最多时间才能执行完成的方法。RStudio 借助 profvis 包提供了这一内置功能(https://rstudio.github.io/profvis)。这里是一些执行儿项操作的代码：生成一些数据、计算两个列之间的线性模型拟合，并且在数据顶部绘制该拟合线条(从而产生图 10.3，摘自 profvis 的帮助页面)。执行这些操作的总体耗时并不大。

```
dat <- data.frame(
  x = rnorm(5e4),
  y = rnorm(5e4)
)

plot(x ~ y, data = dat)
m <- lm(x ~ y, data = dat)
abline(m, col = "red")
```

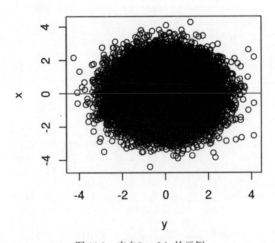

图 10.3　来自?profvis 的示例

在这个示例或者在我们自己的代码中，哪行代码造成延迟可能并不明显。是数据生成部分？还是拟合部分？还是绘图部分？可以通过高亮选中执行代码行并且单击 Profile | Profile Selected Lines 来对各部分代码运行分析器。该分析器会评估代码，持

续跟踪哪些部分运行多长时间(其中包括每个调用的内部组成部分)。其输出是图表形式的时序分解,如图 10.4 所示,其中会对比内存使用情况以及调用各个组成部分的消耗时长。对 plot()的调用大概花费了三分之一的总时长(总计 4870 毫秒中的 1660 毫秒),其余耗时(3210 毫秒)中的绝大部分都是 lm()拟合造成的。lm()步骤也使用了大部分的内存(14.1 MB,不过作为 R 常规内存清理的一部分,它的确也释放了 11.6 MB)。

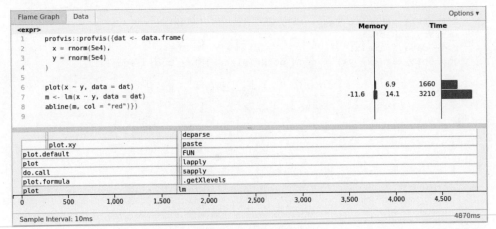

图 10.4　profvis 输出

尽管你可能已经猜到该拟合过程会是执行缓慢的步骤,但到底是哪个步骤消耗了全部的处理时间并不总是一目了然的。要了解更多详情,请参阅 https://rstudio.github.io/profvis 处的 profvis 站点。

10.3　接下来做什么

现在我们已经有了可以随意支配的基础工具和中间件工具,是时候在我们自己的项目上实践一下了。这个时候我们需要自行决定采用何种方式——或者至少要找到并且研究我们将要用到的更为高级的工具。全面介绍每一种可能的数据分析工具会是一项不可能完成的任务;本书内容只讲解使用 R 执行的数据分析的非常小的方面。因而,本书会用几个常见的分析任务来指引你,以便你在搜索这方面知识时可以使用一些熟悉的词汇。

10.3.1　回归分析

通常会执行的其中一种最简单明了(这是从易获取性而非解释运行方面而言的)的分析是回归分析。在 R 中,这涉及使用函数来确定数据值之间的一些关系。这些函数中最简单的一个版本是线性回归,其中需要在两组值之间拟合一条直线。这通常又被称为线性模型，因而执行这一任务的 R 函数的名称为 lm()。

假设有一些以 x 值作为锚点来观测的测量值 y：

```
x <- c(1, 3, 4, 6)
y <- c(1.172, 2.394, 4.617, 6.045)
```

图 10.5 中绘制了这些值。

```
# install.packages("ggplot2")
library(ggplot2)
z <- data.frame(x, y)
ggplot(z, aes(x, y)) + geom_point(size = 3) + coord_equal()
```

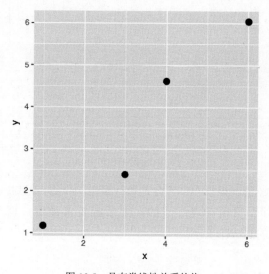

图 10.5　具有类线性关系的值

可以使用 lm()将一个线性模型拟合到这些数据点，该函数接受一个公式(也可以选择引用作为 data 参数提供的 data.frame 中的列)。

```
linear_model <- lm(y ~ x)
```

所生成的对象具有其自己的类 lm，并且包含许多定义该模型的组成部分。这个类具有其自己的 print 方法，因此可以通过执行它来生成这个对象的输出。

```
linear_model
#>
#> Call:
#> lm(formula = y ~ x)
#>
#> Coefficients:
#> (Intercept)              x
#>    -0.02215        1.02262
```

可以通过请求该模型的汇总信息来提取更多信息。

```
summary(linear_model)
#>
#> Call:
#> lm(formula = y ~ x)
#>
#> Residuals:
#>       1         2         3         4
#> 0.17154  -0.65169   0.54869   -0.06854
#>
#> Coefficients:
#>             Estimate  Std. Error t value  Pr(>|t|)
#> (Intercept) -0.02215    0.67306  -0.033   0.9767
#> x            1.02262    0.17096   5.982    0.0268 *
#> ---
#> Signif. codes: 0 '***' 0.001 '**' 0.01 '*' 0.05 '.' 0.1 ' ' 1
#>
#> Residual standard error: 0.6164 on 2 degrees of freedom
#> Multiple R-squared:   0.9471,     Adjusted R-squared:    0.9206
#> F-statistic: 35.78 on 1 and 2 DF,  p-value: 0.02683
```

斜率和截距是计算出的两个系数，这两个系数决定了描述最佳拟合线或线性模型的等式，形如 y ~ m*x + c，其中 m 为斜率，c 为截距。更为重要的是，我们可以预测这个模型在任意 x 值处会产生何种 y 值。

```
prediction_x <- 1:6
prediction_y <- predict(linear_model, newdata = data.frame(x = prediction_x))

predicted <- data.frame(x = prediction_x, y = prediction_y)
predicted
#>   x       y
#> 1 1 1.000462
#> 2 2 2.023077
#> 3 3 3.045692
#> 4 4 4.068308
#> 5 5 5.090923
#> 6 6 6.113538
```

如果在数据点上绘制这些基于每一个 x 值所预测的 y 值，那么这些值将正好位于一条直线上；这就是拟合到数据的线性模型。图 10.6 中显示了这些值。

```
ggplot(z, aes(x, y)) +
  geom_point(size = 3) +
  geom_point(data = predicted, aes(x, y), col = "blue") +
  geom_line(data = predicted, aes(x, y), col = "blue") +
  coord_equal()
```

并非每一对 x 和 y 值向量都可以很好地被线性模型所描述，不过这并不会阻止 R 或分析师使用该模型进行分析。就其本身而言，模型选择和解释原本就是很宽泛的主题，我建议你在变得过于依赖任何特定模型之前先查阅一些更为具体的统计学文献。R 提供了许多回归函数供我们任意使用，其中包括非线性回归、广义线性模型(GLM)、广义加权模型(GAM)等。R 本身是作为一门统计学语言而被开发出来的，因此这必然是一个 R 能良好支持的主题。

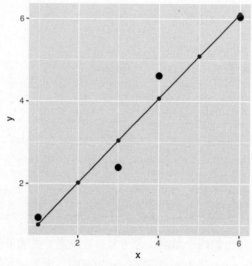

图 10.6   具有类线性关系的值和最佳拟合线

10.3.2   聚类分析

有时我们要研究的效应并非是由与变量有关的等式来描述的。我们反而可能对数据中的聚类感兴趣——基于一种变量组合将数据放入两个或多个分组中，这一变量组合能够让一个分组中的数据相较于其他分组中的数据而言更为相似。例如，可能有一些数据点归属于两个截然不同的分组，虽然它们看起来像是一个连续分组，如图 10.7 中的那些数据点。

```
# install.packages("dplyr")
library(dplyr)

sdxy <- 0.9
set.seed(2)
spread_data <- sample_frac(        不要过于担心用于生成这些
  data.frame(x = c(                数据点的代码
    3 + rnorm(100, sd = sdxy),
    6 + rnorm(100, sd = sdxy)
  )) %>% mutate(
    y = x + rnorm(100, sd = sdxy),
    source = rep(c("A", "B"), each = 100)
  ),
  1
)
head(spread_data, 10)            显示前 10 行数据，而不是默
#>            x        y  source    认的前 6 行
#> 76  2.183601 3.628281      A
#> 18  3.032226 1.840193      A
#> 75  2.951650 3.177482      A
```

```
#> 45     3.560245 4.261439        A
#> 160    6.600770 6.446583        B
#> 28     2.463098 3.267834        A
#> 6      3.119178 3.464633        A
#> 44     4.713193 5.207872        A
#> 148    6.494918 6.748288        B
#> 122    6.124973 6.768940        B
```

```
ggplot(spread_data, aes(x, y)) + geom_point(size = 3)
```

可以使用 k-means 聚类算法将每个数据点分配给两个聚类中的一个(需要事先指定聚类数量)。

```
km <- kmeans(spread_data[, c("x", "y")], centers = 2)
str(km)
#> List of 9
#> $ cluster     : Named int [1:200] 1 1 1 1 2 1 1 2 2 2 ...
#> ..- attr(*, "names")= chr [1:200] "76" "18" "75" "45" ...
#> $ centers     : num [1:2, 1:2] 2.78 5.88 2.77 6.12
#> ..- attr(*, "dimnames")=List of 2
#> .. ..$        : chr [1:2] "1" "2"
#> .. ..$        : chr [1:2] "x" "y"
#> $ totss       : num 1472
#> $ withinss    : num [1:2] 181 262
#> $ tot.withinss: num 442
#> $ betweenss   : num 1029
#> $ size        : int [1:2] 89 111
#> $ iter        : int 1
#> $ ifault      : int 0
#> - attr(*, "class")= chr "kmeans"
```

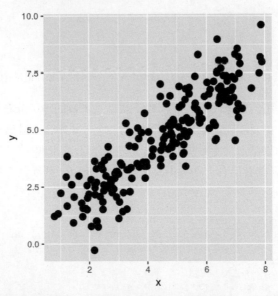

图 10.7　已分组的数据点。这些数据点生成自两个不同的分组，不过由于分布得
　　　　　比较开，因而看起来就像一个分组

kmeans()函数会执行这一任务并且返回一个包含聚类信息的列表。可以根据这一信息为数据点添加颜色，这会让聚类变得更加明显，如图 10.8 所示。

```
ggplot(spread_data, aes(x, y)) +
  geom_point(size = 3, aes(col = factor(km$cluster))) +
  geom_point(data = data.frame(
    km$centers,
    z = unique(km$cluster)
  ), aes(x, y, shape = c("A", "B")), size = 5) +
  guides(shape = guide_legend(title = "source"))
```

不要过于担心用于生成聚类的代码

注意：正如上一章中提到过的，本书中的许多图形都是具有颜色区分的。本书的电子书版本会显示这些彩色图形，因此读者在阅读本书时应该参考这些彩色图形。要获取本书 PDF、ePub 和 Kindle 格式的免费电子书，可以访问 www.manning.com/freebook 并且遵循其指示完成 pBook 注册。

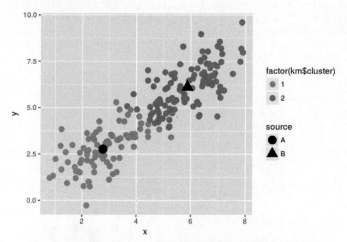

图 10.8   已聚类的数据点。这两个聚类的确定中心被标记为黑色

分隔这两个分组的假象线条高度依赖于数据点本身的精确分布；根据距离分组的远近，每个数据点都会被确定地划分到最近的一个分组中，不过这一条件的临界点也可能极其细微。如果纳入关于数据点归属于哪个分组(其来源)的"实情"作为形状美学处理，那么我们就能看出有一些数据点被错误识别了(一些红色三角形和一些蓝色圆形)，如图 10.9 所示。

```
ggplot(spread_data, aes(x, y)) +
  geom_point(size = 3, aes(col = factor(km$cluster), shape = source)) +
  geom_point(data = data.frame(
    km$centers,
    z = unique(km$cluster)
  ), aes(x, y, shape = c("A", "B")), size = 5)
```

不要过于担心用于生成聚类的代码

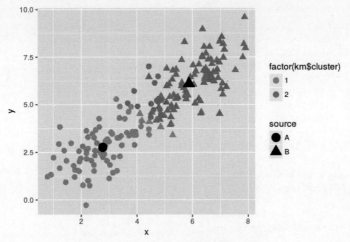

图 10.9　注意其中有一些识别错误的数据点

许多分类和聚类算法都是现成可用的，不过同样地，这个主题值得另一本以其为中心的书籍来作专门的介绍。

10.3.3　使用地图

之前已经介绍了如何在一个矩形关系图上放置数据点，甚至是使用线条来连接它们，不过那并非我们可能想要的可视化数据的唯一方式。例如，在处理真实数据时，我们可能会遇到纬度和经度坐标。这些真的不适合放在具有对等的 x 和 y 比例刻度的平面图上；任何这样的做法尝试都需要我们将其想象成地球在一个平面上的投影。

定义：投影就是从球体或椭圆体表面上的纬度和经度到平面上的位置的一种转换。由于地球并非平面，但纸张和屏幕都是平面，因此我们不可避免地需要用投影来替代地图，并且投射到平面上的每一个投影都会形成一些扭曲。

ggplot2 能够通过 coord_*函数进行这方面的处理。这些函数会调整绘图区域，使网格线遵循某种投影。例如，可以通过 maps 包(除了 ggplot2 之外，还需要单独安装它)和 map_data()函数从 ggplot2 中获取美国各州的地图数据。

```
# install.packages("maps")
```

注意，无须调用 library(maps)
——map_data()的内部机制只
要求安装这个包即可

然后可以使用 ggplot2 并借助平面坐标投影来绘制它：

```
# install.packages("ggplot2")
library(ggplot2)

states <- map_data(map = "state")
```

参阅?map_data 以查看 map 的
可用选项

```
head(states)
#>         long       lat group order   region subregion
#> 1 -87.46201 30.38968     1     1  alabama      <NA>
#> 2 -87.48493 30.37249     1     2  alabama      <NA>
#> 3 -87.52503 30.37249     1     3  alabama      <NA>
#> 4 -87.53076 30.33239     1     4  alabama      <NA>
#> 5 -87.57087 30.32665     1     5  alabama      <NA>
#> 6 -87.58806 30.32665     1     6  alabama      <NA>
```

图 10.10 显示了其结果。

```
p <- ggplot(data = states) +
  geom_polygon(aes(x = long, y = lat,
                   fill = region, group = group),
               color = "white") +
  guides(fill=FALSE)    ◄──────────────  暂时关闭填充色图例

p
```

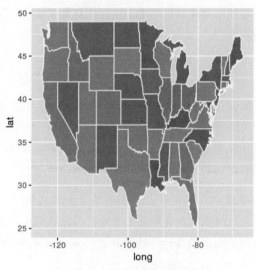

图 10.10   美国各州的平面投影

这看上去很怪，因为该图表的长宽比不正确。我们可以对数据强制绘制一个约束了长宽比的投影(参见图 10.11)。

```
p + coord_fixed(1.3)
```

对于这一纬度而言，这个图大体不差，但是为了正确地调整它，我们可以将其修改为一个更合适的投影。不过，为此必须同时安装 mapproj 包。

```
# install.packages("mapproj")
```

我们无须使用 library()；ggplot2 只需要安装这个插件包即可。这样就能让 ggplot2

使用 coord_map()函数, 从而生成图 10.12。

```
p + coord_map(projection = "albers", lat0 = 30, lat1 = 40)
```

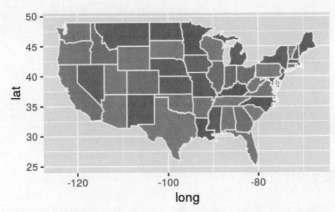

图 10.11　修复长宽比会开始带来一些好的变化, 不过也并非真正精确

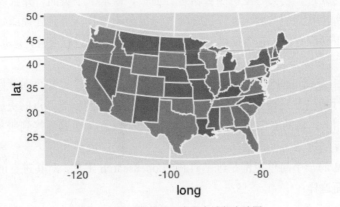

图 10.12　正确的投影会忠实地代表地图

还有其他几种投影可用。参阅?coord_map 可获取一份清单以及简要描述。

也可以使用外部地图提供程序以及 leaflet 包, 从而生成图 10.13。

```
# install.packages("leaflet")
library(leaflet)

leaflet() %>%
  addProviderTiles("OpenStreetMap.BlackAndWhite") %>%
  addMarkers(lng = 174.768, lat = -36.852, popup="The birthplace of R") %>%
  setView(155, -38, zoom = 4)
```

添加 OpenStreetMap 黑和白地图图像块。许多提供
程序都提供了不同的地图图像块

R 在替换更加传统的地理信息系统(GIS)方面已经取得了很大的进展, 并且处理空间坐标数据(在借助像 sf 这样的新的插件包的情况下)正快速变得越来越容易。

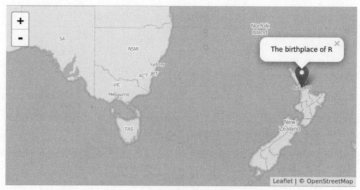

图 10.13　　显示出 R 诞生地的地图

10.3.4　与 API 进行交互

如果想要在一个网站上浏览一些信息,可以单击一个链接,然后计算机/手机会自动完成剩下的处理。它会与主机服务器进行通信、请求一个页面,并且以人类可读方式呈现出它所接收到的内容。计算机会顺畅地提前一步执行并且处理原始响应。当主机服务器被正确配置时,它会提供一种编程方式来与数据进行交互,这是以 API 的形式来实现的。

7.1.4 节中介绍过如何抓取维基百科,不过相较于从一个已知页面开始处理,如果与其 API 进行通信并且搜索其所有的数据,我们就能得到整个站点的更广泛的信息。通常可以使用 httr 包的 GET 函数向服务器请求数据,在浏览器连接到服务器/网站时,该函数会执行浏览器所处理的任务。

使用 API 的一个简单示例是维基百科的 opensearch 工具,对其进行的 httr 调用看起来会像下面这样:

```
# install.packages("httr")
library(httr)
wiki_R <- content(
  GET("https://en.wikipedia.org/w/api.php?action=opensearch&search=R&limit=5"
  )
)
```

这段代码由 API 服务器地址(https://en.wikipedia.org/w/api.php)和作为请求来发送的参数所构成。这些参数以?作为开头进行区分——之后是实际的名称/值对作为参数体:action=opensearch(使用 opensearch 端点)、search=R(搜索以 R 开头的页面),以及 limit=5(仅返回 5 个结果)。还有其他具有默认值的参数,这些参数通常都列示在 API 文档中——你最好阅读一下该文档。所返回的是一个 JSON 响应,其中一部分包含了我们所需的内容。该响应还包含与连接有关的详情(连接是否成功、是否被授权、是否使用了 cookies、是否找到了 HTML 头信息等)。可以在最近的 RStudio 版本中直接查看这些内容,如图 10.14 所示。

```
View(wiki_R)
```

Name	Type	Value
⊙ wiki_R	list [4]	List of length 4
[[1]]	character [1]	'R'
⊙ [[2]]	list [5]	List of length 5
[[1]]	character [1]	'R'
[[2]]	character [1]	'Russia'
[[3]]	character [1]	'Romania'
[[4]]	character [1]	'Record label'
[[5]]	character [1]	'Rail transport'
⊙ [[3]]	list [5]	List of length 5
[[1]]	character [1]	'R (named ar/or) is the 18th letter of the modern English alphabet and the ISO ...
[[2]]	character [1]	'Russia (; Russian: Россия, tr. Rossija, IPA: [rɐˈsʲijə]), also officially know ...
[[3]]	character [1]	'Romania (roh-MAY-nee-ə; Romanian: România [romɨˈni.a]) is a sovereign state lo ...
[[4]]	character [1]	'A record label or record company is a brand or trademark associated with the ma ...
[[5]]	character [1]	'Rail transport is a means of transferring of passengers and goods on wheeled ve ...
⊙ [[4]]	list [5]	List of length 5
[[1]]	character [1]	'https://en.wikipedia.org/wiki/R'
[[2]]	character [1]	'https://en.wikipedia.org/wiki/Russia'
[[3]]	character [1]	'https://en.wikipedia.org/wiki/Romania'
[[4]]	character [1]	'https://en.wikipedia.org/wiki/Record_label'
[[5]]	character [1]	'https://en.wikipedia.org/wiki/Rail_transport'

图 10.14　搜索维基百科 API 以便获取以 R 作为开头的页面

可以从这些内容中提取元素作为字符向量。

```
## URL for the letter R page
wiki_R[[4]][[1]]
#> [1] "https://en.wikipedia.org/wiki/R"

## Description for the letter R
strwrap(wiki_R[[3]][[1]], 60)      其输出是普通文本, 此处使用strwrap()
#> [1] "R (named ar/or ) is the 18th letter of the modern English"   进行每 60 个字符的换行处理
#> [2] "alphabet and the ISO basic Latin alphabet."
```

看看另一个示例，星球大战 API(https://swapi.co)提供了关于星球大战正史宇宙的大量信息。它还允许计算机直接通过 API 请求来获取这些信息。下面这段代码会收集 people 端点中存储为第二条记录的信息：

```
C3PO_response <- content(GET("https://swapi.co/api/people/2/"))
```

同样可以浏览所产生的内容。

```
View(C3PO_response)
```

图 10.15 中显示了其结果。

有许多 API 可供使用，不过在使用其服务之前，它们通常会要求我们通过一个网站提供一些授权。

Name	Type	Value
⊙ C3PO_response	list [16]	List of length 16
name	character [1]	'C-3PO'
height	character [1]	'167'
mass	character [1]	'75'
hair_color	character [1]	'n/a'
skin_color	character [1]	'gold'
eye_color	character [1]	'yellow'
birth_year	character [1]	'112BBY'
gender	character [1]	'n/a'
homeworld	character [1]	'https://swapi.co/api/planets/1/'
▶ films	list [6]	List of length 6
▶ species	list [1]	List of length 1
vehicles	list [0]	List of length 0
starships	list [0]	List of length 0
created	character [1]	'2014-12-10T15:10:51.357000Z'
edited	character [1]	'2014-12-20T21:17:50.309000Z'
url	character [1]	'https://swapi.co/api/people/2/'

图 10.15　从星球大战 API 中检索第二个人的记录

10.3.5　插件包共享

我们已经开发出一个高效的、经过测试的可用插件包——这非常好，不过我们自己是否是唯一希望查看其所做处理或者其内部结构的人？共享我们的工作成果是融入社区并且就我们所采用的方法获得反馈的一种绝佳方式。

共享工作成果的方式有几种。最常用的是将其放在版本控制系统(VCS)托管站点上，如 GitHub、GitLab 或 Bitbucket。这不只是备份我们工作成果的一种便利方式——它还允许其他人(如果选择对其授权的话)查看我们的代码，甚或对可能的改进提出建议。如果采用这种方式，那么一种好的做法是充分利用 README 功能；这些站点会检查仓库中的名为 README.*(其中星号表示许多不同的文件扩展，如通常用于 Markdown 的.md)的文件，并且将其呈现为该仓库的首页。此处可以向访问者展示如何安装和使用我们的插件包、提供与我们编写代码的方式有关的信息，或者描述可能引用的一些相关资源。如果是将代码共享给组织中的同事，那么这会尤其有用。如果具有私有选项的话，还可以将仓库设置为私有，许多组织都托管了这些服务对应的其自己的内部实例。

如果觉得自己的插件包对于其他人特别有用，则可以请求将插件包托管在 CRAN 上，这样其他人就能使用 install.packages()来安装它；不过要注意，维护人员有很严苛的要求(理由很充分)，我们需要让我们的插件包达到其标准才能合格。这些标准包括通过各种检查，例如在 Build 窗口中使用下拉菜单来访问 More | Check Package 或 devtools::check()时所执行的那些检查。如果期望代码被同意放入 CRAN 中，那么我们的插件包需要通过这些扩展检查而没有任何错误、警告甚或提醒。

一旦代码可被公众所使用，那么好的做法是发表一篇博文或者类似文章来呈现我们所开发的功能。这不仅有助于其他人更多地了解我们的插件包，还有助于将我们的重点专注于当其他人安装和使用这个插件包时我们所希望他们进行的思考。他们可能想要使用哪些功能？他们是否需要牢记一些事项？这样的想法可能会促使我们对插件包进行迭代，可能还会让我们对文档进行扩展或者在代码中提供警告信息。

Twitter 的 R 社区受到了普遍的热烈欢迎，并且很好地放大了全球各地都在应用的一些有意义的工作成果。如果发布我们自己的插件包(可能是指向托管仓库的链接)，则要确保包含#rstats 哈希标签。通过编辑的辛勤工作和社区的提交，相关的博文和推文会被不断添加到 R Weekly(https://rweekly.org)进行每周聚合。

10.4　更多资源

如果我们有某种想法，并且想要知道该领域是否已经有可用的插件包，则可以很好地使用 CRAN Task Views 页面进行查看(https://cran.r-project.org/web/views)。该页面提供了编排过的指向插件包(及其描述)的链接，这些链接是按照主题来分组的。

有了像 R Weekly(https://rweekly.org)和 R-bloggers(www.r-bloggers.com)这样的聚合器的帮助，持续跟踪 R 相关工作中的新的开发进展就会更加容易。Twitter 是进行这方面探讨的一个绝佳来源场所，并且有许多专门的 Slack 小组用于承载更为专注的探讨。

如果完全摸不清方向，则可以派生/克隆某个人的 R 仓库并且开始尝试改进。对其进行分拆研究并且看看是否可以修复它。从中找出一些需要改进提升的地方。在更了解它之后，可以文档化记录一些东西。rOpenSci(https://ropensci.org/packages)上托管了许多具有科学意义的插件包，并且具有涉及大量代码检查的绝佳的上手实践处理过程。查看一下其资源以便获取一些灵感和理念。

10.5　专业术语

- 单元测试——一项确定由代码所做出的特定假设是否有效的评估。这是在最小可能级别(一个代码单元)上执行的。虽然在程序作为整体运行时其结果可能是有效的，但是在函数级别上执行的单元测试会确保指定输入会生成指定输出(或者错误、警告等)。
- 分析——一段代码内单独组成部分的运行时自动化检查。可用于识别出运行瓶颈。
- 回归分析——将一个模型(线性或其他类型)拟合到数据，通常是为了更好地理解一种机制或者生成预测。
- 聚类分析——基于跨各种变量的值的相似性将值划分到多个组中的一个。
- 投影(映射)——在平面上呈现一种曲面，其中涉及一些转换。

10.6　本章小结

- 可以创建一个最小化的 R 插件包来包含代码。
- 可以使用 roxygen2 包来可靠地对代码进行文档化记录。
- 可以执行单元测试和对一些代码进行分析以便找出其中存在的瓶颈。
- 可以使用回归分析计算出一个简单的线性模型。
- 可以创建一个投影的地图可视化图表。
- 可以使用 httr 包来与 API 交互。

现在你应该已经有了足够多的工具可供随意使用，并且应该也能成功地使用 R 语言。感谢你阅读完本书。我希望你在实践的过程中一切顺利。

安装 R

本附录将介绍与安装 R 有关的基础信息。

Windows

访问 R for Windows 下载页面 https://cran.r-project.org/bin/windows/base，并且下载该可执行安装程序。双击该文件以开始安装过程，然后遵照所有的提示进行安装即可。

Mac

访问 R for Mac OS X/macOS 下载页面 https://cran.r-project.org/bin/macosx，并且下载与所使用的系统相关的二进制.pkg 文件。双击这个文件并且遵照所有的提示进行安装即可。

Linux

对于 Ubuntu/Debian 系统：

```
apt-get update
apt-get install r-base r-base-dev
```

对于 Fedora/Red Hat/OpenSUSE 系统：

```
yum update
yum install R
```

从源处安装

作为开源软件，也可以从 https://svn.r-project.org/R 处的 SVN 仓库中下载 R 的源代码并且进行编译。甚至可以根据需要对其进行修改(如果知道如何修改)。

根据自由软件基金会的通用公共许可，R 可以源代码形式作为自由软件使用。

——R-Project，https://www.r-project.org/about.html

能够查阅源代码也有助于高级调试，不过这超出了本书的内容范畴。

附录 **B**

安装 RStudio

访问 www.rstudio.com/products/rstudio/download 处的 RStudio 下载页面，并且遵照指示将 RStudio 安装到计算机上。

安装 RStudio

- Windows——下载最新的.exe 文件。双击该文件以开始安装过程，并且遵照所有的提示进行安装。
- Mac——下载最新的.dmg 文件。双击该文件以开始安装过程，并且遵照所有的提示进行安装。
- Linux——将适用于本地计算机架构的文件(用于 Ubuntu/Debian 的.deb，用于 Fedora/RedHat/openSUSE 的.rpm)下载到本地机器上的文件夹(例如/tmp/)。
  对于 Ubuntu/Debian：

```
cd <where_you_saved_the_.deb_file>
dpkg -i rstudio-v.vv.vvv-aaaaa.deb
```

通常将安装文件保存到/tmp

v 表示版本(例如 1.1.414)，a 表示架构(i386 或 amd64)。文件名的确切格式可能会有所不同

对于 Fedora/RedHat/openSUSE：

```
cd <where_you_saved_the_.rpm_file>
yum install rstudio-v.vv.vvv-aaaaa.rpm
```

通常将安装文件保存到/tmp

v 表示版本(例如 1.1.414)，a 表示架构(i686 或 x86_64)。文件名的确切格式可能会有所不同

本书中所使用的插件包

本书描述了各种 R 插件包，它们被用于生成本书内容。要完整地重现其输出，必须从 CRAN 中安装下面这些插件包：tidyverse、here、htmlwidgets、httr、leaflet、mapproj、maps、plot3D、reshape2、rex、rio、rlang、roxygen2、testthat、knitr、rmarkdown、devtools 和 datasauRus。

根据插件包版本的不同，所生成的具体输出也会有所不同。因此，要确保重现本书的准确内容，可以从 www.manning.com/books/beyond-spreadsheets-with-r 处或者 http://mng.bz/5YPz 处的 GitHub 上获取一份(与 switchr 包有关的)插件包的清单。http://mng.bz/6GPy 处详细列出了使用这份清单的说明。

如果安装并且加载/附加了 switchr 包：

```
install.packages("switchr")
library(switchr)
```

那么该清单就可以被用于确定使用一个库。

加载该清单文件，在这个例子中加载的是作为
bswrManifest.rds 存储在主目录中的文件

```
bswrManifest <- readRDS("~/bswrManifest.rds")        在主目录中存储自定义库
switchrBaseDir("~")
switchTo("BeyondSpreadsheetsWithR", seed = bswrManifest)
```

创建一个新插件包的库并且安装所有需要的
插件包的合适版本。还要将库切换到自定义库

要停止使用自定义库，可以使用下列函数：

```
switchBack()
```

R 将再一次指向其默认库。

base R 中的图形

本附录提供了数据可视化问题的一种备选解决方案。ggplot2 可以被视作数据可视化的一种高级方法的原因有很多,尤其在于它是"图形语法"这一哲学的复杂且精妙的应用。这并不是说接下来将介绍的内容毫无用处,而是说随着你越来越了解 ggplot2,将会越来越没有理由使用这些函数。

生成 base 图表的最简单的方式是在调用 plot() 的时候使用 x 和 y 数据的向量,如图 C.1 所示。

```
plot(x = mtcars$disp, y = mtcars$mpg)
```

在这段代码的编写方式以及其所生成的结果中,我们可以注意到一些主要差异。首先,由于是在传递向量(并非列的无修饰名称),因此每个参数中都显式指定了数据集。该图表将这些参数名称显示为 x 轴和 y 轴的标签(类似于 ggplot() 的处理方式)。这并非严格必需的;我们也可以将那些向量保存到其自己的变量。

```
disp_data <- mtcars$disp
mpg_data <- mtcars$mpg

head(mpg_data)

#> [1] 21.0 21.0 22.8 21.4 18.7 18.1
```

并且可以使用这些对象作为参数(参见图 C.2)。

```
plot(x = disp_data, y = mpg_data)
```

现在坐标轴标签反映的是这些参数的名称。

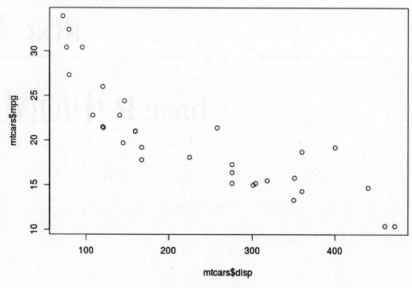

图 C.1　一个简单的 base 图表

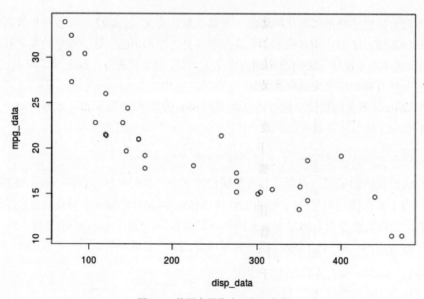

图 C.2　使用变量作为 x 和 y 参数

默认情况下，plot()会绘制数据点(注意，无论哪种方式都还没有指定数据点)。如果转而要用线条连接数据点，则要将 type 参数修改为"l"。要显式指定数据点，则要将其设置为"p"；如果要同时包含这两者，则要将其设置为"b" (参见图 C.3)。

```
plot(x = 0:10, y = sin(0.1*(0:10)*pi), type = "b")
```

有几种类型的图表可供我们使用，?plot 中对这些作了描述。

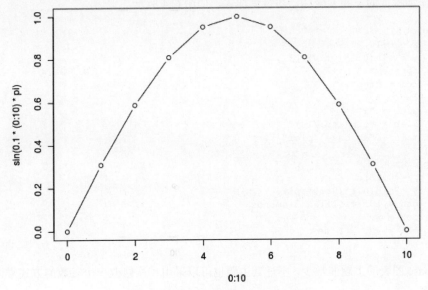

图 C.3　绘制类型 b 以同时包含数据点和线

　　由于 x 和 y 参数彼此之间并没有联系，因此它们无须来自同一数据源。这并不稀奇；如果要将来自多个源的数据绘制到一张图表上，则可能应该事先将那些源连接到一起，这样一来就能借助整洁特性了。

　　这的确意味着我们需要注意保持数据点配对(每一个 x 和 y 值)的同步。它们也需要具有相同数量的元素，在创建一个 data.frame 或者一个 tibble 时默认会检查这一点。

　　可以通过使用原始调用的参数来修改 base 图表的样式。可供使用的样式有许多(可用的控制项有很多)，不过最常用的是下面这些：

- col——指定数据点/线的颜色，要么用 1:8 的整数进行指定(选取一个默认颜色)，要么用 colors()的一个名称字符串进行指定。
- pch——使用与 ggplot2 相同的选项来指定数据点字符(用于数据点)。
- cex——指定字符膨胀系数(放大，用于数据点)。
- lwd——指定线条宽度(用于线条)。
- lty——指定线条类型(用于线条)。
- xlab——指定 x 轴标签。
- ylab——指定 y 轴标签。
- ain——指定图表标题。

　　参阅?par 以了解更详细的选项清单。其中包括用于修改图表本身间距、多个图表的布局的参数，以及许多其他选项。

　　要在生成图表之后为其添加另一个特征，那么仍旧可以使用绘图的纸笔特性；相较于使用 plot()，我们可以使用 points()或 lines()直接添加特征。这两个函数都接受要对其添加特征的 x 和 y 坐标，还接受样式，如图 C.4 所示。

```
plot(
  x = 0:10,
  y = sin(0.1*(0:10)*pi),
  type = "l",
  col = "red",
  lwd = 3,
  xlab = "x",
  ylab = "sin(x*pi/10)",
  main = "a 'base' plot"
)
points(
  x = 0:10,
  y = sin(0.1*(0:10)*pi),
  pch = 18, # filled diamonds
  cex = 2,
  col = 4    # blue
)
```

base 图表的主题非常少，不过其主题也可以采用一次修改一个参数的方式来调整和配置。

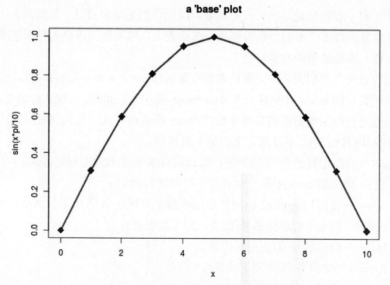

图 C.4　有许多参数可用于修改图表的样式

这个方法和 ggplot2 之间的一个显著差异就是，图表无法被保存为对象；它们会被绘制到图表区域，然后就被丢弃。我们可以持续在图表上添加特征，不过如果要再次生成该图表的任何部分，就需要执行生成该图表的所有调用。

还有许多其他方式可以生成图表，如直方图(参见图 C.5)。

```
set.seed(1)
## histogram of 1000 random, normally-distributed values
hist(rnorm(1000L))
```

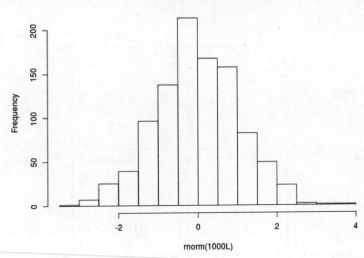

图 C.5   一个 base 直方图

另一个选项是柱状图(参见图 C.6)。

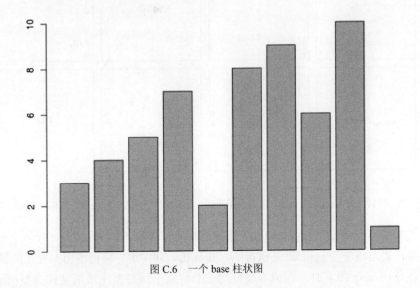

图 C.6   一个 base 柱状图

```
set.seed(1)
barplot(sample(1:10))
```

根据作为 x 参数传入的对象类的不同，plot()函数的应用也会不同。当该对象是一个 data.frame 时，会调用一个特殊方法[1]，该方法会执行一些自动化处理，以便生成一个检测变量之间相互关系的散点图表格(参见图 C.7)。

```
plot(mtcars[, 1:4])
```

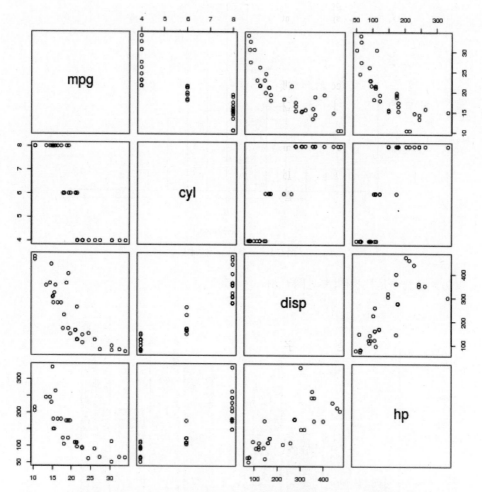

图 C.7　绘制一个 data.frame 会生成一个变量矩阵，这个矩阵是根据这些变量两两相对绘制而成的

　　关于使用 plot()还是 ggplot()来快速探究数据可视化，这完全取决于个人。从我自己来讲，我发现学习 ggplot2 是值得的，并且我一直在用它来拼凑出探究式图表。

　　在使用 base 图表时，我们需要使用一个特定于所想要生成的文件类型的函数。这些函数通常都以文件类型命名，因此 png()会生成 plot.png；jpeg()会生成 plot.jpeg；pdf()会生成 plot.pdf；以此类推。这些函数中的每一个都具有其自己的特定于参数使

　　1　这会触发 plot.data.frame()，不过需要研究一下才能知道其所做的处理。methods(plot)会显示各种类的清单，这些类会改变 plot()的行为，其中包括 plot.ggplot。

用的选项，并且每个函数都接受一个文件名来确定在何处保存图片。这些函数是在保存图片之前被调用的，而这会改变其输出设备。这意味着执行代码时并不会出现图表；相反，图表会被写入一个文件。例如：

```
png("mtcars_disp_mpg.png")
plot(x = mtcars$disp, y = mtcars$mpg)
dev.off()
#> null device
#>          1
```

所打印出的 null device 消息意味着，剩余的唯一活动设备是设备 1(null 设备)。我们无法关停这个设备，并且尝试这样做会生成一条错误。

```
dev.off()
#> Error in dev.off() : cannot shut down device 1 (the null device)
```

一旦打开一个设备，就可以通过使用 dev.list()列出非空设备来确认这一点。如果再创建两个设备——一个 jpeg 类型，另一个 png 类型：

```
jpeg()
png()
```

可以列示它们。

```
dev.list()
#> jpeg png
#>    2    3
```

并且可以看到它们是按照数字编号排序的。关闭最近的(png 设备)，只留下 jpeg设备处于活动状态。

```
dev.off()
#> jpeg
#>    2
```

最后，关闭其他设备，再次仅留下 null 设备。

```
dev.off()
#> null device
#>          1
```

要一次性关闭所有的图形设备，可以使用 graphics.off()。我们可能已经创建了许多不同的设备：

```
tiff()            ◄──────────  创建一个 tiff 设备
# <some plot code>
bmp()             ◄──────────  创建一个 bmp 设备
# <more plot code>
pdf()             ◄──────────  创建一个 pdf 设备
# <more plot code>
png()             ◄──────────  创建一个 png 设备
# <more plot code>
```

```
dev.list()          ◄──────────┐ 列出所有活动的图形设备
#> tiff bmp pdf png
#>    2   3   4   5
```

并可以一次性关闭所有的设备。

```
graphics.off()
dev.list()
#> NULL
```